U0264697

21世纪普通高校计算机公共课程规划教材

企业网络组建与维护

刘友缘 马新强 黄羿 刘小琴 编著

清华大学出版社
北京

内容简介

本书全面介绍了大中型企业网络管理中必须掌握的专业实战技能，以“任务驱动”的理念为指导，以实际应用为目的，着重介绍交换机、路由器的配置和管理技术。通过完成多个精心设计的完整、具体、功能齐全的项目，以任务驱动的形式深入浅出、循序渐进地介绍组建交换式局域网、交换机配置基础、VLAN 技术及配置、路由器配置基础、RIP、OSPF、ACL 表、NAT、VLAN 间路由、路由重分布、QoS 等。

本书坚持“实用、够用”的原则，以实用技术为主，以培养学生的动手能力为目的，立足于“看得懂、学得会、用得上”，介绍最重要和最需要的内容，强调学生技能的培养，方法与技术并重，介绍网络的组建与应用。

本书既可作为应用型本科、成人高校和高职高专院校计算机网络技术、网络管理等相关专业的教材，也可作为计算机网络管理员培训和自学的教材及参考书。

图书在版编目(CIP)数据

企业网络组建与维护/刘友缘等编著. --北京：清华大学出版社，2016
21 世纪普通高校计算机公共课程规划教材
ISBN 978-7-302-41742-2

Ⅰ. ①企…　Ⅱ. ①刘…　Ⅲ. ①企业－计算机网络－基本知识　Ⅳ. ①TP393.18

中国版本图书馆 CIP 数据核字(2015)第 239582 号

责任编辑：黄　芝　李　晔
封面设计：何凤霞
责任校对：时翠兰
责任印制：何　芊

出版发行：清华大学出版社
网　　址：http://www.tup.com.cn，http://www.wqbook.com
地　　址：北京清华大学学研大厦 A 座　　**邮　　编**：100084
社 总 机：010-62770175　　**邮　　购**：010-62786544
投稿与读者服务：010-62776969，c-service@tup.tsinghua.edu.cn
质 量 反 馈：010-62772015，zhiliang@tup.tsinghua.edu.cn
课 件 下 载：http://www.tup.com.cn，010-62795954
印 装 者：北京密云胶印厂
经　　销：全国新华书店
开　　本：185mm×260mm　**印　张**：17.25　**彩　插**：1　**字　　数**：417 千字
版　　次：2016 年 3 月第 1 版　　**印　　次**：2016 年 3 月第1次印刷
印　　数：1～2000
定　　价：34.50 元

产品编号：062240-01

前言

foreword

当今中国已经成为互联网第一使用大国，是网络普及速度最快的国家，越来越多的企业希望发展网络办公和电子商务，与网络相关的行业已经成为热门行业。

大多数企业在招聘的时候，并不在乎你有多么高深的理论、多么耀眼的学位，而更多的是关注你能否解决企业中实际的问题，能否真正地为企业创造价值。然而现有的教育体系大多重视理论和知识体系，培养出来的人才与企业实际需要存在巨大的差异，导致形成了一方面企业需求巨大却招聘不到合适人才，另一方面学员毕业就失业的奇怪现象。

本书针对企业网络行业量身定做，从企业需求角度出发，训练学生实际工作经验，解决实际工作问题，帮助学生在校积累丰富经验，全面提升就业竞争能力，使学习更具有针对性，使效率更具有科学性。另外，为了启发学生思考，加强学习效果，本书所附实验均为任务式实验。在内容选择上贯彻了“培养工作技能”的指导思想，在编写上体现了“任务驱动”的风格。

本书共分为15章，内容涵盖了中小企业网络技术，不但重视理论讲解，而且从最基本的终端服务器配置到复杂的网络配置都精心设计了相关实验，凸显了专业务实、学以致用的特点。通过本书的学习，学生不仅能进行路由器、交换机等网络设备的配置，还可以全面理解企业网络与实际生活的联系及应用，掌握利用网络技术构建中小型企业网络的方法。本书技术内容都遵循国际标准，从而保证良好的开放性和兼容性。

本书很多内容是由编者通过总结工作中的实际经验来完成的，涉及内容十分广泛，但编写时间仓促，错误之处在所难免，敬请读者提出宝贵意见，以便修改完善。

编　者

2015年7月

目 录

contents

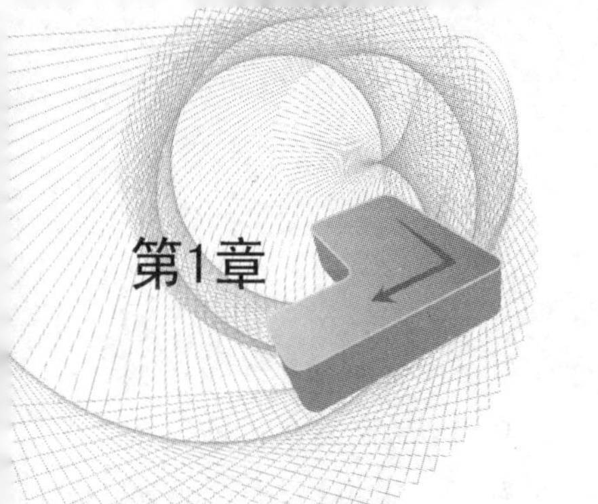

第1章　chapter 1

终端服务器配置

本章将首先简要介绍如何从计算机上访问路由器以对它们进行配置，通常可以通过 console 口或者 telnet 来连接路由器。随后还要介绍本书中一直要用到的网络拓扑，并将详细介绍如何配置终端服务器以达到方便控制各个路由器和交换机的目的。

1.1　访问路由器的方法

路由器没有键盘和鼠标，要初始化路由器需要把计算机的串口和路由器的 console 口进行连接。访问 Cisco 路由器的方法还有 telnet、Web Browser、网管软件（例如 Cisco Works）等，本节讨论前两种。

1.1.1　通过 console 口访问路由器

计算机的串口和路由器的 console 口是通过反转(roll over)线进行连接的，反转线的一端接在路由器的 console 口上，另一端接到一个 DB9-RJ45 的转接头上，DB9 则接到计算机的串口上，如图 1-1 所示。所谓的反转线，就是线两端的 RJ45 接头上的线序是反的，如图 1-2 所示。计算机和路由器连接好后，就可以使用各种各样的终端软件配置路由器了。如果使用笔记本电脑连接路由器，还需要使用一个 USB-COM 的转接头，并且在笔记本电脑上还应安装转换头的驱动程序，经过测试在 X86 32 位系统上能正常驱动。

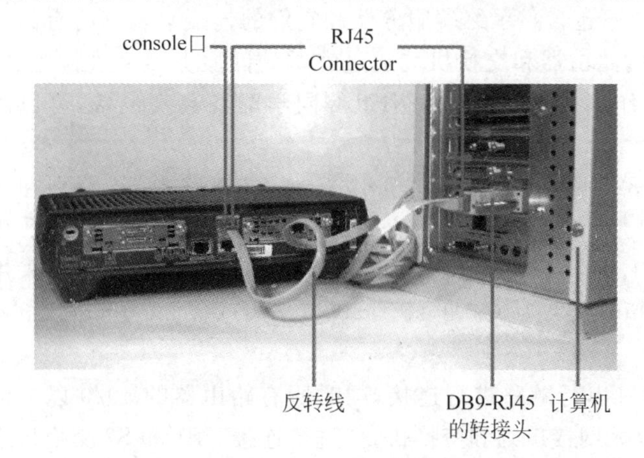

图 1-1　计算机和路由器通过反转线进行连接

Pin 1 ------------- Pin 8
Pin 2 ------------- Pin 7
Pin 3 ------------- Pin 6
Pin 4 ------------- Pin 5
Pin 5 ------------- Pin 4
Pin 6 ------------- Pin 3
Pin 7 ------------- Pin 2
Pin 8 ------------- Pin 1

图 1-2　反转线的线序

1.1.2 通过 telnet 访问路由器

如果管理员不在路由器旁，可以通过 telnet 远程配置路由器，当然这需要预先在路由器上配置 IP 地址和密码，并保证管理员的计算机和路由器之间是 IP 可达的（简单讲就是能 ping 通）。Cisco 路由器通常支持多人同时 telnet，每一个用户称为一个虚拟终端（Virtual Teletype Terminal，VTY）。第一个用户为 vty 0，第二个用户为 vty 1，以此类推，通常可达 vty 4。

1.1.3 终端访问服务器

稍微复杂一点的实验就会用到多台路由器或者交换机，如果通过计算机的串口和它们连接，就需要经常性插拔 console 线。终端访问服务器可以解决这个问题，连接图如图 1-3 所示。终端访问服务器实际上就是有 8 个或者 16 个异步口的路由器，从它引出多条连接线到各个路由器上的 console 口。使用时，首先登录到终端访问服务器，然后从终端访问服务器再登录到各个路由器。

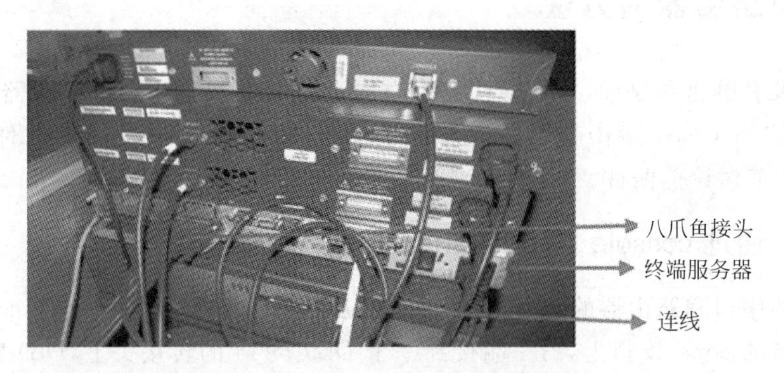

图 1-3　终端访问服务器和路由器的连接方法

1.1.4 本书实验拓扑

为了完成各种实验，需要构建不同的拓扑，这将花费大量的时间。我们设计了一个功能强大的网络拓扑，如图 1-4 所示（图中不包含显示终端服务器和它们的连接），本书所有的实验均可以使用该拓扑完成。拓扑中的路由器和交换机均通过终端访问服务器来进行控制，每个拓扑可以满足 1～7 人共同操作。如果不能为每小组的同学配备真实设备，可以用 GNS3 来模拟完成以下实验。

拓扑中 4 台路由器均为 Cisco2821 路由器，也可以采用 Cisco2801 路由器（差别在于 Cisco2821 的以太网接口为千兆口，而 Cisco2801 的以太网接口为百兆口），IOS 采用 c2800nm-adventerprisek9-mz. 124-11. T1. bin；S1 和 S2 交换机为 Catalyst 3560，IOS 采用 c3560-ipbasek9-mz. 122-25. SEB4. bin；S3 为 Catalyst 2950，IOS 采用 c2950-i6q4l2-mz. 121-6. EA2c. bin。

在该拓扑中，4 台路由器之间通过串行链路进行连接，同时所有路由器的 g0/0 以太网接口和交换机 S1 进行连接；g0/1 以太网接口则和交换机 S2 进行连接。S1 和 S2 交换机之间通过 f0/13 和 f0/14 进行连接；S3 交换机的 f0/1 接口连接到 S1 的 f0/15 上，f0/2 接口连接到 S2 的 f0/15 上。计算机 PC1 和 PC2 连接到 S1 交换机的 f0/5 和 f0/6 上；计算机 PC3

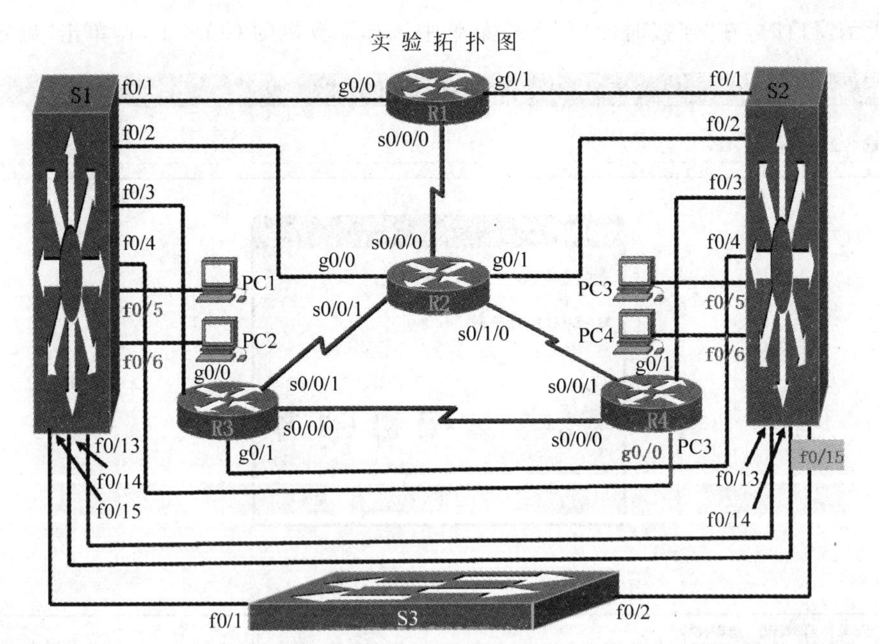

图 1-4 本书实验拓扑

和 PC4 则连接到 S2 交换机的 f0/5 和 f0/6 上。

图中的计算机应该有两个网卡(图中没有画出),其中一个网卡和终端服务器连接,另一个网卡和图 1-4 中的交换机连接。

终端服务器可以采用 Cisco2509 或者带有 8 个或者 16 个异步模块的路由器。

1.2 实验 1:通过 console 口访问路由器

1.2.1 实验目的

通过本实验,可以掌握如下技能:

(1) 计算机的串口和路由器 console 口的连接方法;

(2) 使用 Windows 系统自带的超级终端软件配置路由器;

(3) 路由器的开机。

1.2.2 实验拓扑

实验拓扑如图 1-4 所示。

1.2.3 实验步骤

步骤 1:如图 1-1 所示。连接好计算机 COM 1 口和路由器的 console 口,路由器开机。

步骤 2:打开超级终端。

在 Windows 中的"开始"→"程序"→"附件"→"通信"菜单下打开"超级终端"程序,出现如图 1-5 所示窗口。在"名称"对话框中输入名称,例如 Router;单击"确定"按钮。出现

图 1-6 所示窗口时，在“连接时使用”下拉菜单中选择计算机的 COM 1 口，单击“确定”按钮。

图 1-5　超级终端窗口

步骤 3：设置通信参数。

通常路由器出厂时，默认参数为波特率 9600，因此在如图 1-7 所示窗口中，单击“还原为默认值”按钮设置超级终端的通信参数；再单击“确定”按钮。按“回车”键，看看超级终端窗口上是否出现路由器提示符或其他字符，如果出现提示符或者其他字符则说明计算机已经连接到路由器了，我们可以开始配置路由器了。

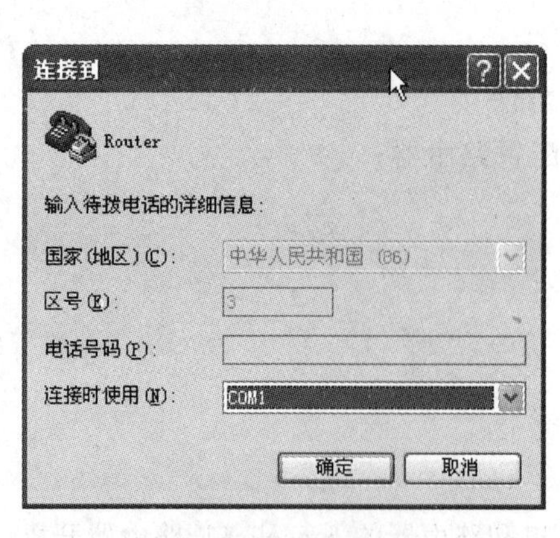

图 1-6　选择 COM 口

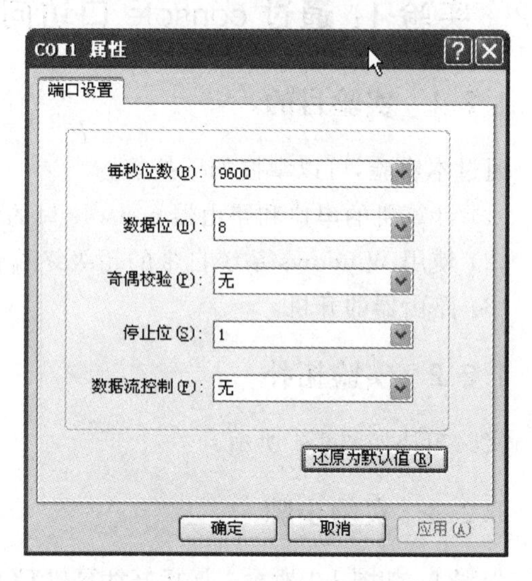

图 1-7　设置通信参数

步骤 4：路由器开机。关闭路由器电源，稍后重新打开电源，观察路由器的开机过程，如下：

```
System Bootstrap, Version 12.4(1r) [hqluong 1r], RELEASE SOFTWARE (fc1)
//以上显示 BOOT ROM 的版本
Copyright (c) 2005 by Cisco Systems, Inc.
Initializing memory for ECC
c2821 processor with 262144 Kbytes of main memory
Main memory is configured to 64 bit mode with ECC enabled
//以上显示路由器的内存大小
Readonly ROMMON initialized
program load complete, entry point: 0x8000f000, size: 0x274bf4c
Self            decompressing            the            image
############################################################################
############################################################################
############################################################################
############################################################################
########################################################################## [OK]
//以上是 IOS 解压过程
Smart Init is enabled
smart init is sizing iomem
ID         MEMORY_REQ                 TYPE
0003E8     0X003DA000 C2821 Mainboard
           0X00264050 Onboard VPN
           0X000021B8 Onboard USB
           0X002C29F0 public buffer pools

           0X00211000 public particle pools
TOTAL: 0X00B13BF8
(此处省略)
A summary of U.S. laws governing Cisco cryptographic products may be found at:
http://www.Cisco.com/wwl/export/crypto/tool/stqrg.html
If you require further assistance please contact us by sending email to export@Cisco.com.
Installed image archive
Cisco 2821 (revision 49.46) with 249856K/12288K bytes of memory.   //内存大小
Processor board ID FHK1039F21Q
2 Gigabit Ethernet interfaces                                 //两个千兆以太网接口
2 Low-speed serial(sync/async) interfaces                     //两个低速串行口(同步/异步)
1 Virtual Private Network (VPN) Module                        //一个 VPN 网络模块 DRAM
configuration is 64 bits wide with parity enabled.
239K bytes of non-volatile configuration memory.              //NVRAM 的大小
62720K bytes of ATA CompactFlash (Read/Write)                 //FLASH 卡的大小
        --- System Configuration Dialog ---
Continue with configuration dialog? [yes/no]:
//以上提示是否进入配置对话模式?回答"n"结束该模式
```

1.2.4 实验调试

如果超级终端无法连接到路由器,请按照以下顺序检查:

(1) 检查计算机和路由器之间的连接是否松动,并确保路由器已经开机;

(2) 在图 1-6 中,是否选择正确的计算机 COM 口;

(3) 是否按照图 1-7 设置了正确的通信参数;

(4) 如果仍无法排除故障,而路由器非出厂设置,可能是路由器的通信波特率被修改为非 9600bps,则如图 1-8 所示,逐一测试通信速率;

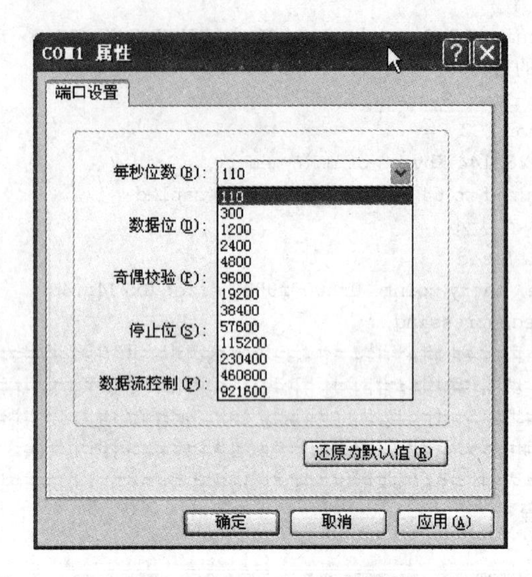

图 1-8　逐一测试通信速率

(5) 用计算机的另一 COM 口和路由器的 console 口连接，或者确保计算机的 COM 口正常；

(6) 和供应商联系。

1.3　实验 2：通过 telnet 访问路由器

要通过 telnet 访问路由器，需要先通过 console 口对路由器进行基本配置，例如，IP 地址、密码等。

1.3.1　实验目的

通过本实验，可以掌握如下技能：

(1) 配置路由器以太网接口的 IP 地址，并打开接口；

(2) 配置路由器的 enable 密码和 vty 密码；

(3) telnet 程序的使用。

1.3.2　实验拓扑

实验拓扑如图 1-9 所示。

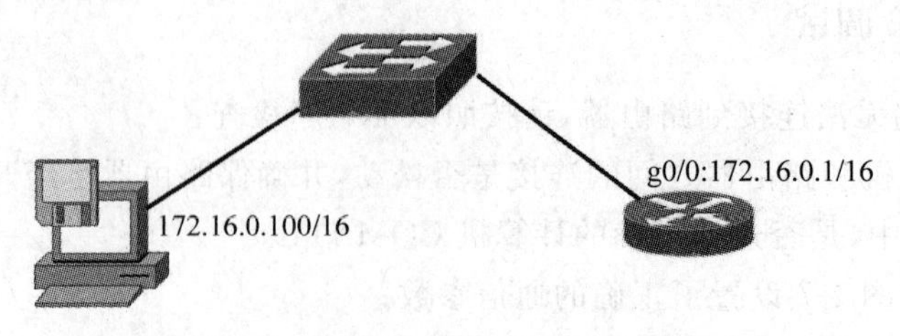

图 1-9　实验 2 拓扑

1.3.3 实验步骤

步骤 1：配置路由器以太网接口 IP 地址。

```
Router>enable
Router#
//以上是进入路由器的特权模式
Router#configure terminal
Enter configuration commands, one per line. End with CNTL/Z.
Router (config)#
//以上是进入路由器的配置模式
Router (config)#interface g0/0
Router (config-if)#
//以上是进入路由器的以太网口 g0/0 接口,g0/0 中 g 表示是 GigabitEthernet, 0/0 表示 是第 0 个
//插槽中的第 0 个接口。S0/0/0 则表示为第 0 个插槽中的第 0 个模块上的第 0 个串 行接口
Router (config-if)#ip address 172.16.0.1 255.255.0.0
//以上是配置接口的 IP 地址
Router (config-if)#no shutdown
//以上是打开接口,默认时路由器的所有接口都是关闭的,这一点和交换机有很大差别
Router (config-if)#end
//退出配置模式
```

步骤 2：配置路由器密码。

```
Router#conf terminal
Router(config)#line vty 0 4
//以上是进入路由器的 VTY 虚拟终端下,"vty 0 4"表示 vty 0 到 vty 4,共 5 个虚拟终端
Router(config-line)#password Cisco
Router(config-line)#login
//以上是配置 vty 的密码,即 telnet 密码
Router(config-line)#exit
Router(config)#enable password Cisco
//以上是配置进入到路由器特权模式的密码
Router(config)#end
```

步骤 3：通过 telnet 访问路由器。

在计算机上配置网卡的 IP 地址为 172.16.0.100/255.255.0.0，并打开 DOS 命令行窗口。首先测试计算机和路由器的 IP 连通性，再进行 telnet 远程登录。如下：

```
C:\>ping 172.16.0.1
Pinging 172.16.0.1 with 32 bytes of data:
Reply from 172.16.0.1: bytes=32 time<1ms TTL=255
Reply from 172.16.0.1: bytes=32 time<1ms TTL=255
Reply from 172.16.0.1: bytes=32 time<1ms TTL=255
Reply from 172.16.0.1: bytes=32 time<1ms TTL=255
Ping statistics for 172.16.0.1:
    Packets: Sent = 4, Received = 4, Lost = 0 (0% lost)
Approximate round trip times in milli-seconds:
    Minimum = 0ms, Maximum = 0ms, Average = 0ms
//以上表明计算机能 ping 通路由器

C:\>telnet 172.16.0.1
//telnet 路由器以太网卡上的 IP 地址
User Access Verification
```

```
Password:
Router>enable
Password:
Router#exit
//输入 vty 的密码 Cisco、输入 enable 的密码 Cisco,能正常进入路由器的特权模式
```

1.3.4 实验调试

如果无法从计算机上 ping 通路由器,依照以下步骤进行

(1) 检查计算机、交换机、路由器之间的连接是否松动;

(2) 检查连接线应该是否是直通线;

(3) 检查计算机的网卡和 IP 地址是否正常;

(4) 在路由器上,检查以太网接口是否正常。

```
Router#show int g0/0
GigabitEthernet0/0 is up, line protocol is up
  Hardware is MV96340 Ethernet, address is 0019.5535.b828 (bia 0019.5535.b828)
  Internet address is 172.16.0.1/16
```

应该看到两个"up",否则检查路由器和交换机之间的连接。

1.4 实验 3: 配置终端访问服务器

使用终端访问服务器(就是插有异步模块的路由器)可以避免在同时配置多台路由器时频繁插拔 console 线,为了方便使用终端服务器,可以制作一个简单的菜单。

1.4.1 实验目的

通过本实验,可以掌握如下技能:

(1) 配置终端访问服务器,并制作一个简单的菜单;

(2) 使用终端访问服务器控制路由器。

1.4.2 实验拓扑

实验拓扑如图 1-10 所示。

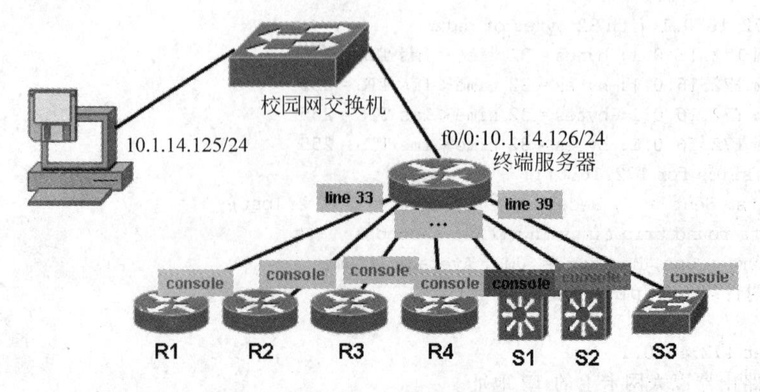

图 1-10 终端服务器和各路由器、交换机连接图

1.4.3 实验步骤

步骤 1：终端服务器的基本配置。

```
Router(config)#hostname RCMS
//以上是配置终端服务器的主机名
RCMS(config)#enable secret ccielab
//以上是配置进入特权模式的密码,防止他人修改终端服务器的配置
RCMS(config)#no ip domain-lookup
//以上禁止路由器查找 DNS 服务器,防止我们输入错误命令时的长时间等待
RCMS(config)#line vty 0 ?
  <1-15> Last Line number
  <cr>
//查看该路由器支持多少 vty 虚拟终端,可以看到支持 0-15
RCMS(config)#line vty 0 15
RCMS(config-line)#no login
RCMS(config-line)#logging synchronous RCMS(config-line)#no
exec-timeout RCMS(config-line)#exit
//以上允许任何人不需要密码就可以 telnet 该终端服务器,并且即使长时间不输入命令也不会超时
//自动 logout 出来

RCMS#conf t
Enter configuration commands, one per line. End with CNTL/Z.
RCMS(config)#interface f0/0
RCMS(config-if)#ip address 10.1.14.126 255.255.255.0
RCMS(config-if)#no shutdown
RCMS(config-if)#exit
//以上配置以太网接口的 ip 地址为 10.1.14.126/255.255.255.0,并打开接口
RCMS(config)#no ip routing
//由于终端服务器不需要路由功能,所以关闭路由功能,这时终端服务器相当于一台计算机
RCMS(config)#ip default-gateway 10.1.14.254
//配置网关,允许他人从别的网段 telnet 该终端服务器
```

步骤 2：配置线路、制作简易菜单。

```
RCMS#show line
   Tty Typ     Tx/Rx      A Modem   Roty AccO AccI   Uses   Noise   Overruns   Int
*    0 CTY                -  -       -    -    -        0       0        0/0     -
*   33 TTY   9600/9600    -  -       -    -    -        6       3    238/717     -
*   34 TTY   9600/9600    -  -       -    -    -        1       0    274/823     -
*   35 TTY   9600/9600    -  -       -    -    -        1       0    244/736     -
*   36 TTY   9600/9600    -  -       -    -    -        5      57    255/767     -

*   37 TTY   9600/9600    -  -       -    -    -        1       0  1128/3388     -
*   38 TTY   9600/9600    -  -       -    -    -        0       7  1289/3864     -
    39 TTY   9600/9600    -  -       -    -    -        1      15  1175/3524     -
    40 TTY   9600/9600    -  -       -    -    -        0       0        0/0     -
    41 TTY   9600/9600    -  -       -    -    -        0       0        0/0     -
    42 TTY   9600/9600    -  -       -    -    -        0       0        0/0     -
    43 TTY   9600/9600    -  -       -    -    -        0       0        0/0     -
    44 TTY   9600/9600    -  -       -    -    -        0       0        0/0     -
    45 TTY   9600/9600    -  -       -    -    -        0       0        0/0     -
```

```
    46  TTY   9600/9600  -  -     -  -  -     0    0    0/0   -
    47  TTY   9600/9600  -  -     -  -  -     0    0    0/0   -
    48  TTY   9600/9600  -  -     -  -  -     0    0    0/0   -
    65  AUX   9600/9600  -  -     -  -  -     0    0    0/0   -
*   66  VTY              -  -     -  -  -     6    0    0/0   -
*   67  VTY              -  -     -  -  -     2    0    0/0   -
*   68  VTY              -  -     -  -  -     2    0    0/0   -
*   69  VTY              -  -     -  -  -     5    0    0/0   -
*   70  VTY              -  -     -  -  -     12   0    0/0   -
    71  VTY              -  -     -  -  -     2    0    0/0   -
    72  VTY              -  -     -  -  -     0    0    0/0   -
    73  VTY              -  -     -  -  -     0    0    0/0   -
    74  VTY              -  -     -  -  -     0    0    0/0   -
    75  VTY              -  -     -  -  -     0    0    0/0   -
    76  VTY              -  -     -  -  -     0    0    0/0   -
    77  VTY              -  -     -  -  -     0    0    0/0   -
    78  VTY              -  -     -  -  -     0    0    0/0   -
    79  VTY              -  -     -  -  -     0    0    0/0   -
    80  VTY              -  -     -  -  -     0    0    0/0   -
    81  VTY              -  -     -  -  -     0    0    0/0   -
//以上是查看终端服务器上异步模块的各异步口所在的线路编号,tty 表示的就是异步模块,该终端
//服务器模块有 16 个接口,线路编号为 33～48,这里实际上只用了 33～39。记住线路的编号,后面
//需要根据这些编号进行配置
RCMS#conf t
Enter configuration commands, one per line. End with CNTL/Z.
RCMS(config)#line 33 48
RCMS(config-line)#transport input all
//进入线路模式下,线路允许所有传入,实际上只允许 telnet 进入即可
RCMS(config-line)#exit
RCMS(config)#int loopback0
RCMS(config-if)#ip address 1.1.1.1 255.255.255.255
//以上配置 loopback0 接口的 IP 地址,loopback 接口是一个逻辑上的接口,路由器上可以任意创建
//几乎无穷多的 loopback 接口,该接口可以永远是 up 的。loopback 接口经常用于测试等
RCMS(config-if)#exit
RCMS(config)#host R1 2033 1.1.1.1
RCMS(config)#host R2 2034 1.1.1.1
RCMS(config)#host R3 2035 1.1.1.1
RCMS(config)#host R4 2036 1.1.1.1
RCMS(config)#host S1 2037 1.1.1.1
RCMS(config)#host S2 2038 1.1.1.1
RCMS(config)#host S3 2039 1.1.1.1
RCMS(config)#exit
//从终端服务器控制各路由器,是通过反向 telnet 实现的,此时 telnet 的端口号为线路编号加上
//2000,例如 line 33,其端口号为 2033,如果要控制 line 33 线路上连接的路由器,可以采用"telnet
//1.1.1.1 2033"命令。然而这样命令很长,为了方便,可以使用"ip host"命令定义一系列的主机名,
//这样就可以输入"R1"控制 line 33 线路上连接的路由器了
RCMS(config)#alias exec cr1 clear line 33
RCMS(config)#alias exec cr2 clear line 34
RCMS(config)#alias exec cr3 clear line 35
RCMS(config)#alias exec cr4 clear line 36
RCMS(config)#alias exec cs1 clear line 37
RCMS(config)#alias exec cs2 clear line 38
```

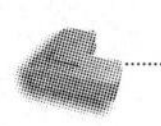

```
RCMS(config)#alias exec cs3 clear line 39
RCMS(config)#
//以上是定义了一系列的命令别名,例如"cr1" = "clear line 33","clear line"命令 的作用是清除
//线路
RCMS(config)#privilege exec level 0 clear line
RCMS(config)#privilege exec level 0 clear
//以上是使得我们在用户模式下也能使用"clear line"和"clear"命令
RCMS(config)#banner motd #
Enter TEXT message. End with the character '#'.
      **************************************
      R1 -------- R1          cr1 ------ clear line 33
      R2 -------- R2          cr2 ------ clear line 34
      R3 -------- R3          cr3 ------ clear line 35
      R4 -------- R4          cr4 ------ clear line 36
      S1 -------- s1          cs1 ------ clear line 37
      S2 -------- s2          cs2 ------ clear line 38
      S3 -------- s3          cs3 ------ clear line 39
      **************************************
#
//以上是制作一个简单的菜单,提醒用户:要控制 R1 路由器可以使用"R1"命令(不区分大小写);要
//清除 R1 路由器所在的线路,可以使用"cr1"命令。我们是利用路由器的 banner motd 功能实现的,
//该功能使得我们 telnet 到路由器后,就显示以上简易菜单
```

步骤 3:测试能否从终端服务器控制各路由器和交换机。

在计算机上配置网卡的 IP 地址为 10.1.14.125/255.255.255.0,并打开 DOS 命令行窗口。首先测试计算机和路由器的 IP 连通性,再进行 telnet 远程登录。如下:

```
c:\Documents and Settings\longkey>ping 10.1.14.126
Pinging 10.1.14.126 with 32 bytes of data:
Reply from 10.1.14.126: bytes = 32 time<1ms TTL = 255
Reply from 10.1.14.126: bytes = 32 time<1ms TTL = 255
Reply from 10.1.14.126: bytes = 32 time = 1ms TTL = 255
Reply from 10.1.14.126: bytes = 32 time = 18ms TTL = 25
Ping statistics for 10.1.14.126:
  Packets: Sent = 4, Received = 4, Lost = 0 (0%
Approximate round trip times in milli-seconds:
  Minimum = 0ms, Maximum = 18ms, Average = 4ms
//以上表明计算机能 ping 通终端服务器
C:\Documents and Settings\longkey>telnet 10.1.14.126
      **************************************
      R1 -------- R1          cr1 ------ clear line 33
      R2 -------- R2          cr2 ------ clear line 34
      R3 -------- R3          cr3 ------ clear line 35
      R4 -------- R4          cr4 ------ clear line 36
      S1 -------- s1          cs1 ------ clear line 37
      S2 -------- s2          cs2 ------ clear line 38
      S3 -------- s3          cs3 ------ clear line 39
      **************************************
//telnet 到 10.1.14.126,出现简易菜单
RCMS>cr1 [confirm]
 [OK]
```

```
RCMS >
//先用"cr1"命令清除线路 33,该线路上连接了路由器 R1
RCMS > r1
Trying R1 (1.1.1.1, 2033)... Open

          ************************************
          R1 -------- R1        cr1 ------ clear line 33
          R2 -------- R2        cr2 ------ clear line 34
          R3 -------- R3        cr3 ------ clear line 35
          R4 -------- R4        cr4 ------ clear line 36
          S1 -------- s1        cs1 ------ clear line 37
          S2 -------- s2        cs2 ------ clear line 38
          S3 -------- s3        cs3 ------ clear line 39
          ************************************

R1 >
//输入"r1"命令,如果出现"R1 >"或者"Router >"等,则表明可以控制 R1 路由器了。如果出现以下
//情况
//RCMS > r1
//Trying R1 (1.1.1.1, 2033)...
// % Connection refused by remote host
//请执行几次"cr1"命令后,重新执行"r1"命令
```

步骤 4：测试能否从终端服务器控制各路由器和交换机。

重复步骤 3,可以打开不同路由器或者交换机的控制窗口,这样我们就可以在一台计算机上同时配置不同的路由器和交换机了,如图 1-11 所示。当然,一台路由器只能被一台计算机所控制。

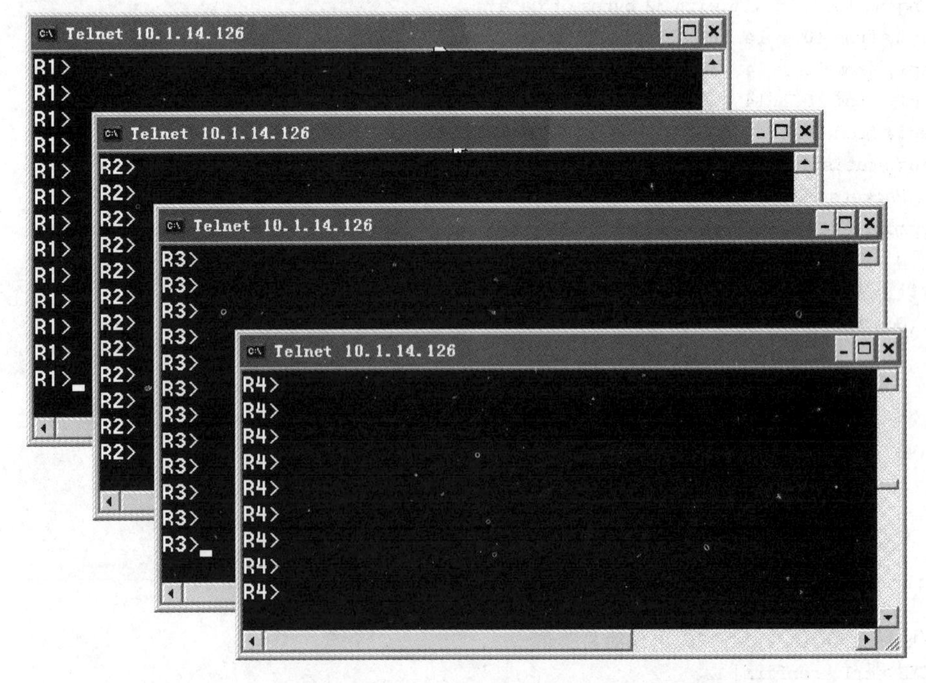

图 1-11　打开多个路由器或者交换机的控制窗口

【提示】 实际应用中如果需要配置多台设备，不建议使用 Windows 自带的 telnet 程序，可以选用 SecureCRT 等专业终端软件，这些软件的功能完善，更便于配置。

1.5　本章小结

本章介绍了如何把计算机上的串口和路由器的 console 进行连接来配置路由器，也介绍了如何配置路由器以使管理员能够通过 telnet 远程配置路由器，还介绍了如何配置终端访问服务器，方便我们同时配置多台路由器或者交换机。本章给出了一直贯穿本书的网络拓扑。表 1-1 是本章出现的命令。

表 1-1　本章命令汇总

命　令	作　用
enable	从用户模式进入特权模式
configure terminal	进入配置模式
interface g0/0	进入千兆以太网接口模式
ip address 172.16.0.1 255.255.0.0	配置接口的 IP 地址
no shutdown	打开接口
line vty 0 4	进入虚拟终端 vty 0 - vty 4
password Cisco	配置密码
login	用户要进入路由器，需要先进行登录
exit	退回到上一级模式
enable password Cisco	配置进入特权模式的密码，密码不加密
end	直接回到特权模式
showint g0/0	显示 g0/0 接口的信息
hostnameRCMS	配置路由器的主机名
enable secret ccielab	配置进入特权模式的密码，密码加密
no ip domain-lookup	路由器不使用 DNS 服务器解析主机的 IP 地址
logging synchronous	路由器上的提示信息进行同步，防止信息干扰我们输入命令
no ip routing	关闭路由器的路由功能
ip default-gateway 10.1.14.254	配置路由器访问其他网段时所需的网关
show line	显示各线路的状态
line 33 48	进入 33～48 线路模式
transport input all	允许所有协议进入线路
int loopback0	进入 loopback0 接口
ip host R1 2033 1.1.1.1	为 1.1.1.1 主机起一个主机名
alias exec cr1 clear line 33	为命令起一个别名
privilege exec level 0 clear line	把命令 clear line 的等级改为 0，在用户模式下也可以执行它
banner motd	设置用户登录路由器时的提示信息

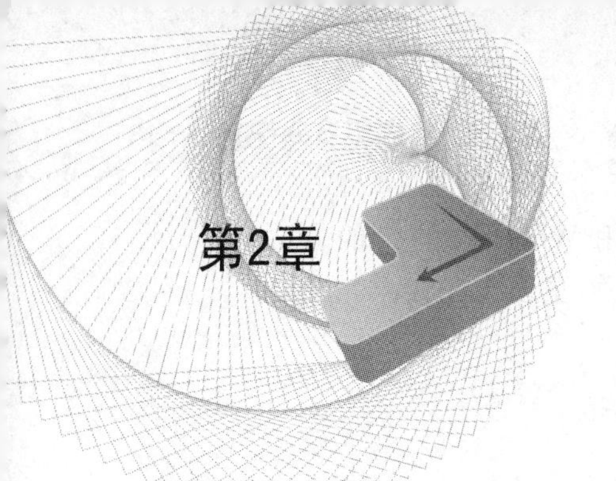

chapter 2

VLAN、Trunk和VTP

Cisco 交换机不仅仅具有两层交换功能，它还具有 VLAN 等功能。VLAN 技术可以使我们很容易地控制广播域的大小。有了 VLAN，交换机之间的级联链路就需要 Trunk 技术来保证该链路可以同时传输多个 VLAN 的数据。同时为了方便管理各交换机上的 VLAN 信息，VTP 也被引入了。交换机之间的级联链路带宽如果不够，可以把多条链路捆绑起来形成逻辑链路。本章将一一介绍以上各种技术的具体配置。

2.1 VLAN、Trunk 和 VTP 简介

2.1.1 VLAN

如图 2-1 所示，虚拟局域网 VLAN(Virtual LAN)是交换机端口的逻辑组合。VLAN 工作在 OSI 的第 2 层，一个 VLAN 就是一个广播域，VLAN 之间的通信是通过第 3 层的路由器来完成的。VLAN 有以下优点：

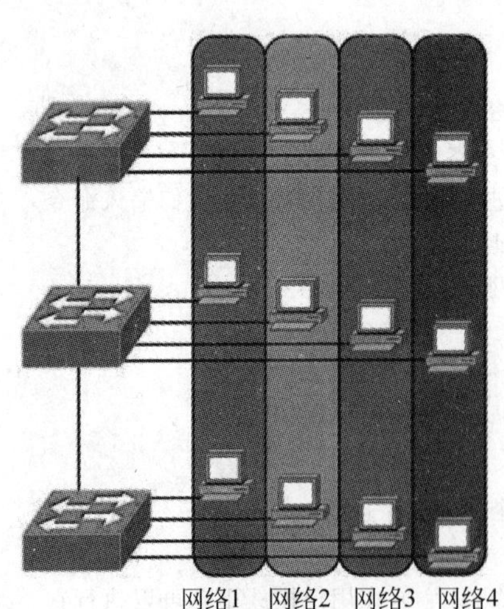

图 2-1　VLAN

(1) 控制网络的广播问题：每一个 VLAN 是一个广播域，一个 VLAN 上的广播不会扩散到另一 VLAN；

(2) 简化网络管理：当 VLAN 中的用户位置移动时，网络管理员只需设置几条命令即可；

(3) 提高网络的安全性：VLAN 能控制广播；VLAN 之间不能直接通信。

定义交换机的端口在什么 VLAN 上的常用方法有：

(1) 基于端口的 VLAN——管理员把交换机某一端口指定为某一 VLAN 的成员；

(2) 基于 MAC 地址的 VLAN——交换机根据节点的 MAC 地址，决定将其放置于哪个 VLAN 中。

2.1.2 Trunk

当一个 VLAN 跨过不同的交换机时，在同一 VLAN 上但使用不同的交换机的计算机进行通信时需要使用 Trunk。Trunk 技术使得在一条物理线路上可以传送多个 VLAN 的

信息，交换机从属于某一 VLAN(例如 VLAN3)的端口接收到数据，在 Trunk 链路上进行传输前，会加上一个标记，表明该数据是 VLAN3 的；到了对方交换机，交换机会把该标记去掉，只发送到属于 VLAN3 的端口上。

有两种常见的帧标记技术：ISL 和 802.1Q。ISL 技术在原有的帧上重新加了一个帧头，并重新生成了帧校验序列(Frame Check Sequence，FCS)，ISL 是 Cisco 特有的技术，因此不能在 Cisco 交换机和非 Cisco 交换机之间使用。而 802.1Q 技术在原有帧的源 MAC 地址字段后插入标记字段，同时用新的 FCS 字段替代了原有的 FCS 字段，该技术是国际标准，得到所有厂家的支持。

Cisco 交换机之间的链路是否形成 Trunk 是可以自动协商，这个协议称为 DTP (Dynamic Trunk Protocol)，DTP 还可以协商 Trunk 链路的封装类型。表 2-1 是链路两端是否会形成 Trunk 的总结。

表 2-1 DTP 总结

对端模式 / 首端模式	negotiate	desirable	auto	nonegotiate
negotiate	√	√	√	√
desirable	√	√	√	×
auto	√	√	×	×
nonegotiate	√	×	×	√

2.1.3 VTP

VTP(VLAN Trunk Protocol)提供了一种用于在交换机上管理 VLAN 的方法，该协议使得我们可在一个或者几个中央点(Server)上创建、修改、删除 VLAN，VLAN 信息通过 Trunk 链路自动扩散到其他交换机，任何参与 VTP 的交换机就可以接受这些修改，所有交换机保持相同的 VLAN 信息。

VTP 被组织成管理域(VTP Domain)，相同域中的交换机能共享 VLAN 信息。根据交换机在 VTP 域中的作用不同，VTP 可以分为三种模式：

(1) 服务器模式(Server)。在 VTP 服务器上能创建、修改、删除 VLAN，同时这些信息会通告给域中的其他交换机。默认情况下，交换机是服务器模式。每个 VTP 域必须至少有一台服务器，域中的 VTP 服务器可以有多台。

(2) 客户机模式(Client)。VTP 客户机上不允许创建、修改、删除 VLAN，但它会监听来自其他交换机的 VTP 通告并更改自己的 VLAN 信息。接收到的 VTP 信息也会在 Trunk 链路上向其他交换机转发，因此这种交换机还能充当 VTP 中继。

(3) 透明模式(Transparent)。这种模式的交换机不参与 VTP。可以在这种模式的交换机上创建、修改、删除 VLAN，但是这些 VLAN 信息并不会通告给其他交换机，它也不接受其他交换机的 VTP 通告而更新自己的 VLAN 信息。然而需要注意的是，它会通过 Trunk 链路转发接收到的 VTP 通告从而充当了 VTP 中继的角色，因此完全可以把该交换机看成是透明的。

VTP 通告是以组播帧的方式发送的，VTP 通告中有一个字段称为修订号(Revision)，初始值为 0。只要在 VTP Server 上创建、修改、删除 VLAN，通告的 Revision 就增加 1，通

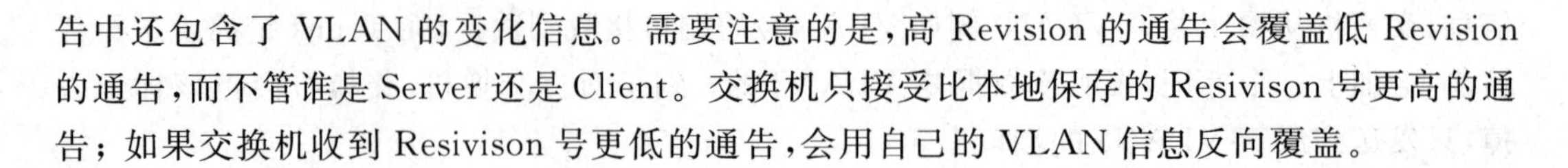

告中还包含了 VLAN 的变化信息。需要注意的是，高 Revision 的通告会覆盖低 Revision 的通告，而不管谁是 Server 还是 Client。交换机只接受比本地保存的 Resivison 号更高的通告；如果交换机收到 Resivison 号更低的通告，会用自己的 VLAN 信息反向覆盖。

2.1.4　EtherChannel

EtherChannel（以太通道）是由 Cisco 公司开发的，应用于交换机之间的多链路捆绑技术。它的基本原理是：将两个设备间多条快速以太或千兆以太物理链路捆绑在一起组成一条逻辑链路，从而达到带宽倍增的目的。除了增加带宽外，EtherChannel 还可以在多条链路上均衡分配流量，起到负载分担的作用；在一条或多条链路故障时，只要还有链路正常，流量将转移到其他的链路上，整个过程在几毫秒内完成，从而起到冗余的作用，增强了网络的稳定性和安全性。EtherChannel 中，负载在各个链路上的分布可以根据源 IP 地址、目的 IP 地址、源 MAC 地址、目的 MAC 地址、源 IP 地址和目的 IP 地址组合、源 MAC 地址和目的 MAC 地址组合等来进行分布。

两台交换机之间是否形成 EtherChannel 也可以用协议自动协商。目前有两个协商协议：PAGP 和 LACP，前者是 Cisco 专有的协议，而 LACP 是公共的标准。表 2-2 是 PAGP 协商的规律总结。表 2-3 是 LACP 协商的规律总结。

表 2-2　PAGP 协商的规律总结

首端模式 \ 对端模式	ON	Desirable	auto
ON	√	×	×
desirable	×	√	√
auto	×	√	×

表 2-3　LACP 协商的规律总结

首端模式 \ 对端模式	ON	active	passive
ON	√	×	×
active	×	√	√
passive	×	√	×

2.2　实验 1：划分 VLAN

2.2.1　实验目的

通过本实验，可以掌握如下技能：

（1）熟悉 VLAN 的创建；

（2）把交换机接口划分到特定 VLAN。

2.2.2　实验拓扑

实验拓扑如图 2-2 所示。

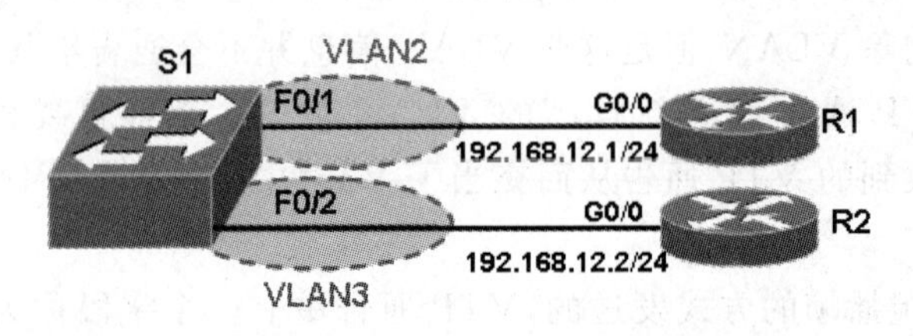

图 2-2　实验 1 拓扑图

2.2.3 实验步骤

要配置 VLAN，首先要先创建 VLAN，然后才把交换机的端口划分到特定的端口上：

步骤 1：在划分 VLAN 前，配置 R1 和 R2 路由器的 g0/0 接口，从 R1 ping 192.168.12.2。默认时，交换机的全部接口都在 VLAN1 上，R1 和 R2 应该能够通信。

步骤 2：在 S1 上创建 VLAN。

```
S1#vlan database
  //进入到 VLAN 配置模式
S1(vlan)#vlan 2 name VLAN2
VLAN 2 added:
Name: VLAN2
//以上创建 VLAN,2 就是 VLAN 的编号,VLAN 号的范围为 1～1001,VLAN2 是该 VLAN 的名字
S1(vlan)#vlan 3 name VLAN3
VLAN 3 added:
Name: VLAN3
S1(vlan)#exit
APPLY completed.
Exiting...
//退出 VLAN 模式,创建的 VLAN 立即生效
```

【提示】 交换机中的 VLAN 信息存放在单独的文件 flash:vlan.dat 中，因此如果要完全清除交换机的配置，除了使用“erase starting-config”命令外，还要使用“delete flash:vlan.dat”命令把 VLAN 数据删除。

【提示】 在新的 IOS 版本中，可以在全局配置模式中创建 VLAN，如下：

```
S1(config)#vlan 2
S1(config-vlan)#name VLAN2
S1(config-vlan)#exit
S1(config)#vlan 3
S1(config-vlan)#name VLAN3
```

步骤 3：把端口划分在 VLAN 中。

```
S1(config)#interface f0/1
S1(config-if)#switch mode access
//以上把交换机端口的模式改为 access 模式,说明该端口是用于连接计算机的,而不是用于 Trunk
S1(config-if)#switch access vlan 2
//然后把该端口 f0/1 划分到 VLAN 2 中
S1(config)#interface f0/2
S1(config-if)#switch mode access
S1(config-if)#switch access vlan 3
```

【提示】 默认时，所有交换机接口都在 VLAN 1 上，VLAN 1 是不能删除的。如果有多个接口需要划分到同一 VLAN 下，也可以采用如下方式以节约时间，注意——前后的空格：

```
S1(config)#interface range f0/2—3
S1(config-if)#switch mode access
S1(config-if)#switch access vlan 2
```

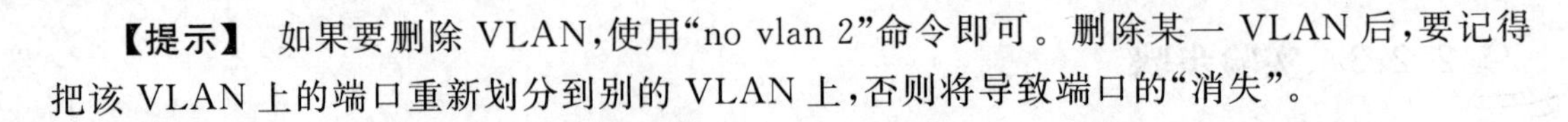

【提示】 如果要删除 VLAN，使用“no vlan 2”命令即可。删除某一 VLAN 后，要记得把该 VLAN 上的端口重新划分到别的 VLAN 上，否则将导致端口的“消失”。

2.2.4 实验调试

(1) 查看 VLAN。

使用“show vlan”或者“show vlan brief”命令可以查看 VLAN 的信息，以及每个 VLAN 上有什么端口。要注意，这里只能看到本交换机上哪个端口在 VLAN 上，而不能看到其他交换机的端口在什么 VLAN 上。如下：

```
SW1＃show vlan
VLAN  Name                                 Status     Ports
---- --------------------------------- --------- ---------------------------
1     default                              active     Fa0/1, Fa0/2, Fa0/3, Fa0/4
                                                      Fa0/5, Fa0/6, Fa0/7, Fa0/8
                                                      Fa0/9, Fa0/10, Fa0/11, Fa0/12
                                                      Fa0/13, Fa0/14, Fa0/16, Fa0/17
                                                      Fa0/18, Fa0/19, Fa0/20, Fa0/21
                                                      Fa0/22, Fa0/23, Fa0/24, Gi0/1
                                                      Gi0/2
2     VLAN2                                active
3     VLAN3                                active
1002  fddi-default                         act/unsup
1003  token-ring-default                   act/unsup
1004  fddinet-default                      act/unsup
(此处省略)
//在交换上，VLAN1 是默认 VLAN，不能删除，也不能改名。此外还有 1002、1003 等 VLAN 的存在。
```

(2) VLAN 间的通信。

由于 f0/1 和 f0/2 属于不同的 VLAN，从 R1 ping 192.168.12.2 应该不能成功。

2.3 实验 2：Trunk 配置

2.3.1 实验目的

通过本实验，可以掌握如下技能：

(1) 配置交换机接口的 Trunk。

(2) 理解 DTP 的协商规律。

2.3.2 实验拓扑

实验拓扑如图 2-3 所示。

2.3.3 实验步骤

在实验 1 的基础上继续本实验。

(1) 根据实验 1 的步骤在 S2 上创建 VLAN，并把接口划分在如图 2-3 所示的

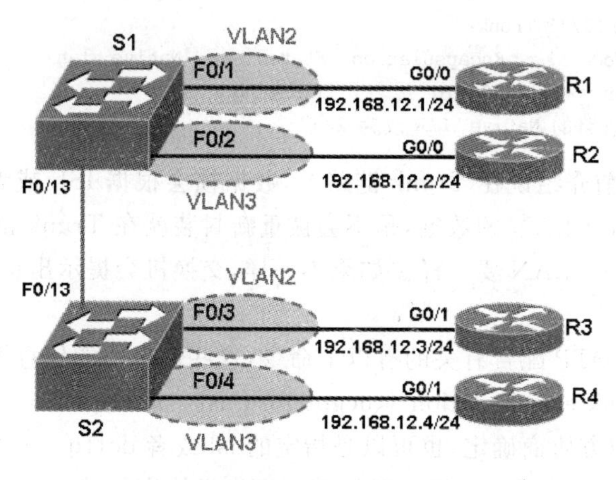

图 2-3 实验 2 拓扑图

VLAN 中。

(2) 配置 Trunk：

```
S1(config)# int f0/13
S1(config-if)# switchport Trunk encanpsulation dot1q
//以上是配置 Trunk 链路的封装类型,同一链路的两端封装要相同。有的交换机,例如 2950 只能封装 dot1q,因此无须执行该命令
S1(config-if)# switch mode Trunk
//以上是把接口配置为 Trunk
S2(config)# int f0/13
S2(config-if)# switch mode Trunk
S2(config-if)# switchport Trunk encanpsulation dot1q
```

(3) 检查 Trunk 链路的状态,测试跨交换机、同一 VLAN 主机间的通信使用“show interface f0/13 Trunk”可以查看交换机端口的 Trunk 状态,如下：

```
Port        Mode        Encapsulation  Status        Native vlan
Fa0/13      on          802.1q         Trunking      1
//f0/13 接口已经为 Trunk 链路了,封装为 802.1q
Port        Vlans allowed on Trunk
Fa0/13      1-4094
Port        Vlans allowed and active in management domain
Fa0/13      1-3
Port        Vlans in spanning tree forwarding state and not pruned
Fa0/13      2-3
```

需要在链路的两端都确认 Trunk 的形成。测试 R1 和 R3、R2 和 R4 之间的通信。由于 R1 和 R3 在同一 VLAN,所以 R1 应该能 ping 通 R3。

(4) 配置 Native VLAN。

```
S1(config)# int f0/13
S1(config-if)# switchport Trunk native vlan 2
//以上是在 Trunk 链路上配置 Native VLAN,我们把它改为 VLAN 2 了,默认是 VLAN 1
S2(config)# int f0/13
S2(config-if)# switchport Trunk native vlan 2
```

```
S1#show interface f0/13 Trunk
      Port      Mode      Encapsulation  Status      Native vlan
      Fa0/13    on        802.1q         Trunking    2
//可以查看 Trunk 链路的 Native VLAN 改为 2 了
```

【技术要点】 之前介绍说在 Trunk 链路上，数据帧会根据 ISL 或者 802.1Q 被重新封装，然而如果是 Native VLAN 的数据，是不会被重新封装就在 Trunk 链路上传输的。很显然，链路两端的 Native VLAN 要一样。如果不一样，交换机会提示出错。

(5) DTP 配置。

【技术要点】 和 DTP 配置有关的有以下命令，这些命令不能任意组合：

"switchport Trunk encapsulation { negotiate | isl | dot1q }"——配置 Trunk 链路上的封装类型，可以是双方协商确定，也可以是指定的 isl 或者 dot1q。

"switchport nonegotiate"——Trunk 链路上不发送协商包，默认是发送的。

"switch mode { Trunk | dynamic desirable | dynamic auto }"。

- Trunk——这个设置将端口置为永久 Trunk 模式，封装类型由"switchport Trunk encapsulation"命令决定。
- dynamic desirable——端口主动变为 Trunk，如果另一端为 negotiate、dynamic desirable、dynamic auto 将成功协商。
- dynamic auto——被动协商，如果另一端为 negotiate、dynamic desirable 将成功协商。

如果想把接口配置为 negotiate，则使用：

```
S1(config-if)#switchport Trunk encapsulation { isl | dot1q }
S1(config-if)#switchport mode Trunk
S1(config-if)#no switchport negotiate
```

如果想把接口配置为 nonegotiate，则使用：

```
S1(config-if)#switchport Trunk encapsulation { isl | dot1q }
S1(config-if)#switchport mode Trunk
S1(config-if)#switchport nonegotiate
```

如果想把接口配置为 desirable，则使用：

```
S1(config-if)#switchport mode dynamic desirable
S1(config-if)#switchport Trunk encapsulation { negotiate | isl | dot1q }
```

如果想把接口配置为 auto，则使用：

```
S1(config-if)#switchport mode dynamic auto
S1(config-if)#switchport Trunk encapsulation { negotiate | isl | dot1q }
```

这里进行如下配置：

```
S1(config-if)#switchport mode dynamic desirable
S1(config-if)#switchport Trunk encapsulation negotiate
S2(config-if)#switchport mode dynamic auto
S2(config-if)#switchport Trunk encapsulation negotiate
```

```
S1#show interfaces f0/13 Trunk
Port       Mode          Encapsulation  Status       Native vlan
Fa0/13     desirable     n-isl          Trunking     1
//可以看到 Trunk 已经形成,封装为 n-isl,这里的"n"表示封装类型也是自动协商的。需要在两端
//都进行检查,确认两端都形成 Trunk 才可以
Port       Vlans allowed on Trunk
Fa0/13     1-4094

Port       Vlans allowed and active in management domain
Fa0/13     1-3

Port       Vlans in spanning tree forwarding state and not pruned
Fa0/13     2-3
```

【提示】 由于交换机有默认配置,所以进行以上配置后,使用"show running"命令可能看不到我们配置的命令。默认时 catalyst 2950 和 3550 的配置是 desirable 模式;而 catalyst 3560 是 auto 模式,所以两台 3560 交换机之间不会自动形成 Trunk,3560 交换机和 2950 交换机之间却可以形成 Trunk。

2.4 实验 3:VTP 配置

2.4.1 实验目的

通过本实验,可以掌握如下技能:

(1) 理解 VTP 的三种模式。

(2) 熟悉 VTP 的配置。

2.4.2 实验拓扑

实验拓扑如图 2-4 所示。

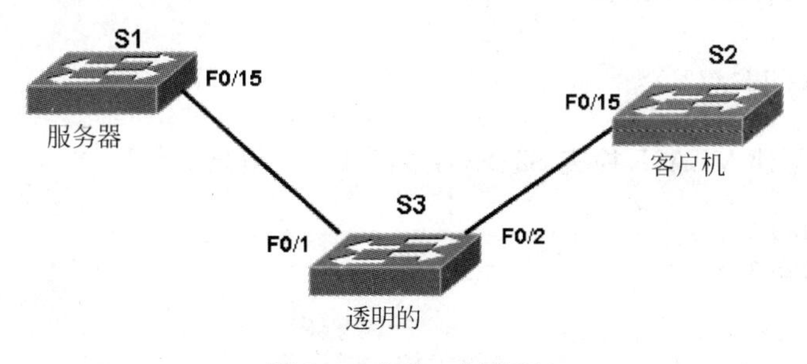

图 2-4 实验 3 拓扑图

2.4.3 实验步骤

(1) 把三台交换机的配置清除干净,重启交换机。

```
S1#delete flash:vlan.dat
S1#erase startup-config
S1#reload
```

(2) 检查S1和S3之间、S3和S2之间的链路Trunk是否自动形成，如果没有，请参照实验2步骤配置Trunk。

(3) 配置S1为VTP Server。

```
S1(config)#vtp mode server
Device mode already VTP SERVER.
//以上配置 S1 为 VTP server,实际上这是默认值
S1(config)#vtp domain VTP-TEST
Changing VTP domain name from NULL to VTP-TEST
//以上配置 VTP 域名
S1(config)#vtp password cisco
Setting device VLAN database password to cisco
//以上配置 VTP 的密码,目的是为了安全,防止不明身份的交换机加入到域中
```

(4) 配置S3为VTP Transparent。

```
S3#vlan database
S3(vlan)#vtp transparent
Setting device to VTP TRANSPARENT mode.
S3(vlan)#vtp domain VTP-TEST
Domain name already set to VTP-TEST.
S3(vlan)#vtp password cisco
Setting device VLAN database password to cisco.
```

【提示】 有的IOS版本只支持在VLAN database下配置VLAN。

(5) 配置S2为VTP Client。

```
S2(config)#vtp mode client
Setting device to VTP CLIENT mode.

S2(config)#vtp domain VTP-TEST
Domain name already set to VTP-TEST.
S2(config)#vtp password cisco
```

2.4.4 实验调试

(1) 在S1上创建VLAN，检查S2、S3上的VLAN信息。

```
S1(config)#vlan 2
S1(config)#vlan 3
S2#show vlan
VLAN Name                             Status    Ports
---- -------------------------------- --------- -------------------------
1    default                          active    Fa0/1, Fa0/2, Fa0/3, Fa0/4
                                                Fa0/5, Fa0/6, Fa0/7, Fa0/8
2    VLAN0002                         active
3    VLAN0003                         active
1002 fddi-default                     act/unsup
//可以看到 S2 已经学习到了在 S1 上创建的 VLAN 了

S3#show vlan
```

```
VLAN  Name                            Status    Ports
----  ------------------------------- --------- -------------------------------
1     default                         active    Fa0/3, Fa0/4, Fa0/5, Fa0/6
                                                Fa0/7, Fa0/8, Fa0/9, Fa0/10
                                                Fa0/11, Fa0/12
1002  fddi-default                    active
1003  token-ring-default              active
1004  fddinet-default                 active
1005  trnet-default                   active
//可以看到 S2 上有了 VLAN2 和 VLAN3,而 S3 上并没有,因为 S3 是透明模式
```

(2) 查看 VTP 信息。

```
S1#show vtp status
VTP Version                        : 2              //该 VTP 支持版本 2
Configuration Revision             : 2              //修订号为 2,该数值非常重要
Maximum VLANs supported locally    : 1005
Number of existing VLANs           : 7              //VLAN 数量
VTP Operating Mode                 : Server         //VTP 模式
VTP Domain Name                    : VTP-TEST       //VTP 域名
VTP Pruning Mode                   : Disabled       //VTP 修剪模式没有启用
VTP V2 Mode                        : Disabled       //VTP 版本 2 没有启用,现在是版本 1
VTP Traps Generation               : Disabled
MD5 digest                         : 0xD4 0x30 0xE7 0xB7 0xDC 0xDF 0x1B 0xD8
Configuration last modified by 0.0.0.0 at 3-1-93 00:22:16
Local updater ID is 0.0.0.0 (no valid interface found)
```

(3) 观察 VTP 的 revision 数值。

在 S1 上,修改、创建或者删除 VLAN,在 S2、S3 上观察 revision 数值是否增加 1。

(4) 配置修剪、版本 2。

```
S1(config)#vtp pruning
S1(config)#vtp version 2
S1#show vtp status
VTP Version                        : 2
Configuration Revision             : 4

Maximum VLANs supported locally    : 1005
Number of existing VLANs           : 7
VTP Operating Mode                 : Server
VTP Domain Name                    : VTP-TEST
VTP Pruning Mode                   : Enabled        //VTP 修剪启用了
VTP V2 Mode                        : Enabled        //VTP 版本为 2 了
VTP Traps Generation               : Disabled
MD5 digest                         : 0xA6 0x56 0x25 0xDE 0xE2 0x39 0x6A 0x10
Configuration last modified by 0.0.0.0 at 3-1-93 00:32:28
Local updater ID is 0.0.0.0 (no valid interface found)
```

【提示】 VTP 修剪和 VTP 版本只需要在一个 VTP Server 上进行即可,其他 Server 或者 Client 会自动跟着更改。VTP 修剪是为了防止不必要的流量从 Trunk 链路上通过,通常需要启用。

2.5 实验 4：EtherChannel 配置

2.5.1 实验目的

通过本实验，可以掌握如下技能：

(1) Etherchannel 的工作原理。

(2) Etherchannel 的配置。

2.5.2 实验拓扑

实验拓扑如图 2-5 所示。

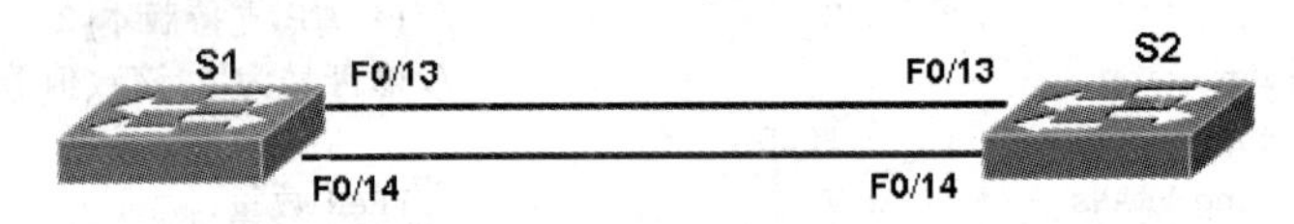

图 2-5　实验 4 拓扑图

2.5.3 实验步骤

构成 EtherChannel 的端口必须具有相同的特性，如双工模式、速度、Trunking 的状态等。配置 EtherChannel 有手动配置和自动配置(PAGP 或者 LAGP)两种方法，自动配置就是让 EtherChannel 协商协议自动协商 EtherChannel 的建立。

(1) 手动配置 EtherChannel。

```
S1 (config)# interface port - channel 1//以上是创建以太通道,要指定一个唯一的通道组号,组号
//为 1～6 的正整数.要取消 EtherChannel 时用"no interface port - channel 1"
S1(config)# interface f0/13
S1(config - if)# channel - group 1 mode on
S1(config)# interface f0/14
S1(config - if)# channel - group 1 mode on
//以上将物理接口指定到已创建的通道中
S1(config)# int port - channel 1
S1(config - if)# switchport mode Trunk
S1(config - if)# speed 100
S1(config - if)# duplex full
//以上配置通道中的物理接口的属性
S2(config)# interface port - channel 1
S2(config)# interface f0/13
S2(config - if)# channel - group 1 mode on
S2(config)# interface f0/14
S2(config - if)# channel - group 1 mode on
S2(config)# int port - channel 1
S2(config - if)# switchport mode Trunk
S2(config - if)# speed 100
S2(config - if)# duplex full

S1(config)# port - channel load - balance dst - mac
```

```
S2(config)# port-channel load-balance dst-mac
//以上是配置 EtherChannel 的负载平衡方式,命令格式为"port-channel load-balance
//method ",负载平衡的方式有 dst-ip、dst-mac、src-dst-ip、src-dst-mac 等
```

(2) 查看 etherchannel 信息。

```
S1# show etherchannel   summary
Flags:  D - down        P - in port-channel
        I - stand-alone s - suspended
        H - Hot-standby (LACP only) R
        - Layer3        S - Layer2
        U - in use      f - failed to allocate aggregator u
        - unsuitable for bundling
        w - waiting to be aggregated d
        - default port

Number of channel-groups in use: 1
Number of aggregators:           1

Group  Port-channel  Protocol    Ports
------+-------------+-----------+-----------------------------------
1      Po1(SU)           -       Fa0/13(P)  Fa0/14(P)
//可以看到 EtherChannel 已经形成,"SU"表示 EtherChannel 正常,如果显示为"SD",则把
//EtherChannel 接口关掉重新开启。
```

(3) 配置 PAGP 或者 LAGP。

【技术要点】 要想把接口配置为 PAGP 的 desirable 模式则使用命令:"channel-group 1 mode desirable";要想把接口配置为 PAGP 的 auto 模式则使用命令:"channel-group 1 mode auto";要想把接口配置为 LACP 的 active 模式则使用命令:"channel-group 1 mode active";要想把接口配置为 LACP 的 passive 模式则使用命令:"channel-group 1 mode passive"。

这里进行如下配置:

```
S1(config)# interface range f0/13 - 14
S1(config-if)# channel-group 1 mode desirable
S2(config)# interface range f0/13 - 14
S2(config-if)# channel-group 1 mode desirable

S1# show etherchannel         summary
Flags:  D - down              P - in port-channel
        I - stand-alone       s - suspended
        H - Hot-standby (LACP only)
        R - Layer3            S - Layer2
        U - in use            f - failed to allocate aggregator
        u - unsuitable for bundling
        w - waiting to be aggregated
        d - default port

Number of channel-groups in use: 1
Number of aggregators:           1
```

```
Group Port - channel Protocol       Ports
Group     Port - channel      Protocol      Ports
------+-------------+-----------+----------------------------------------
1         Po1(SU)             PAgP          Fa0/13(P)  Fa0/14(P)
//可以看到 etherchannel 协商成功.注意应在链路的两端都进行检查,确认两端都形成以太通道才
//可以
```

2.6 本章小结

本章首先介绍了交换机上的 VLAN 创建以及如何把接口划分在指定的 VLAN 中。在交换机之间级联的链路应该配置为 Trunk,Trunk 是否形成可以通过 DTP 协商,Trunk 有两种封装方式。VTP 可以让我们集中化管理 VLAN 的信息,VTP 有三种模式,不同模式可以完成不同的功能。EtherChannel 技术可以把多条链路捆绑起来形成大带宽的逻辑链路,EtherChannel 是否形成也可以用协议自动协商。表 2-4 是本章出现的命令。

表 2-4　本章命令汇总

命　令	作　用
vlan database	进入到 vlan database 配置模式
vlan 2 name VLAN 2	创建 VLAN 2
switch access VLAN 2	把端口划分到 VLAN 2 中
interface range f0/2 - 3	批量配置接口的属性
show vlan	查看 VLAN 的信息
switchport Trunk encanpsulation	配置 Trunk 链路的封装类型
switch mode Trunk	把接口配置为 Trunk
show interface f0/13 Trunk	查看交换机端口的 Trunk 状态
switchport nonegotiate	Trunk 链路上不发送 Trunk 协商包
vtp mode server	配置交换机为 VTP Server
vtp domain VTP-TEST	配置 VTP 域名
vtp password cisco	配置 VTP 的密码
vtp mode client	配置交换机为 VTP client
vtp transparent	配置交换机为 VTP transparent
show vtp status	显示 VTP 的状态
vtp pruning	启用 VTP 修剪
vtp version 2	VTP 版本为 2
interface port-channel 1	创建以太通道
channel-group 1 mode on	把接口加入到以太网通道中,并指明以太通道模式
port-channel load-balance dst-mac	配置 etherChannel 的负载平衡方式
show etherchannel summary	查看 etherchannel 的简要信息

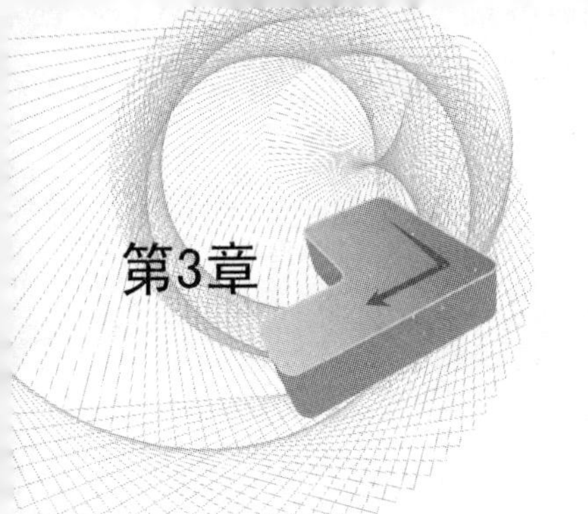

chapter 3

RIP

动态路由协议包括距离向量路由协议和链路状态路由协议。RIP(Routing Information Protocol,路由信息协议)是使用最广泛的距离向量路由协议。RIP是为小型网络环境设计的,因为这类协议的路由学习及路由更新将产生较大的流量,占用过多的带宽。

3.1 RIP 概述

RIP是由Xerox在20世纪70年代开发的,最初定义在RFC1058中。RIP用两种数据包传输更新:更新和请求,每个有RIP功能的路由器默认情况下每隔30s利用UDP 520端口向与它直连的网络邻居广播(RIP v1)或组播(RIP v2)路由更新。因此路由器不知道网络的全局情况,如果路由更新在网络上传播慢,将会导致网络收敛较慢,造成路由环路。为了避免路由环路,RIP采用水平分割、毒性逆转、定义最大跳数、闪式更新、抑制计时5个机制来避免路由环路。

RIP协议分为版本1和版本2。不论是版本1或版本2,都具备下面的特征:

(1) 是距离向量路由协议;

(2) 使用跳数(Hop Count)作为度量值;

(3) 默认路由更新周期为30s;

(4) 管理距离(AD)为120;

(5) 支持触发更新;

(6) 最大跳数为15跳;

(7) 支持等价路径,默认4条,最大6条;

(8) 使用UDP520端口进行路由更新,而RIPv1和RIPv2的区别如表3-1所示。

表3-1 RIPv1和RIPv2的区别

RIPv1	RIPv2
在路由更新的过程中不携带子网信息	在路由更新的过程中携带子网信息
不提供认证	提供明文和MD5认证
不支持VLSM和CIDR	支持VLSM和CIDR
采用广播更新	采用组播(224.0.0.9)更新
有类别(Classful)路由协议	无类别(Classless)路由协议

3.2 RIPv1

3.2.1 实验 1：RIPv1 基本配置

1. 实验目的

通过本实验可以掌握：

(1) 在路由器上启动 RIPv1 路由进程。

(2) 启用参与路由协议的接口，并且通知网络。

(3) 理解路由表的含义。

(4) 查看和调试 RIPv1 路由协议相关信息。

2. 拓扑结构

实验拓扑如图 3-1 所示。

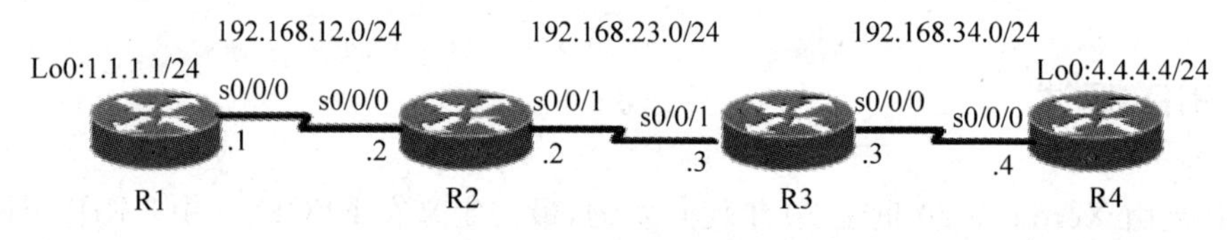

图 3-1 RIPv1 的基本配置

3. 实验步骤

步骤 1：配置路由器 R1。

```
R1(config)#router rip                          //启动 RIP 进程
R1(config-router)#version 1                    //配置 RIP 版本 1
R1(config-router)#network 1.0.0.0              //通告网络
R1(config-router)#network 192.168.12.0
```

步骤 2：配置路由器 R2。

```
R2(config)#router rip
R2(config-router)#version 1
R2(config-router)#network 192.168.12.0
R2(config-router)#network 192.168.23.0
```

步骤 3：配置路由器 R3。

```
R3(config)#router rip
R3(config-router)#version 1
R3(config-router)#network 192.168.23.0
R3(config-router)#network 192.168.34.0
```

步骤 4：配置路由器 R4。

```
R4(config)#router rip
R4(config-router)#version 1
R4(config-router)#network 192.168.34.0
R4(config-router)#network 4.0.0.0
```

4. **实验调试**

(1) show ip route：该命令用来查看路由表。

```
R1#show ip route
    Codes: C - connected, S - static, R - RIP, M - mobile, B - BGP
           D - EIGRP, EX - EIGRP external, O - OSPF, IA - OSPF inter area
           N1 - OSPF NSSA external type 1, N2 - OSPF NSSA external type 2
           E1 - OSPF external type 1, E2 - OSPF external type 2
           i - IS-IS, su - IS-IS summary, L1 - IS-IS level-1, L2 - IS-IS level-2
           ia - IS-IS inter area, * - candidate default, U - per-user static
           route o - ODR, P - periodic downloaded static route
    Gateway of last resort is not set
    C      192.168.12.0/24 is directly connected, Serial0/0/0
           1.0.0.0/24 is subnetted, 1 subnets
    C      1.1.1.0 is directly connected, Loopback0
    R      4.0.0.0/8 [120/3] via 192.168.12.2, 00:00:03, Serial0/0/0
    R      192.168.23.0/24 [120/1] via 192.168.12.2, 00:00:03, Serial0/0/0
    R      192.168.34.0/24 [120/2] via 192.168.12.2, 00:00:03, Serial0/0/0
```

以上输出表明路由器R1学到了3条RIP路由，其中路由条目"R4.0.0.0/8 [120/3]via 192.168.12.2，00:00:03，Serial0/0/0"的含义如下：

① R——路由条目是通过RIP路由协议学习来的；

② 4.0.0.0/8——目的网络；

③ 120——RIP路由协议的默认管理距离；

④ 3——度量值，从路由器R1到达网络4.0.0.0/8的度量值为3跳；

⑤ 192.168.12.2——下一跳地址；

⑥ 00:00:03——距离下一次更新还有27(30-3)s；

⑦ Serial0/0/0——接收该路由条目的本路由器的接口。同时通过该路由条目的掩码长度可以看到，RIPv1确实不传递子网信息。

(2) show ip protocols：该命令查看IP路由协议配置和统计信息。

```
R1#show ip protocols
```

【注意】 "//"后的信息表示注释，不是输出内容。

```
Routing Protocol is "rip"
//路由器上运行的路由协议是 RIP
  Outgoing update filter list for all interfaces is not set
//在出方向上没有设置过滤列表
  Incoming update filter list for all interfaces is not set
//在入方向上没有设置过滤列表
  Sending updates every 30 seconds, next due in 23 seconds
//更新周期是 30s,距离下次更新还有 23s
```

【注意】 为了防止更新同步，RIP会以15%的误差发送更新，即实际发送更新的周期的范围是25.5～30s。

```
Invalid after 180 seconds, hold down 180, flushed after 240
//invalid after: 路由条目如果在 180s 还没有收到更新,则被标记为无效
```

【技术要点】 被标记为无效的路由条目。

类似如下所示。

R   4.0.0.0/8 is possibly down, routing via 192.168.12.2, Serial0/0/0 可以通过很多方式使路由条目进入无效周期,例如,在接口上加拒绝接收 UDP520 端口的 ACL,还比如将接口设置为被动接口等。

//hold down: 抑制计时器的时间为 180s

//flushed after: 路由条目如果在 240s 还没有收到更新,则从路由表中删除此路由条目

【提示】 可以通过下面的命令来调整以上 3 个时间参数:

```
R1(config-router)#timers basic update invalid holddown flushed
 Redistributing: rip
//只运行 RIP 协议,没有其他的协议重分布进来
  Default version control: send version 1, receive version 1
//默认发送版本 1 的路由更新,接收本版 1 的路由更新
  Interface        Send  Recv  Triggered RIP  Key-chain
  Serial0/0/0      1     1
  Loopback0        1     1
//以上 3 行显示了运行 RIP 协议的接口,以及可以接收和发送的 RIP 路由更新的版本
  Automatic network summarization is in effect
//RIP 路由协议默认开启自动汇总功能
  Maximum path: 4
//RIP 路由协议可以支持 4 条等价路径,最大为 6 条
```

【提示】 可以通过下面的命令来修改 RIP 路由协议支持等价路径的条数:

```
R1(config-router)#maximum-paths number-paths

 Routing for Networks:
   1.0.0.0
   192.168.12.0
//以上 3 行表明 RIP 通告的网络
  Routing Information Sources:
  Gateway          Distance       Last Update
  192.168.12.2          120       00:00:03
//以上 3 行表明路由信息源,其中
//gateway: 学习路由信息的路由器的接口地址,也就是下一跳地址
//distance: 管理距离
//last update: 更新发生在多长时间以前
  Distance: (default is 120)
//默认管理距离是 120
```

(3) debug ip rip: 该命令可以查看 RIP 路由协议的动态更新过程。

```
R1#clear ip route *
R1#debug ip rip
Feb 9 12:43:13.311: RIP: sending request on Serial0/0/0 to 255.255.255.255
Feb 9 12:43:13.315: RIP: sending request on Loopback0 to 255.255.255.255
Feb 9 12:43:13.323: RIP: received v1 update from 192.168.12.2 on Serial0/0/0
Feb 9 12:43:13.323:       4.0.0.0 in 3 hops
Feb 9 12:43:13.323:       192.168.23.0 in 1 hops
```

```
Feb 9 12:43:13.323:       192.168.34.0 in 2 hops
Feb 9 12:43:15.311: RIP: sending v1 flash update to 255.255.255.255 via Loopback0 (1.1.1.1)
Feb 9 12:43:15.311: RIP: build flash update entries
Feb 9 12:43:15.311:       network 4.0.0.0 metric 4
Feb 9 12:43:15.311:       network 192.168.12.0 metric 1
Feb 9 12:43:15.311:       network 192.168.23.0 metric 2
Feb 9 12:43:15.311:       network 192.168.34.0 metric 3
Feb 9 12:43:15.311: RIP: sending v1 flash update to 255.255.255.255 via Serial0/0/0 (192.168.12.1)
Feb 9 12:43:15.311: RIP: build flash update entries
Feb 9 12:43:15.311:       network 1.0.0.0 metric 1
```

通过以上输出，可以看到 RIPv1 采用广播更新(255.255.255.255)，分别向 Loopback0 和 s0/0/0 发送路由更新，同时从 s0/0/0 接收 3 条路由更新，分别是 4.0.0.0，度量值是 3 跳；192.168.34.0，度量值是 2 跳；192.168.23.0，度量值是 1 跳。

【技术要点】 flash update(闪式更新)指的是当网络上某个路径的度量值发生变化，路由器立即发出更新信息，而不管是否到达常规路由信息更新的周期。

3.2.2 实验 2：被动接口与单播更新

1. 实验目的

通过本实验可以掌握：

(1) 被动接口的含义、配置和应用场合。

(2) 单播更新的应用场合和配置。

2. 拓扑结构

实验拓扑如图 3-2 所示。

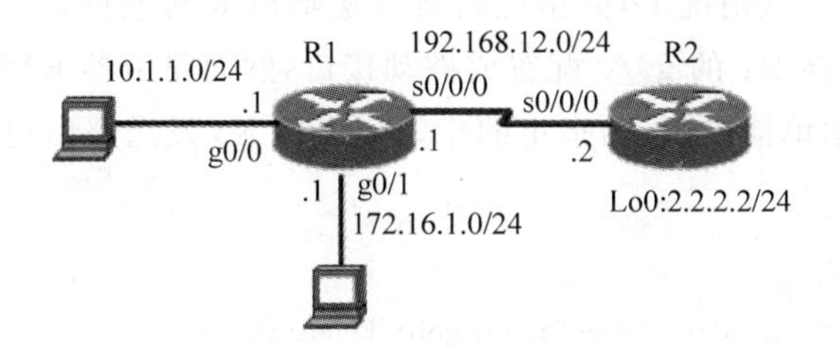

图 3-2 配置被动接口

由于以太口 g0/0 和 g0/1 连接主机，不需要向这些接口发送路由更新，所以可以考虑将路由器的该接口设置为被动接口。

3. 实验步骤

步骤 1：配置路由器 R1。

```
R1(config)#router rip
R1(config-router)#version  1
R1(config-router)#network  10.0.0.0
R1(config-router)#network  172.16.0.0
R1(config-router)#network  192.168.12.0
R1(config-router)#passive-interface GigabitEthernet0/0
R1(config-router)#passive-interface GigabitEthernet0/1
```

步骤 2：配置路由器 R2。

```
R2(config)#router rip
R2(config-router)#version 1
R2(config-router)#network 192.168.12.0
R2(config-router)#network 2.0.0.0
```

4. 实验调试

```
R1#debug ip rip
R1#clear ip route *
Feb 9 13:24:41.275: RIP: sending request on Serial0/0/0 to 255.255.255.255
Feb 9 13:24:41.283: RIP: received v1 update from 192.168.12.2 on Serial0/0/0
Feb 9 13:24:41.283:      2.0.0.0 in 1 hops
Feb 9 13:24:43.275: RIP: sending v1 flash update to 255.255.255.255 via Serial0/0/0 (192.168.
12.1)
Feb 9 13:24:43.275: RIP: build flash update entries
Feb 9 13:24:43.275:      network 10.0.0.0 metric 1
Feb 9 13:24:43.275:      network 172.16.0.0 metric 1
```

从以上输出可以看出，路由器 R1 确实未向被动接口 g0/0 和 g0/1 发送路由更新。

【技术要点】 被动接口只能接收路由更新，不能以广播或组播方式发送更新，但是可以以单播的方式发送更新，配置单播更新的命令如下：

```
R1(config-router)#neighbor A.B.C.D
```

【实例】 如图 3-3 所示，路由器 R1 只想把路由更新送到路由器 R3 上，由于 RIPv1 路由协议采用广播更新，默认情况下，路由更新将发送给以太网上任何一个设备，为了防止这种情况发生，应把路由器 R1 的 g0/0 配置成被动接口，然而路由器 R1 还想把路由更新发送给 R3，这时候必须采用单播更新，为指定的相邻路由器 R3 发送路由更新。路由器 R1 具体的配置如下：

```
R1(config)#router rip
R1(config-router)#passive-interface GigabitEthernet0/0
R1(config-router)#neighbor 172.16.1.3
```

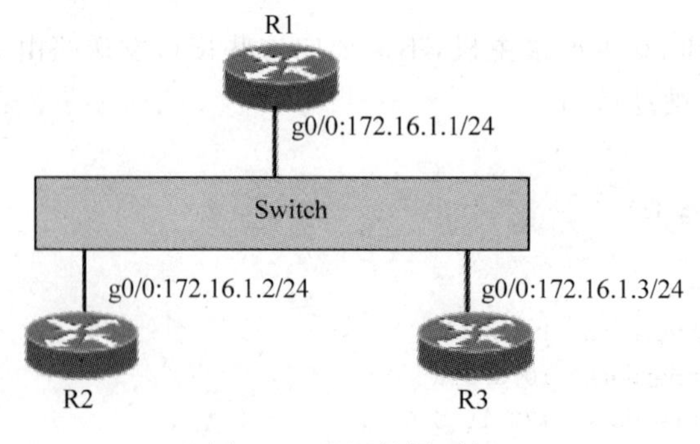

图 3-3 配置单播更新

3.2.3 实验 3：使用子网地址

1. 实验目的

通过本实验可以掌握：

(1) RIPv1 使用子网地址的条件。

(2) RIPv1 接收子网路由的原则。

2. 拓扑结构

实验拓扑如图 3-4 所示。

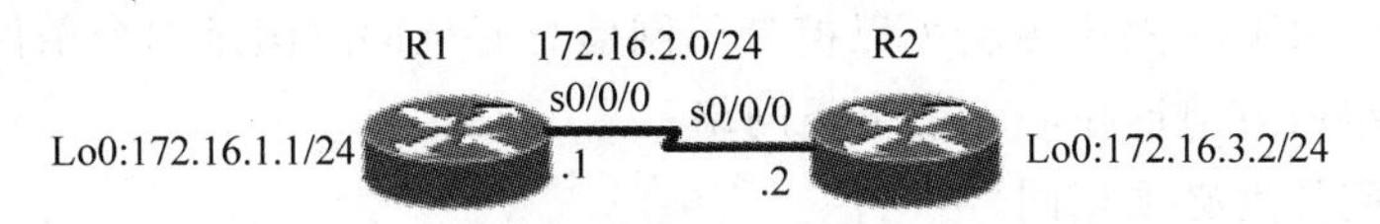

图 3-4 RIPv1 使用子网地址

3. 实验步骤

步骤 1：配置路由器 R1。

```
R1(config)#router rip
R1(config-router)#version 1
R1(config-router)#network 172.16.0.0
```

步骤 2：配置路由器 R2。

```
R2(config)#router rip
R2(config-router)#version 1
R2(config-router)#network 172.16.0.0
```

4. 实验调试

分别查看 R1、R2 的路由表：

```
R1#show ip route
Codes: C - connected, S - static, R - RIP, M - mobile, B - BGP
       D - EIGRP, EX - EIGRP external, O - OSPF, IA - OSPF inter area
       N1 - OSPF NSSA external type 1, N2 - OSPF NSSA external type 2
       E1 - OSPF external type 1, E2 - OSPF external type 2
       i - IS-IS, su - IS-IS summary, L1 - IS-IS level-1, L2 - IS-IS level-2
       ia - IS-IS inter area, * - candidate default, U - per-user
       static route o - ODR, P - periodic downloaded static route
Gateway of last resort is not set
       172.16.0.0/24 is subnetted, 3 subnets
C      172.16.1.0 is directly connected, Loopback0
C      172.16.2.0 is directly connected, Serial0/0/0
R      172.16.3.0 [120/1] via 172.16.2.2, 00:00:03, Serial0/0/0
R2#show ip route
Codes: C - connected, S - static, R - RIP, M - mobile, B - BGP
       D - EIGRP, EX - EIGRP external, O - OSPF, IA - OSPF inter area
       N1 - OSPF NSSA external type 1, N2 - OSPF NSSA external type 2
       E1 - OSPF external type 1, E2 - OSPF external type 2
       i - IS-IS, su - IS-IS summary, L1 - IS-IS level-1, L2 - IS-IS level-2
```

```
        ia - IS-IS inter area, * - candidate default, U - per-user
        static route o - ODR, P - periodic downloaded static route
Gateway of last resort is not set
        172.16.0.0/24 is subnetted, 3 subnets
R       172.16.1.0 [120/1] via 172.16.2.1, 00:00:21, Serial0/0/0
C       172.16.2.0 is directly connected, Serial0/0/0
C       172.16.3.0 is directly connected, Loopback0
```

从路由器 R1 和 R2 的路由表输出可以看出，它们互相学习到了 24 位的路由条目，从而可以说明，某些情况下 RIPv1 更新确实可以携带子网信息。

【技术要点】 RIPv1 路由更新可以携带子网信息必须同时满足两个条件：

(1) 整个网络所有地址在同一个主类网络；

(2) 子网掩码长度必须相同。

【思考】 假如在图 3-4 中，路由器 R2 的 s0/0/0 接口的 IP 地址的掩码长度为 25 位，那么，R2 的路由表是怎样的呢？结果如下：

```
R2#show ip route
Codes: C - connected, S - static, R - RIP, M - mobile, B - BGP
        D - EIGRP, EX - EIGRP external, O - OSPF, IA - OSPF inter area
        N1 - OSPF NSSA external type 1, N2 - OSPF NSSA external type 2
        E1 - OSPF external type 1, E2 - OSPF external type 2
        i - IS-IS, su - IS-IS summary, L1 - IS-IS level-1, L2 - IS-IS level-2
        ia - IS-IS inter area, * - candidate default, U - per-user static route
        o - ODR, P - periodic downloaded static route
Gateway of last resort is not set
172.16.0.0/16 is variably subnetted, 3 subnets, 2 masks
R       172.16.1.0/25 [120/1] via 172.16.2.1, 00:00:17, Serial0/0/0
C       172.16.2.0/25 is directly connected, Serial0/0/0
C       172.16.3.0/24 is directly connected, Loopback0
```

由此得出 RIP v1 接收子网路由的原则：如果路由器收到的是子网路由条目，那么就以接收该路由条目的接口的掩码长度作为该子网路由条目的掩码长度。

3.3 RIPv2

3.3.1 实验 4：RIPv2 基本配置

1. 实验目的

通过本实验可以掌握：

(1) 在路由器上启动 RIPv2 路由进程。

(2) 启用参与路由协议的接口，并且通告网络。

(3) auto-summary 的开启和关闭。

(4) 查看和调试 RIPv2 路由协议相关信息。

2. 拓扑结构

实验拓扑如图 3-1 所示。

3. 实验步骤

步骤 1：配置路由器 R1。

```
R1(config)#router rip
R1(config-router)#version 2
R1(config-router)#no auto-summary
R1(config-router)#network 1.0.0.0
R1(config-router)#network 192.168.12.0
```

步骤 2：配置路由器 R2。

```
R2(config)#router rip
R2(config-router)#version 2
R2(config-router)#no auto-summary
R2(config-router)#network 192.168.12.0
R2(config-router)#network 192.168.23.0
```

步骤 3：配置路由器 R3。

```
R3(config)#router rip
R3(config-router)#version 2
R3(config-router)#no auto-summary
R3(config-router)#network 192.168.23.0
R3(config-router)#network 192.168.34.0
```

步骤 4：配置路由器 R4。

```
R4(config)#router rip
R4(config-router)#version 2
R4(config-router)#no auto-summary
R4(config-router)#network 192.168.34.0
R4(config-router)#network 4.0.0.0
```

4. 实验调试

(1) show ip route。

```
R1#show ip route
Codes: C - connected, S - static, R - RIP, M - mobile, B - BGP
       D - EIGRP, EX - EIGRP external, O - OSPF, IA - OSPF inter area
       N1 - OSPF NSSA external type 1, N2 - OSPF NSSA external type 2
       E1 - OSPF external type 1, E2 - OSPF external type 2
       i - IS-IS, su - IS-IS summary, L1 - IS-IS level-1, L2 - IS-IS level-2
       ia - IS-IS inter area, * - candidate default, U - per-user static route
       o - ODR, P - periodic downloaded static route
Gateway of last resort is not set
C      192.168.12.0/24 is directly connected, Serial0/0/0
       1.0.0.0/24 is subnetted, 1 subnets
C         1.1.1.0 is directly connected, Loopback0
       4.0.0.0/8 is variably subnetted, 2 subnets, 2 masks
R         4.4.4.0/24 [120/3] via 192.168.12.2, 00:00:22, Serial0/0/0
R      192.168.23.0/24 [120/1] via 192.168.12.2, 00:00:22, Serial0/0/0
R      192.168.34.0/24 [120/2] via 192.168.12.2, 00:00:22, Serial0/0/0
```

从上面输出的路由条目“4.4.4.0/24”,可以看到 RIPv2 路由更新是携带子网信息的。

(2) show ip protocols。

```
R1#show ip protocols
Routing Protocol is "rip"
  Outgoing update filter list for all interfaces is not set
  Incoming update filter list for all interfaces is not set
  Sending updates every 30 seconds, next due in 19 seconds
  Invalid after 180 seconds, hold down 180, flushed after 240
  Redistributing: rip
  Default version control: send version 2, receive version 2
    Interface           Send  Recv  Triggered RIP  Key-chain
    Serial0/0/0         2     2
    Loopback0           2     2
//RIPv2 默认情况下只接收和发送版本 2 的路由更新
```

【提示】 可以通过命令“ip rip send version”和“ip rip receive version”来控制在路由器接口上接收和发送的版本,例如,在 s0/0/0 接口上接收版本 1 和版本 2 的路由更新,但是只发送版本 2 的路由更新,配置如下:

```
R1(config-if)#ip rip send version 2
R1(config-if)#ip rip receive version 1 2
```

【注意】 接口特性是优于进程特性的,对于本实验,虽然在 RIP 进程中配置了“version 2”,但是如果在接口上配置了“ip rip receive version 1 2”,则该接口可以接收版本 1 和版本 2 的路由更新。

```
Automatic network summarization is not in effect
Maximum path: 4
Routing for Networks:
  1.0.0.0
  192.168.12.0
Routing Information Sources:
  Gateway          Distance      Last Update
  192.168.12.2          120      00:00:26
Distance: (default is 120)
```

3.3.2 实验 5:RIPv2 手工汇总

1. 实验目的

通过本实验可以掌握:

(1) RIPv2 路由的手工汇总。

(2) RIPv2 不支持 CIDR 汇总。

(3) RIPv2 可以传递 CIDR 汇总。

2. 拓扑结构

实验拓扑如图 3-5 所示。

3. 实验步骤

路由器 R1、R2 和 R3 的配置和 3.3.1 节相同,R4 的配置如下:

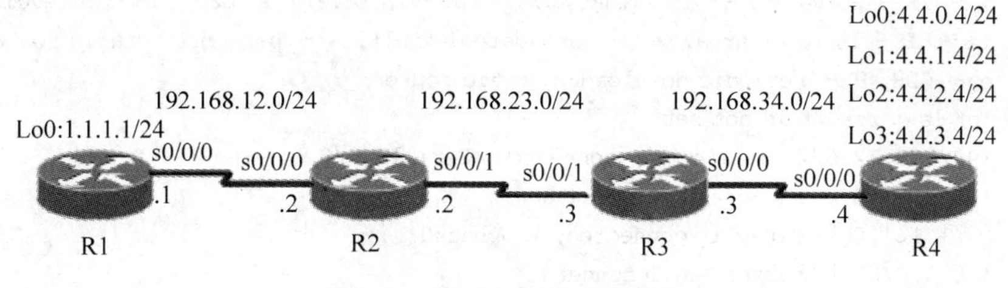

图 3-5 RIPv2 路由手工汇总

```
R4(config)#router rip
R4(config-router)#version 2
R4(config-router)#no auto-summary
R4(config-router)#network 192.168.34.0
R4(config-router)#network 4.0.0.0
R4(config)#interface s0/0/0
R4(config-if)#ip summary-address rip 4.4.0.0 255.255.252.0        //RIP 手工路由汇总
```

4. 实验调试

(1) 在没有执行汇总之前路由器 R1 的路由表如下：

```
R1#show ip route
Codes: C - connected, S - static, R - RIP, M - mobile, B - BGP
       D - EIGRP, EX - EIGRP external, O - OSPF, IA - OSPF inter area
       N1 - OSPF NSSA external type 1, N2 - OSPF NSSA external type 2
       E1 - OSPF external type 1, E2 - OSPF external type 2
       i - IS-IS, su - IS-IS summary, L1 - IS-IS level-1, L2 - IS-IS level-2
       ia - IS-IS inter area, * - candidate default, U - per-user static route
       o - ODR, P - periodic downloaded static route

Gateway of last resort is not set

C      192.168.12.0/24 is directly connected, Serial0/0/0
       1.0.0.0/24 is subnetted, 1 subnets
C         1.1.1.0 is directly connected, Loopback0
       4.0.0.0/24 is subnetted, 4 subnets
R         4.4.0.0 [120/3] via 192.168.12.2, 00:00:21, Serial0/0/0
R         4.4.1.0 [120/3] via 192.168.12.2, 00:00:21, Serial0/0/0
R         4.4.2.0 [120/3] via 192.168.12.2, 00:00:12, Serial0/0/0
R         4.4.3.0 [120/3] via 192.168.12.2, 00:00:05, Serial0/0/0
R      192.168.23.0/24 [120/1] via 192.168.12.2, 00:00:21, Serial0/0/0
R      192.168.34.0/24 [120/2] via 192.168.12.2, 00:00:22, Serial0/0/0
```

从上面的输出看到路由器 R1 的路由表中有 R4 的 4 条环回接口的明细路由。

(2) 在执行汇总以后路由器 R1 的路由表如下：

```
R1#show ip route
Codes: C - connected, S - static, R - RIP, M - mobile, B - BGP
       D - EIGRP, EX - EIGRP external, O - OSPF, IA - OSPF inter area
       N1 - OSPF NSSA external type 1, N2 - OSPF NSSA external type 2
       E1 - OSPF external type 1, E2 - OSPF external type 2
```

```
        i - IS-IS, su - IS-IS summary, L1 - IS-IS level-1, L2 - IS-IS level-2
        ia - IS-IS inter area, * - candidate default, U - per-user static route
        o - ODR, P - periodic downloaded static route
Gateway of last resort is not set
C       192.168.12.0/24 is directly connected, Serial0/0/0
        1.0.0.0/24 is subnetted, 1 subnets
C          1.1.1.0 is directly connected, Loopback0
        4.0.0.0/22 is subnetted, 1 subnets
R          4.4.0.0 [120/3] via 192.168.12.2, 00:00:21, Serial0/0/0
R       192.168.23.0/24 [120/1] via 192.168.12.2, 00:00:21, Serial0/0/0
R       192.168.34.0/24 [120/2] via 192.168.12.2, 00:00:22, Serial0/0/0
```

上面的输出表明在路由器 R1 的路由表中接收到汇总路由，当然在 R2、R3 上也能收到汇总路由。

【思考】 现在将路由器 R4 上的 4 个环回接口 lo0～lo4 的地址分别修改为 192.168.96.4/24、192.168.97.4/24、192.168.98.4/24、192.168.99.4/24，在 s0/0/0 接口下还能够实现路由汇总吗？在 R4 上做如下的配置：

```
R4(config-if)#router rip
R4(config-router)#network 192.168.96.0
R4(config-router)#network 192.168.97.0
R4(config-router)#network 192.168.98.0
R4(config-router)#network 192.168.99.0
R4(config-if)#ip summary-address rip 192.168.96.0 255.255.252.0
```

路由器会提示如下信息：

```
"Summary mask must be greater or equal to major net"
```

上述提示信息表明汇总后的掩码长度必须要大于或等于主类网络的掩码长度，因为“22<24”，所以不能汇总。

所以 RIPv2 不支持 CIDR 汇总，但是可以传递 CIDR 汇总。

解决方案如下：

（1）用静态路由发布被汇总的路由。

```
R4(config)#ip route 192.168.96.0 255.255.252.0 null0
```

（2）将静态路由重分布到 RIP 网络中。

```
R4(config)#router rip
R4(config-router)#redistribute static          //将静态路由重分布到 RIP 路由协议中
R4(config-router)#no network 192.168.96.0
R4(config-router)#no network 192.168.97.0
R4(config-router)#no network 192.168.98.0
R4(config-router)#no network 192.168.99.0
```

（3）在路由器 R1 上查看路由表。

```
R1#show ip route
Codes: C - connected, S - static, R - RIP, M - mobile, B - BGP
       D - EIGRP, EX - EIGRP external, O - OSPF, IA - OSPF inter area
```

```
        N1 - OSPF NSSA external type 1, N2 - OSPF NSSA external type 2
        E1 - OSPF external type 1, E2 - OSPF external type 2
        i - IS-IS, L1 - IS-IS level-1, L2 - IS-IS level-2, ia - IS-IS inter area
        * - candidate default, U - per-user static route, o - ODR
        P - periodic downloaded static route

Gateway of last resort is not set

C       192.168.12.0/24 is directly connected, Serial0/0/0
        1.0.0.0/24 is subnetted, 1 subnets
C       1.1.1.0 is directly connected, Loopback0
R       192.168.23.0/24 [120/1] via 192.168.12.2, 00:00:18, Serial0/0/0
R       192.168.34.0/24 [120/2] via 192.168.12.2, 00:00:18, Serial0/0/0
R       192.168.96.0/22 [120/3] via 192.168.12.2, 00:00:18, Serial0/0/0
```

通过输出不难看出 RIPv2 是可以传递 CIDR 汇总信息的。

3.3.3 实验 6：浮动静态路由

1. 实验目的

通过本实验可以掌握浮动静态路由原理、配置以及备份应用。

2. 拓扑结构

实验拓扑如图 3-6 所示。

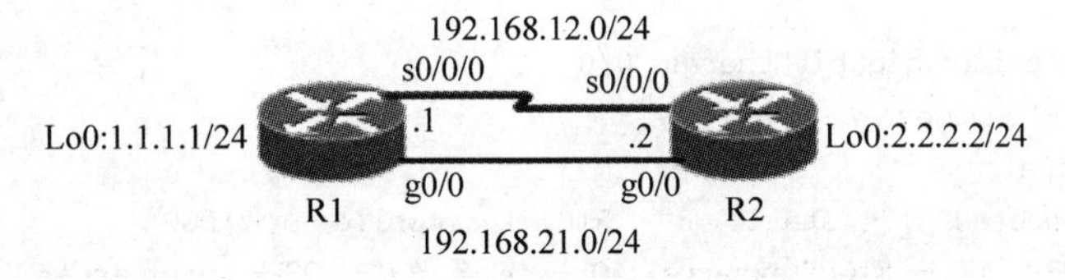

图 3-6 浮动静态路由

3. 实验步骤

本实验通过修改静态路由的管理距离为 130，使得路由器选路的时候优先选择 RIP，而静态路由作为备份。

步骤 1：配置路由器 R1。

```
R1(config)#ip route 2.2.2.0 255.255.255.0 192.168.12.2 130
//将静态路由的管理距离设置为 130
R1(config)#router rip
R1(config-router)#version 2
R1(config-router)#no auto-summary
R1(config-router)#network 1.0.0.0
R1(config-router)#network 192.168.21.0
```

步骤 2：配置路由器 R2。

```
R2(config)#ip route 1.1.1.0 255.255.255.0 192.168.12.1 130
R2(config)#router rip
R2(config-router)#version 2
R2(config-router)#no auto-summary
```

```
R2(config-router)#network 192.168.21.0
R2(config-router)#network 2.0.0.0
```

4. 实验调试

(1) 在 R1 上查看路由表。

```
R1#show ip route
Codes: C - connected, S - static, R - RIP, M - mobile, B - BGP
       D - EIGRP, EX - EIGRP external, O - OSPF, IA - OSPF inter area
       N1 - OSPF NSSA external type 1, N2 - OSPF NSSA external type 2
       E1 - OSPF external type 1, E2 - OSPF external type 2
       i - IS-IS, su - IS-IS summary, L1 - IS-IS level-1, L2 - IS-IS level-2
       ia - IS-IS inter area, * - candidate default, U - per-user static route
       o - ODR, P - periodic downloaded static route
Gateway of last resort is not setC 192.168.12.0/24 is directly connected, Serial0/0/0
       1.0.0.0/24 is subnetted, 1 subnets
C         1.1.1.0 is directly connected, Loopback0
       2.0.0.0/24 is subnetted, 1 subnets
R         2.2.2.0 [120/1] via 192.168.21.2, 00:00:25, GigabitEthernet0/0
C      192.168.21.0/24 is directly connected, GigabitEthernet0/0
```

从以上输出可以看出，路由器将 RIP 的路由放入路由表中，因为 RIP 的管理距离为 120，小于在静态路由中设定的 130，所以静态路由处于备份的地位。

(2) 在 R1 上将 g0/0 接口 shutdown，然后查看路由表：

```
R1(config)#interface gigabitEthernet 0/0
R1(config-if)#shutdown
R1#show ip route
Codes: C - connected, S - static, R - RIP, M - mobile, B - BGP
       D - EIGRP, EX - EIGRP external, O - OSPF, IA - OSPF inter area
       N1 - OSPF NSSA external type 1, N2 - OSPF NSSA external type 2
       E1 - OSPF external type 1, E2 - OSPF external type 2
       i - IS-IS, su - IS-IS summary, L1 - IS-IS level-1, L2 - IS-IS level-2
       ia - IS-IS inter area, * - candidate default, U - per-user static
       route o - ODR, P - periodic downloaded static route
Gateway of last resort is not set
C      192.168.12.0/24 is directly connected, Serial0/0/0
       1.0.0.0/24 is subnetted, 1 subnets
C         1.1.1.0 is directly connected, Loopback0
       2.0.0.0/24 is subnetted, 1 subnets
S         2.2.2.0 [130/0] via 192.168.12.2
```

以上输出说明，当主路由中断后，备份的静态路由被放入到路由表中，也很好地解释了浮动静态路由作为备份的工作原理。

(3) 在 R1 上将 g0/0 接口启动，然后查看路由表：

```
R1(config)#interface gigabitEthernet 0/0
R1(config-if)#no shutdown
R1#show ip route
Codes: C - connected, S - static, R - RIP, M - mobile, B - BGP
       D - EIGRP, EX - EIGRP external, O - OSPF, IA - OSPF inter area
```

```
        N1 - OSPF NSSA external type 1, N2 - OSPF NSSA external type 2
        E1 - OSPF external type 1, E2 - OSPF external type 2
        i - IS-IS, su - IS-IS summary, L1 - IS-IS level-1, L2 - IS-IS level-2
        ia - IS-IS inter area, * - candidate default, U - per-user static
        route o - ODR, P - periodic downloaded static route
Gateway of last resort is not set
C       192.168.12.0/24 is directly connected, Serial0/0/0
        1.0.0.0/24 is subnetted, 1 subnets
C          1.1.1.0 is directly connected, Loopback0
        2.0.0.0/24 is subnetted, 1 subnets
R          2.2.2.0 [120/1] via 192.168.21.2, 00:00:09, GigabitEthernet0/0
C       192.168.21.0/24 is directly connected, GigabitEthernet0/0
```

以上输出表明当主路由恢复后，浮动静态路由又恢复到备份的地位。

3.4 RIP 命令汇总

表 3-2 是本章出现的命令。

表 3-2 本章命令汇总

命　令	作　用
show ip route	查看路由表
show ip protocols	查看 IP 路由协议配置和统计信息
show ip rip database	查看 RIP 数据库
debug ip rip	动态查看 RIP 的更新过程
clear ip route *	清除路由表
router rip	启动 RIP 进程
network	通告网络
version	定义 RIP 的版本
no auto-summary	关闭自动汇总
ip rip send version	配置 RIP 发送的版本
ip rip receive version	配置 RIP 接收的版本
passive-interface	配置被动接口
neighbor	配置单播更新的目标
ip summary-address rip	配置 RIP 手工汇总
key chain	定义钥匙链
key key-id	配置 Key ID
key-string	配置 Key ID 的密匙
ip rip triggered	配置触发更新
ip rip authentication mode	配置认证模式
ip rip authentication key-chain	配置认证使用的钥匙链
timers basic	配置更新的计时器
maximum-paths	配置等价路径的最大值
ip default-network	向网络中注入默认路由

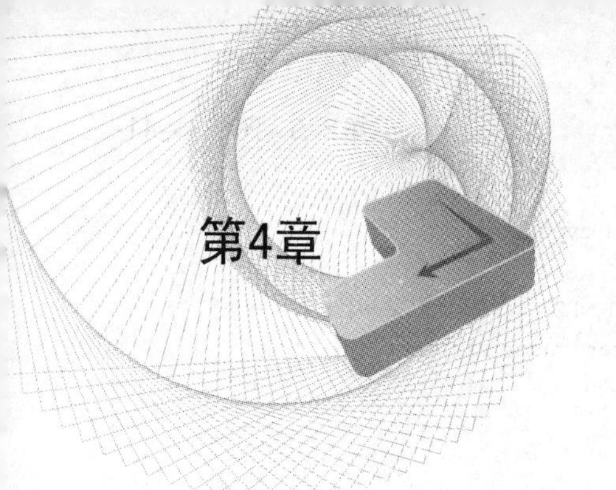

chapter 4

单区域OSPF

OSPF(Open Shortest Path First,开放最短链路优先)路由协议是典型的链路状态路由协议。OSPF 由 IETF 在 20 世纪 80 年代末期开发,OSPF 是 SPF 类路由协议中的开放式版本。最初的 OSPF 规范体现在 RFC1131 中,被称为 OSPF 版本 1,但是版本 1 很快被进行了重大改进的版本所代替,这个新版本体现在 RFC1247 文档中。RFC1247 被称为 OSPF 版本 2,是为了明确指出其在稳定性和功能性方面的实质性改进。这个 OSPF 版本有许多更新文档,每一个更新都是对开放标准的精心改进。接下来的一些规范出现在 RFC1583 和 RFC2328 中。OSPF 版本 2 的最新版体现在 RFC 2328 中。而 OSPF 版本 3 是关于 IPv6 的。OSPF 的内容多而复杂,所以本书分了多个章节来介绍。本章只讨论单区域的 OSPF。

4.1 OSPF 概述

OSPF 作为一种内部网关协议(Interior Gateway Protocol,IGP),用于在同一个自治系统(Autonomous System,AS)中的路由器之间交换路由信息。OSPF 的特性如下:

(1) 可适应大规模网络;

(2) 收敛速度快;

(3) 无路由环路;

(4) 支持 VLSM 和 CIDR;

(5) 支持等价路由;

(6) 支持区域划分,构成结构化的网络;

(7) 提供路由分级管理;

(8) 支持简单口令和 MD5 认证;

(9) 以组播方式传送协议报文;

(10) OSPF 路由协议的管理距离是 110m;

(11) OSPF 路由协议采用 cost 作为度量标准;

(12) OSPF 维护邻居表、拓扑表和路由表。

另外,OSPF 将网络划分为四种类型:广播多路访问型(Broadcast Multi-Access,BMA)、非广播多路访问型(Non-Broadcast Multi-Access,NBMA)、点到点型(Point-to-Point)、点到多点型(Point-to-MultiPoint)。不同的二层链路的类型需要 OSPF 不同的网络类型来适应。

下面的几个术语是学习 OSPF 时要掌握的。

（1）链路：链路就是路由器用来连接网络的接口。

（2）链路状态：用来描述路由器接口及其与邻居路由器的关系。所有链路状态信息构成链路状态数据库。

（3）区域：有相同的区域标志的一组路由器和网络的集合。在同一个区域内的路由器有相同的链路状态数据库。

（4）自治系统：采用同一种路由协议交换路由信息的路由器及其网络构成一个自治系统。

（5）链路状态通告（Link State Advertisement，LSA）：LSA 用来描述路由器的本地状态，LSA 包括的信息有关于路由器接口的状态和所形成的邻接状态。

（6）最短路径优先（SPF）算法：是 OSPF 路由协议的基础。SPF 算法有时也被称为 Di jkstra 算法，这是因为最短路径优先算法（Shortest Path First，SPF）是 Di jkstra 发明的。OSPF 路由器利用 SPF，独立地计算出到达任意目的地的最佳路由。

4.2　实验 1：点到点链路上的 OSPF

1．实验目的

通过本实验可以掌握：

（1）在路由器上启动 OSPF 路由进程。

（2）启用参与路由协议的接口，并且通告网络及所在的区域。

（3）度量值 cost 的计算。

（4）hello 相关参数的配置。

（5）点到点链路上的 OSPF 的特征。

（6）查看和调试 OSPF 路由协议相关信息。

2．实验拓扑

本实验的拓扑结构如图 4-1 所示。

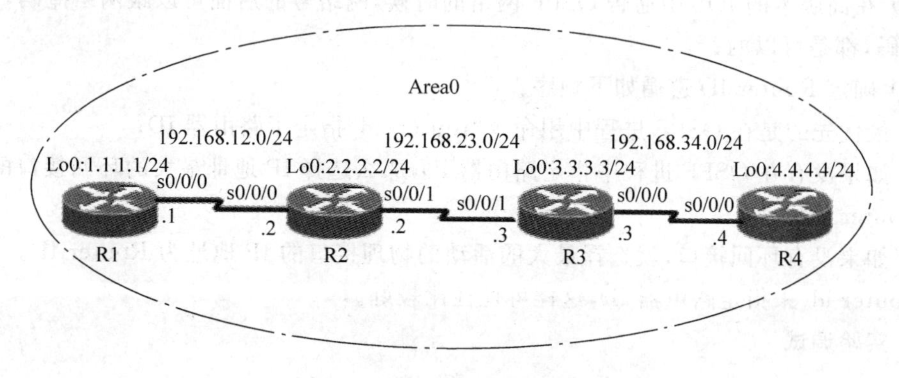

图 4-1　点到点链路上的 OSPF

3．实验步骤

步骤 1：配置路由器 R1。

```
R1(config)#router OSPF 1
```

```
R1(config-router)#router-id 1.1.1.1
R1(config-router)#network 1.1.1.0 255.255.255.0 area 0
R1(config-router)#network 192.168.12.0 255.255.255.0 area 0
```

步骤 2：配置路由器 R2。

```
R2(config)#router OSPF 1
R2(config-router)#router-id 2.2.2.2
R2(config-router)#network 192.168.12.0 255.255.255.0 area 0
R2(config-router)#network 192.168.23.0 255.255.255.0 area 0
R2(config-router)#network 2.2.2.0 255.255.255.0 area 0
```

步骤 3：配置路由器 R3。

```
R3(config)#router OSPF 1
R3(config-router)#router-id 3.3.3.3
R3(config-router)#network 192.168.23.0 255.255.255.0 area 0
R3(config-router)#network 192.168.34.0 255.255.255.0 area 0
R3(config-router)#network 3.3.3.0 255.255.255.0 area 0
```

步骤 4：配置路由器 R4。

```
R4(config)#router OSPF 1
R4(config-router)#router-id 4.4.4.4
R4(config-router)#network 4.4.4.0 0.0.0.255 area 0
R4(config-router)#network 192.168.34.0 0.0.0.255 area 0
```

【技术要点】

(1) OSPF 路由进程 ID 的范围必须为 1～65 535，而且只有本地含义，不同路由器的路由进程 ID 可以不同。如果要想启动 OSPF 路由进程，至少确保有一个接口是 up 的；

(2) 区域 ID 是在 0～4 294 967 295 内的十进制数，也可以是 IP 地址的格式 A. B. C. D。当网络区域 ID 为 0 或 0.0.0.0 时称为主干区域；

(3) 在高版本的 IOS 中通告 OSPF 网络的时候，网络号的后面可以跟网络掩码，也可以跟反掩码，都是可以的；

(4) 确定 Router ID 遵循如下顺序：

① 最优先的是在 OSPF 进程中用命令“router-id”指定了路由器 ID；

② 如果没有在 OSPF 进程中指定路由器 ID，那么选择 IP 地址最大的环回接口的 IP 地址为 Router ID；

③ 如果没有环回接口，就选择最大的活动的物理接口的 IP 地址为 Router ID。建议用命令“router-id”来指定路由器 ID，这样可控性比较好。

4. 实验调试

(1) show ip route。

```
R2#show ip route
Codes: C - connected, S - static, R - RIP, M - mobile, B - BGP
       D - EIGRP, EX - EIGRP external, O - OSPF, IA - OSPF inter area
       N1 - OSPF NSSA external type 1, N2 - OSPF NSSA external type 2
       E1 - OSPF external type 1, E2 - OSPF external type 2
```

```
       i - IS-IS, su - IS-IS summary, L1 - IS-IS level-1, L2 - IS-IS level-2
       ia - IS-IS inter area, * - candidate default, U - per-user static route
       o - ODR, P - periodic downloaded static route
Gateway of last resort is not set
C      192.168.12.0/24 is directly connected, Serial0/0/0
       1.0.0.0/32 is subnetted, 1 subnets
O         1.1.1.1 [110/782] via 192.168.12.1, 00:18:40, Serial0/0/0
       2.0.0.0/24 is subnetted, 1 subnets
C         2.2.2.0 is directly connected, Loopback0
       3.0.0.0/32 is subnetted, 1 subnets
O         3.3.3.3 [110/782] via 192.168.23.3, 00:18:40, Serial0/0/1
       4.0.0.0/32 is subnetted, 1 subnets
O         4.4.4.4 [110/1563] via 192.168.23.3, 00:18:40, Serial0/0/1
C      192.168.23.0/24 is directly connected, Serial0/0/1
O      192.168.34.0/24 [110/1562] via 192.168.23.3, 00:18:41, Serial0/0/1
```

输出结果表明同一个区域内通过 OSPF 路由协议学习的路由条目用代码“O”表示。

【说明】

① 环回接口 OSPF 路由条目的掩码长度都是 32 位，这是环回接口的特性，尽管通告了 24 位，解决的办法是在环回接口下修改网络类型为“Point-to-Point”，操作如下：

```
R2(config)#interface loopback 0
R2(config-if)#ip OSPF network point-to-point
```

这样收到的路由条目的掩码长度和通告的一致。

② 路由条目“4.4.4.4”的度量值为 1563，计算过程如下：

cost 的计算公式为 10^8/带宽(bps)，然后取整，而且是所有链路入口的 cost 之和，环回接口的 cost 为 1，路由条目“4.4.4.4”到路由器 R2 经过的入接口包括路由器 R4 的 loopback0，路由器 R3 的 s0/0/0，路由器 R2 的 s0/0/1，所以计算如下：$1+10^8/128\,000+10^8/128\,000=1563$。也可以直接通过命令“ip OSPF cost”设置接口的 cost 值，并且它是优先计算的 cost 值的。

(2) show ip protocols。

```
R2#show ip protocols
Routing Protocol is "OSPF 1"
//当前路由器运行的 OSPF 进程 ID
  Outgoing update filter list for all interfaces is not set
  Incoming update filter list for all interfaces is not set
  Router ID 2.2.2.2
//本路由器 ID
  Number of areas in this router is 1. 1 normal 0 stub 0 nssa
//本路由器参与的区域数量和类型
Maximum path: 4
//支持等价路径最大数目
  Routing for Networks:
    2.2.2.0 0.0.0.255 area 0
    192.168.12.0 0.0.0.255 area 0
    192.168.23.0 0.0.0.255 area 0
//以上 4 行表明 OSPF 通告的网络以及这些网络所在的区域
```

```
  Reference bandwidth unit is 100 mbps
//参考带宽为 10⁸
  Routing Information Sources:
    Gateway         Distance          Last Update
    4.4.4.4              110          00:08:36
    3.3.3.3              110          00:08:36
    1.1.1.1              110          00:08:36
//以上 5 行表明路由信息源
  Distance: (default is 110)
//OSPF 路由协议默认的管理距离
```

(3) show ip OSPF。

该命令显示 OSPF 进程及区域的细节,如路由器运行 SPF 算法的次数等。

```
R2#show ip OSPF 1
Routing Process "OSPF 1" with ID 2.2.2.2
Start time: 00:50:57.156, Time elapsed: 00:42:41.880
Supports only single TOS(TOS0) routes
Supports opaque LSA
Supports Link-local Signaling (LLS)
Supports area transit capability
Router is not originating router-LSAs with maximum metric
Initial SPF schedule delay 5000 msecs
Minimum hold time between two consecutive SPFs 10000 msecs
Maximum wait time between two consecutive SPFs 10000 msecs
Incremental-SPF disabled
Minimum LSA interval 5 secs
Minimum LSA arrival 1000 msecs
LSA group pacing timer 240 secs
Interface flood pacing timer 33 msecs
Retransmission pacing timer 66 msecs
Number of external LSA 0. Checksum Sum 0x000000
Number of opaque AS LSA 0. Checksum Sum 0x000000
Number of DCbitless external and opaque AS LSA 0
Number of DoNotAge external and opaque AS LSA 0
Number of areas in this router is 1. 1 normal 0 stub 0 nssa
Number of areas transit capable is 0
External flood list length 0
IETF NSF helper support enabled
Cisco NSF helper support enabled
  Area BACKBONE(0)
      Number of interfaces in this area is 3
      Area has no authentication
      SPF algorithm last executed 00:15:07.580 ago
      SPF algorithm executed 9 times
      Area ranges are
      Number of LSA 4. Checksum Sum 0x02611A
      Number of opaque link LSA 0. Checksum Sum 0x000000
      Number of DCbitless LSA 0
      Number of indication LSA 0
      Number of DoNotAge LSA 0
```

```
  Flood list length 0
```

(4) show ip OSPF interface。

```
R2#show ip OSPF interface s0/0/0
Serial0/0/0 is up, line protocol is up
  Internet Address 192.168.12.2/24, Area 0
//该接口的地址和运行的 OSPF 区域
  Process ID 1, Router ID 2.2.2.2, Network Type POINT_TO_POINT, cost: 781
//进程 ID,路由器 ID,网络类型,接口 cost 值
  Transmit Delay is 1 sec, State POINT_TO_POINT
//接口的延迟和状态
Timer intervals configured, Hello 10, Dead 40, Wait 40, Retransmit 5
oob-resync timeout 40
//显示几个计时器的值
  Hello due in 00:00:05
//距离下次发送 Hello 包的时间
  Supports Link-local Signaling (LLS)
//支持 LLS
  Cisco NSF helper support enabled
  IETF NSF helper support enabled
//以上两行表示启用了 IETF 和 Cisco 的 NSF 功能
  Index 1/1, flood queue length 0
  Next 0x0(0)/0x0(0)
  Last flood scan length is 1, maximum is 1
  Last flood scan time is 0 msec, maximum is 0 msec
  Neighbor Count is 1, Adjacent neighbor count is 1
//邻居的个数以及已建立邻接关系的邻居的个数
  Adjacent with neighbor 1.1.1.1
//已经建立邻接关系的邻居路由器 ID
  Suppress hello for 0 neighbor(s)
//没有进行 Hello 抑制
```

(5) show ip OSPF neighbor。

```
R2#show ip OSPF neighbor
Neighbor ID  Pri  State        Dead Time  Address        Interface
3.3.3.3      0    FULL/ -      00:00:35   192.168.23.3   Serial0/0/1
1.1.1.1      0    FULL/ -      00:00:38   192.168.12.1   Serial0/0/0
```

以上输出表明路由器 R2 有两个邻居,它们的路由器 ID 分别为 1.1.1.1 和 3.3.3.3,其他参数解释如下:

① Pri——邻居路由器接口的优先级;

② State——当前邻居路由器接口的状态;

③ Dead Time——清除邻居关系前等待的最长时间;

④ Address——邻居接口的地址;

⑤ Interface——自己和邻居路由器相连接口;

⑥ "-"——点到点的链路上 OSPF 不进行 DR 选举。

【技术要点】 同一链路上的hello包间隔和dead间隔必须相同才能建立邻接关系。默认情况下,hello包发送间隔如表4-1所示。

表4-1 OSPF Hello间隔和dead间隔

网络类型	Hello间隔(秒)	dead间隔(秒)
广播多路访问	10	40
非广播多路访问	30	120
点到点	10	40
点到多点	30	120

OSPF邻居关系不能建立的常见原因:

① hello间隔和dead间隔不同。

默认时Dead间隔是Hello间隔的四倍。可以在接口下通过"ip OSPF hello-interval"和"ip OSPF dead-interval"命令调整。

② 区域号码不一致。

③ 特殊区域(如stub、nssa等)区域类型不匹配。

④ 认证类型或密码不一致。

⑤ 路由器ID相同。

⑥ Hello包被ACL deny。

⑦ 链路上的MTU不匹配。

⑧ 接口下OSPF网络类型不匹配。

4.3 实验2:广播多路访问链路上的OSPF

1. 实验目的

通过本实验可以掌握:

(1) 在路由器上启动OSPF路由进程。

(2) 启用参与路由协议的接口,并且通告网络及所在的区域。

(3) 修改参考带宽。

(4) DR选举的控制。

(5) 广播多路访问链路上的OSPF的特征。

2. 实验拓扑

本实验的拓扑结构如图4-2所示。

3. 实验步骤

步骤1:配置路由器R1。

```
R1(config)#router OSPF 1
R1(config-router)#router-id 1.1.1.1
R1(config-router)#network 1.1.1.0 255.255.255.0 area 0
R1(config-router)#network 192.168.1.0 255.255.255.0 area 0
R1(config-router)#auto-cost reference-bandwidth 1000
```

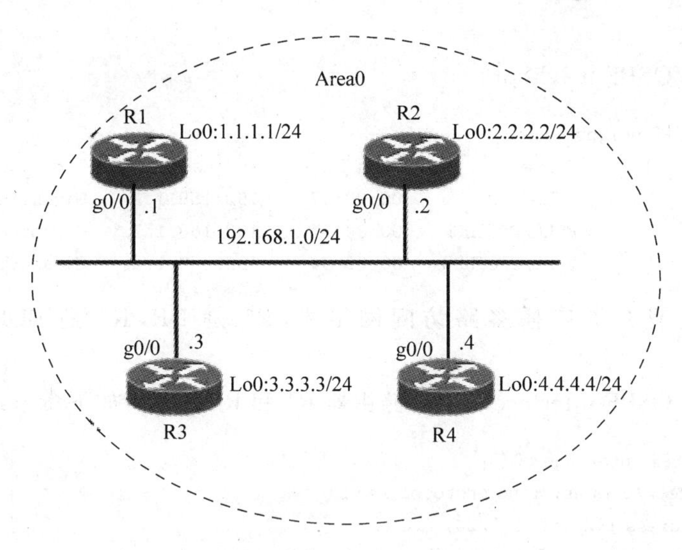

图 4-2 广播多路访问链路上的 OSPF

步骤 2：配置路由器 R2。

```
R2(config)#router OSPF 1
R2(config-router)#router-id 2.2.2.2
R2(config-router)#network 2.2.2.0 255.255.255.0 area 0
R2(config-router)#network 192.168.1.0 255.255.255.0 area 0
R2(config-router)#auto-cost reference-bandwidth 1000
```

步骤 3：配置路由器 R3。

```
R3(config)#router OSPF 1
R3(config-router)#router-id 3.3.3.3
R3(config-router)#network 3.3.3.0 255.255.255.0 area 0
R3(config-router)#network 192.168.1.0 255.255.255.0 area 0
R3(config-router)#auto-cost reference-bandwidth 1000
```

步骤 4：配置路由器 R4。

```
R4(config)#router OSPF 1
R4(config-router)#router-id 4.4.4.4
R4(config-router)#network 4.4.4.0 255.255.255.0 area 0
R4(config-router)#network 192.168.1.0 255.255.255.0 area 0
R4(config-router)#auto-cost reference-bandwidth 1000
```

【说明】 “auto-cost reference-bandwidth”命令是修改参考带宽的，因为本实验中的以太口的带宽为千兆级，如果采用默认的百兆参考带宽，计算出来的 cost 是 0.1，这显然是不合理的。修改参考带宽要在所有的 OSPF 路由器上配置，目的是确保参考标准是相同的。另外，当执行命令“auto-cost reference-bandwidth”的时候，系统也会提示如下信息：

```
%OSPF: Reference bandwidth is changed.
        Please ensure reference bandwidth is consistent across all routers.
```

4. **实验调试**

(1) show ip OSPF neighbor。

```
R1#show ip OSPF neighbor
Neighbor ID     Pri     State           Dead Time     Address        Interface
2.2.2.2         1       FULL/BDR        00:00:37      192.168.1.2    GigabitEthernet0/0
3.3.3.3         1       FULL/DROTHER    00:00:37      192.168.1.3    GigabitEthernet0/0
4.4.4.4         1       FULL/DROTHER    00:00:34      192.168.1.4    GigabitEthernet0/0
```

以上输出表明在该广播多路访问网络中,R1 是 DR,R2 是 BDR,R3 和 R4 为 DROTHER。

(2) show ip OSPF interface 分别在路由器 R1 和 R4 上执行如下命令:

```
R1#show ip OSPF interface g0/0
GigabitEthernet0/0 is up, line protocol is up
  Internet Address 192.168.1.1/24, Area 0
  Process ID 1, Router ID 1.1.1.1, Network Type BROADCAST, Cost: 10
  Transmit Delay is 1 sec, State DR, Priority 1
//自己 state 是 DR
  Designated Router (ID) 1.1.1.1, Interface address 192.168.1.1
//DR 的路由器 ID 以及接口地址
  Backup Designated router (ID) 2.2.2.2, Interface address 192.168.1.2
//BDR 的路由器 ID 以及接口地址
  Timer intervals configured, Hello 10, Dead 40, Wait 40, Retransmit 5
    oob-resync timeout 40
    Hello due in 00:00:09
  Supports Link-local Signaling (LLS)
  Cisco NSF helper support enabled
  IETF NSF helper support enabled
  Index 2/2, flood queue length 0
  Next 0x0(0)/0x0(0)
  Last flood scan length is 1, maximum is 1
  Last flood scan time is 0 msec, maximum is 4 msec
  Neighbor Count is 3, Adjacent neighbor count is 3
//R1 是 DR,有 3 个邻居,并且全部形成邻接关系
    Adjacent with neighbor 2.2.2.2 (Backup Designated Router)   //R2 是 BDR
    Adjacent with neighbor 3.3.3.3
    Adjacent with neighbor 4.4.4.4
  Suppress hello for 0 neighbor(s)
R4#show ip OSPF interface g0/0
GigabitEthernet0/0 is up, line protocol is up
  Internet Address 192.168.1.4/24, Area 0
  Process ID 1, Router ID 4.4.4.4, Network Type BROADCAST, Cost: 10
//网络类型为 BROADCAST
  Transmit Delay is 1 sec, State DROTHER, Priority 1
//自己的 state 是 DROTHER
  Designated Router (ID) 1.1.1.1, Interface address 192.168.1.1
//DR 的路由器 ID 和接口地址
  Backup Designated router (ID) 2.2.2.2, Interface address 192.168.1.2
//BDR 的路由器 ID 和接口地址
```

```
    Timer intervals configured, Hello 10, Dead 40, Wait 40, Retransmit 5
      oob - resync timeout 40
      Hello due in 00:00:06
    Supports Link - local Signaling (LLS)
    Cisco NSF helper support enabled
    IETF NSF helper support enabled
    Index 2/2, flood queue length 0
    Next 0x0(0)/0x0(0)
    Last flood scan length is 1, maximum is 1
    Last flood scan time is 0 msec, maximum is 0 msec
    Neighbor Count is 3, Adjacent neighbor count is 2          //有 3 个邻居,只与 R1 和 R2 形
//成邻接关系,与 R3 只是邻居关系 Adjacent with neighbor 1.1.1.1 (Designated Router) Adjacent
//with neighbor 2.2.2.2 (Backup Designated Router)
//上面两行表示与 DR 和 BDR 形成邻接关系
    Suppress hello for 0 neighbor(s)
```

从上面的路由器 R1 和 R4 的输出得知，邻居关系和邻接关系是不能混为一谈的，邻居关系是指达到 2WAY 状态的两台路由器，而邻接关系是指达到 FULL 状态的两台路由器。

(3) debug ip OSPF adj：该命令显示 OSPF 邻接关系创建或中断的过程。

```
R2#debug ip OSPF adj
OSPF adjacency events debugging is on
R2#clear ip OSPF process
Reset ALL OSPF processes? [no]: y
*Feb 10 10:37:33.447: OSPF: Interface GigabitEthernet0/0 going Down
*Feb 10 10:37:33.447: OSPF: 2.2.2.2 address 192.168.1.2 on GigabitEthernet0/0 is dead, state
DOWN
*Feb 10 10:37:33.447: OSPF: Neighbor change Event on interface GigabitEthernet0/0
*Feb 10 10:37:33.447: OSPF: DR/BDR election on GigabitEthernet0/0
*Feb 10 10:37:33.447: OSPF: Elect BDR 4.4.4.4
*Feb 10 10:37:33.447: OSPF: Elect DR 1.1.1.1
*Feb 10 10:37:33.447: OSPF: Elect BDR 4.4.4.4
*Feb 10 10:37:33.447: OSPF: Elect DR 1.1.1.1
*Feb 10 10:37:33.447:        DR: 1.1.1.1 (Id)  BDR: 4.4.4.4 (Id)
*Feb 10 10:37:33.447: OSPF: Reset adjacency with 3.3.3.3 on GigabitEthernet0/0, state 2WAY
*Feb 10 10:37:33.447: OSPF: 1.1.1.1 address 192.168.1.1 on GigabitEthernet0/0 is dead, state
DOWN
*Feb 10 10:37:33.447: %OSPF-5-ADJCHG: Process 1, Nbr 1.1.1.1 on GigabitEthernet0/0 from
FULL to DOWN, Neighbor Down: Interface down or detached
*Feb 10 10:37:33.447: OSPF: Neighbor change Event on interface GigabitEthernet0/0
*Feb 10 10:37:33.447: OSPF: DR/BDR election on GigabitEthernet0/0
*Feb 10 10:37:33.447: OSPF: Elect BDR 4.4.4.4
*Feb 10 10:37:33.447: OSPF: Elect DR 4.4.4.4
*Feb 10 10:37:33.447:        DR: 4.4.4.4 (Id) BDR: 4.4.4.4 (Id)
*Feb 10 10:37:33.447: OSPF: Remember old DR 1.1.1.1 (id)
*Feb 10 10:37:33.447: OSPF: 3.3.3.3 address 192.168.1.3 on GigabitEthernet0/0 is dead, state
DOWN
*Feb 10 10:37:33.447: %OSPF-5-ADJCHG: Process 1, Nbr 3.3.3.3 on GigabitEthernet0/0 from
2WAY to DOWN, Neighbor Down: Interface down or detached
```

```
* Feb 10 10:37:33.447: OSPF: Neighbor change Event on interface GigabitEthernet0/0
* Feb 10 10:37:33.447: OSPF: DR/BDR election on GigabitEthernet0/0
* Feb 10 10:37:33.447: OSPF: Elect BDR 4.4.4.4
* Feb 10 10:37:33.447: OSPF: Elect DR 4.4.4.4
* Feb 10 10:37:33.447:       DR: 4.4.4.4 (Id)   BDR: 4.4.4.4 (Id)
* Feb 10 10:37:33.447: OSPF: 4.4.4.4 address 192.168.1.4 on GigabitEthernet0/0 is
dead, stateDOWN
* Feb 10 10:37:33.447: %OSPF-5-ADJCHG: Process 1, Nbr 4.4.4.4 on GigabitEthernet0/0 from
FULL to DOWN, Neighbor Down: Interface down or detached
* Feb 10 10:37:33.447: OSPF: Neighbor change Event on interface GigabitEthernet0/0
* Feb 10 10:37:33.447: OSPF: DR/BDR election on GigabitEthernet0/0
* Feb 10 10:37:33.447: OSPF: Elect BDR 0.0.0.0
* Feb 10 10:37:33.447: OSPF: Elect DR 0.0.0.0
* Feb 10 10:37:33.447: DR: none BDR: none
* Feb 10 10:37:33.447: OSPF: Remember old DR 4.4.4.4 (id)
* Feb 10 10:37:33.447: OSPF: Interface Loopback0 going Down
* Feb 10 10:37:33.447: OSPF: 2.2.2.2 address 2.2.2.2 on Loopback0 is dead, state DOWN
* Feb 10 10:37:33.459: OSPF: Interface GigabitEthernet0/0 going Up
* Feb 10 10:37:33.459: OSPF: Interface Loopback0 going Up
* Feb 10 10:37:33.459: OSPF: 2 Way Communication to 1.1.1.1 on GigabitEthernet0/0, state 2WAY
* Feb 10 10:37:33.459: OSPF: 2 Way Communication to 3.3.3.3 on GigabitEthernet0/0, state 2WAY
* Feb 10 10:37:33.459: OSPF: 2 Way Communication to 4.4.4.4 on GigabitEthernet0/0, state 2WAY
* Feb 10 10:37:33.459: OSPF: Backup seen Event before WAIT timer on GigabitEthernet0/0
* Feb 10 10:37:33.459: OSPF: DR/BDR election on GigabitEthernet0/0
* Feb 10 10:37:33.459: OSPF: Elect BDR 4.4.4.4
* Feb 10 10:37:33.459: OSPF: Elect DR 1.1.1.1
* Feb 10 10:37:33.459: DR: 1.1.1.1 (Id) BDR: 4.4.4.4 (Id)
* Feb 10 10:37:33.459: OSPF: Send DBD to 1.1.1.1 on GigabitEthernet0/0 seq 0xC87 opt 0x52 flag
0x7 len 32
* Feb 10 10:37:33.459: OSPF: Send DBD to 4.4.4.4 on GigabitEthernet0/0 seq 0x1B1C opt 0x52
flag 0x7 len 32
* Feb 10 10:37:33.463: OSPF: Rcv DBD from 1.1.1.1 on GigabitEthernet0/0 seq 0x1A0 opt 0x52
flag 0x7 len 32 mtu 1500 state EXSTART
* Feb 10 10:37:33.463: OSPF: First DBD and we are not SLAVE
* Feb 10 10:37:33.463: OSPF: Rcv DBD from 1.1.1.1 on GigabitEthernet0/0 seq 0xC87 opt 0x52
flag 0x2 len 112 mtu 1500 state EXSTART
* Feb 10 10:37:33.463: OSPF: NBR Negotiation Done. We are the MASTER
* Feb 10 10:37:33.463: OSPF: Send DBD to 1.1.1.1 on GigabitEthernet0/0 seq 0xC88 opt 0x52 flag
0x1 len 32
* Feb 10 10:37:33.463: OSPF: Rcv DBD from 4.4.4.4 on GigabitEthernet0/0 seq 0x13C0 opt 0x52
flag 0x7 len 32 mtu 1500 state EXSTART
* Feb 10 10:37:33.463: OSPF: NBR Negotiation Done. We are the SLAVE
* Feb 10 10:37:33.463: OSPF: Send DBD to 4.4.4.4 on GigabitEthernet0/0 seq 0x13C0 opt 0x52
flag 0x0 len 32
* Feb 10 10:37:33.463: OSPF: Rcv DBD from 1.1.1.1 on GigabitEthernet0/0 seq 0xC88 opt 0x52
flag 0x0 len 32 mtu 1500 state EXCHANGE
* Feb 10 10:37:33.463: OSPF: Exchange Done with 1.1.1.1 on GigabitEthernet0/0
* Feb 10 10:37:33.463: OSPF: Send LS REQ to 1.1.1.1 length 48 LSA count 4
* Feb 10 10:37:33.463: OSPF: Rcv DBD from 4.4.4.4 on GigabitEthernet0/0 seq 0x13C1 opt 0x52
flag 0x3 len 112 mtu 1500 state EXCHANGE
* Feb 10 10:37:33.463: OSPF: Send DBD to 4.4.4.4 on GigabitEthernet0/0 seq 0x13C1 opt 0x52
```

```
flag 0x0 len 32
* Feb 10 10:37:33.463: OSPF: Rcv LS UPD from 1.1.1.1 on GigabitEthernet0/0 length 212 LSA count 4
* Feb 10 10:37:33.467: OSPF: Synchronized with 1.1.1.1 on GigabitEthernet0/0, state FULL
* Feb 10 10:37:33.467: %OSPF-5-ADJCHG: Process 1, Nbr 1.1.1.1 on GigabitEthernet0/0 from
LOADING to FULL, Loading Done
* Feb 10 10:37:33.467: OSPF: Rcv DBD from 4.4.4.4 on GigabitEthernet0/0 seq 0x13C2 opt 0x52
flag 0x1 len 32 mtu 1500 state EXCHANGE
* Feb 10 10:37:33.467: OSPF: Exchange Done with 4.4.4.4 on GigabitEthernet0/0
* Feb 10 10:37:33.467: OSPF: Synchronized with 4.4.4.4 on GigabitEthernet0/0, state FULL
* Feb 10 10:37:33.467: %OSPF-5-ADJCHG: Process 1, Nbr 4.4.4.4 on GigabitEthernet0/0 from
LOADING to FULL, Loading Done
* Feb 10 10:37:33.467: OSPF: Send DBD to 4.4.4.4 on GigabitEthernet0/0 seq 0x13C2 opt 0x52
flag 0x0 len 32
* Feb 10 10:37:33.947: OSPF: Build router LSA for area 0, router ID 2.2.2.2, seq 0x80000001,
process 1
* Feb 10 10:37:38.155: OSPF: Rcv LS UPD from 4.4.4.4 on GigabitEthernet0/0 length 76 LSA count 1
* Feb 10 10:37:38.443: OSPF: Rcv LS UPD from 1.1.1.1 on GigabitEthernet0/0 length 76 LSA count 1
* Feb 10 10:37:38.595: OSPF: Rcv LS UPD from 4.4.4.4 on GigabitEthernet0/0 length 76 LSA count 1
* Feb 10 10:37:38.635: OSPF: Rcv LS UPD from 1.1.1.1 on GigabitEthernet0/0 length 76 LSA count 1
* Feb 10 10:37:43.155: OSPF: Build router LSA for area 0, router ID 2.2.2.2, seq 0x80000005, process 1
* Feb 10 10:37:43.155: OSPF: Rcv LS UPD from 1.1.1.1 on GigabitEthernet0/0 length 76 LSA count 1
```

以上的输出表明：

① DR 重新选举的过程和结果，新的 DR 是 R1，BDR 是 R4；

② 在 OSPF 邻接关系建立的过程中，接口的状态变化包括 DOWN、2 way、EXSTART、EXCHANGE、Loading 和 FULL。

【技术要点】

(1) 为了避免路由器之间建立完全邻接关系而引起的大量开销，OSPF 要求在多路访问的网络中选举一个 DR，每个路由器都与之建立邻接关系。选举 DR 的同时也选举出一个 BDR，在 DR 失效的时候，BDR 担负起 DR 的职责，而且所有其他路由器只与 DR 和 BDR 建立邻接关系；

(2) DR 和 BDR 有它们自己的组播地址 224.0.0.6；

(3) DR 和 BDR 的选举是以各个网络为基础的，也就是说，DR 和 BDR 选举是一个路由器的接口特性，而不是整个路由器的特性；

(4) DR 选举的原则。

① 首要因素是时间，最先启动的路由器被选举成 DR；

② 如果同时启动，或者重新选举，则看接口优先级(范围为 0～255)，优先级最高的被选举成 DR，默认情况下，多路访问网络的接口优先级为 1，点到点网络接口优先级为 0，修改接口优先级的命令是“ip OSPF priority”，如果接口的优先级被设置为 0，那么该接口将不参与 DR 选举；

③ 如果前两者相同，则看路由器 ID，路由器 ID 最高的被选举成 DR。

(5) DR 选举是非抢占的，除非人为地重新选举。重新选举 DR 的方法有两种：一是路由器重新启动，二是执行“clear ip OSPF process”命令。

4.4 OSPF 认证

4.4.1 实验 3：基于区域的 OSPF 简单口令认证

1. 实验目的

通过本实验可以掌握：

（1）OSPF 认证的类型和意义。

（2）基于区域的 OSPF 简单口令认证的配置和调试。

2. 实验拓扑

实验的拓扑结构如图 4-3 所示。

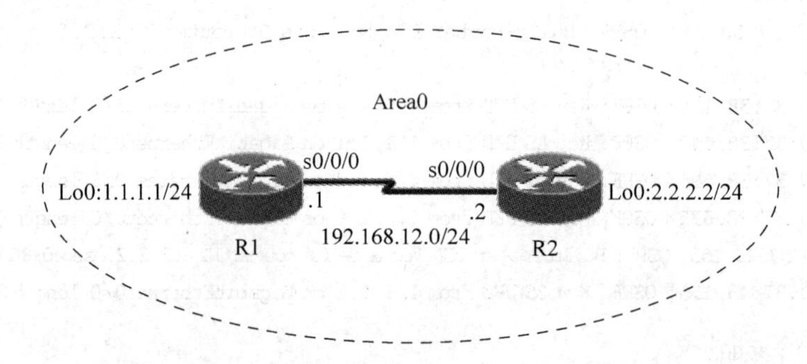

图 4-3 基于区域的 OSPF 简单口令认证

3. 实验步骤

步骤 1：配置路由器 R1。

```
R1(config)#router OSPF 1
R1(config-router)#router-id 1.1.1.1
R1(config-router)#network 192.168.12.0 255.255.255.0 area 0
R1(config-router)#network 1.1.1.0 255.255.255.0 area 0
R1(config-router)#area 0 authentication                //区域 0 启用简单口令认证
R1(config)#interface s0/0/0
R1(config-if)#ip OSPF authentication-key cisco         //配置认证密码
```

步骤 2：配置路由器 R2。

```
R2(config)#router OSPF 1
R2(config-router)#router-id 2.2.2.2
R2(config-router)#network 2.2.2.0 255.255.255.0 area 0
R2(config-router)#network 192.168.12.0 255.255.255.0 area 0
R2(config-router)#area 0 authentication
R2(config)#interface s0/0/0
R2(config-if)#ip OSPF authentication-key cisco
```

4. 实验调试

（1）show ip OSPF interface。

```
R1#show ip OSPF interface s0/0/0
```

```
Serial0/0/0 is up, line protocol is up
  Internet Address 192.168.12.1/24, Area 0
  Process ID 1, Router ID 1.1.1.1, Network Type POINT_TO_POINT, Cost: 781
  Transmit Delay is 1 sec, State POINT_TO_POINT
  Timer intervals configured, Hello 10, Dead 40, Wait 40, Retransmit 5
    oob - resync timeout 40
    Hello due in 00:00:02
  Supports Link - local Signaling (LLS)
  Cisco NSF helper support enabled
  IETF NSF helper support enabled
  Index 1/1, flood queue length 0
  Next 0x0(0)/0x0(0)
  Last flood scan length is 0, maximum is 1
  Last flood scan time is 0 msec, maximum is 0 msec
  Neighbor Count is 0, Adjacent neighbor count is 0
  Suppress hello for 0 neighbor(s)
  Simple password authentication enabled
```

以上输出最后一行信息表明该接口启用了简单口令认证。

(2) show ip OSPF。

```
R1#show ip OSPF
  Routing Process "OSPF 1" with ID 1.1.1.1
  Supports only single TOS(TOS0) routes
  ...
    Area BACKBONE(0)
        Number of interfaces in this area is 2 (1 loopback)
        Area has simple password authentication
        SPF algorithm last executed 00:00:01.916 ago
        SPF algorithm executed 5 times
        Area ranges are
        Number of LSA 2. Checksum Sum 0x010117
        Number of opaque link LSA 0. Checksum Sum 0x000000
        Number of DCbitless LSA 0
        Number of indication LSA 0
        Number of DoNotAge LSA 0
        Flood list length 0
```

以上输出表明区域0采用简单口令认证。

(3) 如果R1区域0没有启动认证，而R2区域0启动简单口令认证，则R2上出现下面的信息：

```
*Feb 10 11:03:03.071: OSPF: Rcv pkt from 192.168.12.1, Serial0/0/0 : Mismatch
Authentication type. Input packet specified type 0, we use type 1
```

(4) 如果R1和R2的区域0都启动简单口令认证，但是R2的接口下没有配置密码或密码错误，则R2上出现下面的信息：

```
*Feb 10 10:55:53.071: OSPF: Rcv pkt from 192.168.12.1, Serial0/0/0 : Mismatch
Authentication Key - Clear Text
```

4.4.2　实验4：基于链路的OSPF简单口令认证

1. 实验目的

通过本实验可以掌握：

(1) OSPF认证的类型和意义。

(2) 基于链路的OSPF简单口令认证的配置和调试。

2. 实验拓扑

本实验的拓扑结构如图4-3所示。

3. 实验步骤

步骤1：配置路由器R1。

```
R1(config)#router OSPF 1
R1(config-router)#router-id 1.1.1.1
R1(config-router)#network 1.1.1.0 0.0.0.255 area 0
R1(config-router)#network 192.168.12.0 0.0.0.255 area 0
R1(config)#interface s0/0/0
R1(config-if)#ip OSPF authentication                 //链路启用简单口令认证
R1(config-if)#ip OSPF authentication-key cisco       //配置认证密码
```

步骤2：配置路由器R2。

```
R2(config)#router OSPF 1
R2(config-router)#router-id 2.2.2.2
R2(config-router)#network 2.2.2.0 0.0.0.255 area 0
R2(config-router)#network 192.168.12.0 0.0.0.255 area 0
R2(config)#interface s0/0/0
R2(config-if)#ip OSPF authentication
R2(config-if)#ip OSPF authentication-key cisco
```

4. 实验调试

(1) show ip OSPF interface。

```
R1#show ip OSPF interface s0/0/0
Serial0/0/0 is up, line protocol is up
  Internet Address 192.168.12.1/24, Area 0
  Process ID 1, Router ID 1.1.1.1, Network Type POINT_TO_POINT, Cost: 781
  Transmit Delay is 1 sec, State POINT_TO_POINT
  Timer intervals configured, Hello 10, Dead 40, Wait 40, Retransmit 5
    oob-resync timeout 40
    Hello due in 00:00:09
  Supports Link-local Signaling (LLS)
  Cisco NSF helper support enabled
  IETF NSF helper support enabled
  Index 1/1, flood queue length 0
  Next 0x0(0)/0x0(0)
  Last flood scan length is 1, maximum is 1
  Last flood scan time is 0 msec, maximum is 0 msec
  Neighbor Count is 1, Adjacent neighbor count is 1
    Adjacent with neighbor 2.2.2.2
```

```
Suppress hello for 0 neighbor(s)
Simple password authentication enabled
```

以上输出最后一行信息表明该接口启用了简单口令认证。

(2) 如果 R1 的 s0/0/0 接口启动简单口令认证，R2 的 s0/0/0 接口没有启动认证，则 R2 上出现下面的信息：

```
* Feb 10 11:19:33.074: OSPF: Rcv pkt from 192.168.12.1, Serial0/0/0 : Mismatch
Authentication type. Input packet specified type 1, we use type 0
```

(3) 如果 R1 和 R2 的 s0/0/0 都启动简单口令认证，但是 R2 的接口下没有配置认证密码或密码错误，则 R2 上出现下面的信息：

```
* Feb 10 11:22:33.074: OSPF: Rcv pkt from 192.168.12.1, Serial0/0/0 : Mismatch
Authentication Key - Clear Text
```

4.5　OSPF 命令汇总

表 4-2 是本章出现的命令。

表 4-2　本章命令汇总

命　令	作　用
show ip route	查看路由表
show ip OSPF neighbor	查看 OSPF 邻居的基本信息
show ip OSPF database	查看 OSPF 拓扑结构数据库
show ip OSPF interface	查看 OSPF 路由器接口的信息
show ip OSPF	查看 OSPF 进程及其细节
debug ip OSPF adj	显示 OSPF 邻接关系创建或中断的过程
debug ip OSPF events	显示 OSPF 发生的事件
debug ip OSPF packet	显示路由器收到的所有的 OSPF 数据包
router OSPF	启动 OSPF 路由进程
router-id	配置路由器 ID
network	通告网络及网络所在的区域
ip OSPF network	配置接口网络类型
ip OSPF cost	配置接口 cost 值
ip OSPF hello-interval	配置 hello 间隔
ip OSPF dead-interval	配置 OSPF 邻居的死亡时间
ip OSPF priority	配置接口优先级
auto-cost reference-bandwidth	配置参考带宽
clear ip OSPF process	清除 OSPF 进程
area area-id authentication	启动区域简单口令认证
Ip OSPF authentication-key cisco	配置认证密码
area area-id authentication message-digest	启动区域 MD5 认证
Ip OSPF message-digest-key key-id md5 key	配置 key ID 及密匙
ip OSPF authentication	启用链路简单口令认证
Ip OSPF authentication message-digest	启用链路 MD5 认证
default-information originate	向 OSPF 区域注入默认路由

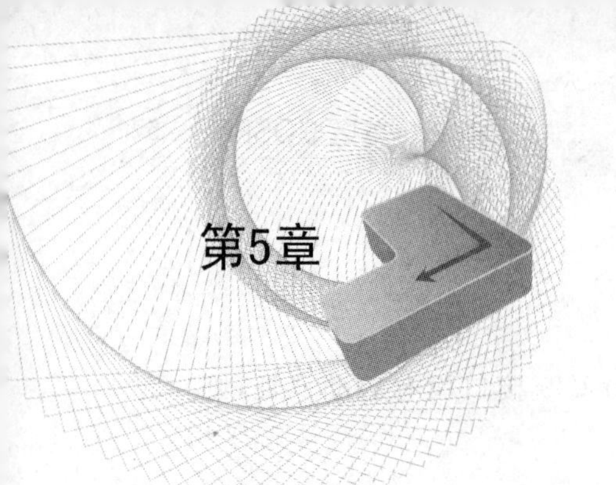

chapter 5

多区域OSPF

在一个大型 OSPF 网络中，SPF 算法的反复计算、庞大的路由表和拓扑表的维护以及 LSA 的泛洪等都会占用路由器的资源，因而会降低路由器的运行效率。OSPF 协议可以利用区域的概念来减小这些不利的影响。因为在一个区域内的路由器将不需要了解它们所在区域外的拓扑细节。OSPF 多区域的拓扑结构有如下优势：

(1) 降低 SPF 计算频率。

(2) 减小路由表。

(3) 降低了通告 LSA 的开销。

(4) 将不稳定限制在特定的区域。

5.1 多区域 OSPF 概述

5.1.1 OSPF 路由器类型

当一个 AS 划分成几个 OSPF 区域时，根据一个路由器在相应的区域之内的作用，可以将 OSPF 路由器作如下分类，如图 5-1 所示。

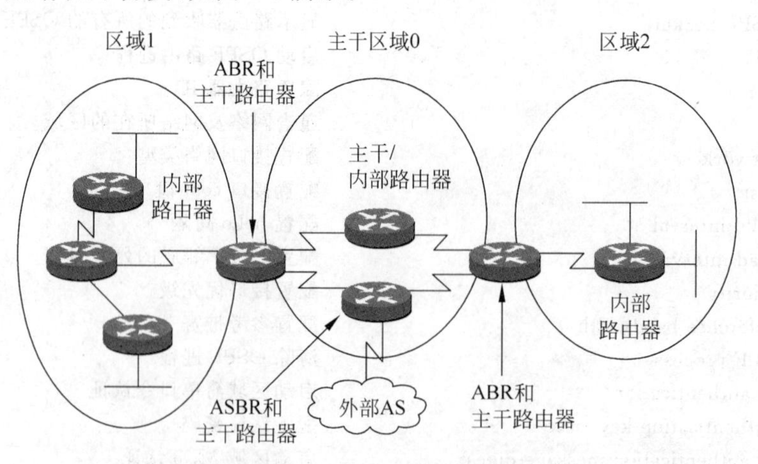

图 5-1 OSPF 路由器类型

(1) 内部路由器：OSPF 路由器上所有直连的链路都处于同一个区域；

(2) 主干路由器：具有连接区域 0 接口的路由器；

(3) 区域边界路由器(Area Border Router，ABR)：路由器与多个区域相连；

(4) 自治系统边界路由器(Autonomous System Border Router,ASBR)：与AS外部的路由器相连并互相交换路由信息。

5.1.2　LSA类型

一台路由器中所有有效的LSA通告都被存放在它的链路状态数据库中，正确的LSA通告可以描述一个OSPF区域的网络拓扑结构。常见的LSA有6类，相应的描述如表5-1所示。

表5-1　LSA类型及相应的描述

类型代码	名称及路由代码	描　　述
1	路由器LSA(O)	所有的OSPF路由器都会产生这种数据包，用于描述路由器上连接到某一个区域的链路或是某一接口的状态信息。该LSA只会在某一个特定的区域内扩散，而不会扩散至其他的区域
2	网络LSA(O)	由DR产生，只会在包含DR所处的广播网络的区域中扩散，不会扩散至其他的OSPF区域
3	网络汇总LSA(O IA)	由ABR产生，描述ABR和某个本地区域的内部路由器之间的链路信息。这些条目通过主干区域被扩散到其他的ABR
4	ASBR汇总LSA(O IA)	由ABR产生，描述到ASBR的可达性，由主干区域发送到其他ABR
5	外部LSA(O E1或E2)	由ASBR产生，含有关于自治系统外的链路信息
7	NSSA外部LSA(O N1或N2)	由ASBR产生的关于NSSA的信息，可以在NSSA区域内扩散，ABR可以将类型7的LSA转换为类型5的LSA

5.1.3　区域类型

一个区域所设置的特性控制着它所能接收到的链路状态信息的类型。区分不同OSPF区域类型的关键在于它们对外部路由的处理方式。OSPF区域类型如下：

(1) 标准区域——可以接收链路更新信息和路由汇总；

(2) 主干区域——连接各个区域的中心实体，所有其他的区域都要连接到这个区域上交换路由信息；

(3) 末节区域(Stub Area)——不接受外部自治系统的路由信息；

(4) 完全末节区域(Totally Stubby Area)——它不接受外部自治系统的路由以及自治系统内其他区域的路由汇总，完全末节区域是Cisco专有的特性；

(5) 次末节区域(Not-So-Stubby Area,NSSA)——允许接收以7类LSA发送的外部路由信息，并且ABR要负责把类型7的LSA转换成类型5的LSA。

5.2　实验1：多区域OSPF基本配置

1. 实验目的

通过本实验可以掌握：

(1) 在路由器上启动OSPF路由进程。

（2）启用参与路由协议的接口，并且通告网络及所在的区域。

（3）LSA 的类型和特征。

（4）不同路由器类型的功能。

（5）OSPF 拓扑结构数据库的特征和含义。

（6）E1 路由和 E2 路由的区别。

（7）查看和调试 OSPF 路由协议相关信息。

2. 实验拓扑

本实验的拓扑结构如图 5-2 所示。

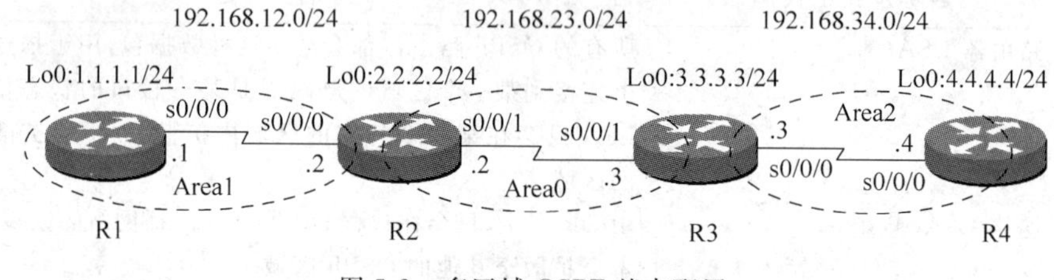

图 5-2　多区域 OSPF 基本配置

配置时采用环回接口尽量靠近区域 0 的原则。路由器 R4 的环回接口不在 OSPF 进程中通告，通过重分布的方法进入 OSPF 网络。

3. 实验步骤

步骤 1：配置路由器 R1。

```
R1(config)# router OSPF 1
R1(config-router)# router-id 1.1.1.1
R1(config-router)# network 1.1.1.0 255.255.255.0 area 1
R1(config-router)# network 192.168.12.0 255.255.255.0 area 1
```

步骤 2：配置路由器 R2。

```
R2(config)# router OSPF 1
R2(config-router)# router-id 2.2.2.2
R2(config-router)# network 192.168.12.0 255.255.255.0 area 1
R2(config-router)# network 192.168.23.0 255.255.255.0 area 0
R2(config-router)# network 2.2.2.0 255.255.255.0 area 0
```

步骤 3：配置路由器 R3。

```
R3(config)# router OSPF 1
R3(config-router)# router-id 3.3.3.3
R3(config-router)# network 192.168.23.0 255.255.255.0 area 0
R3(config-router)# network 192.168.34.0 255.255.255.0 area 2
R3(config-router)# network 3.3.3.0 255.255.255.0 area 0
```

步骤 4：配置路由器 R4。

```
R4(config)# router OSPF 1
R4(config-router)# router-id 4.4.4.4
R4(config-router)# network 192.168.34.0 0.0.0.255 area 2
R4(config-router)# redistribute connected subnets
//将直连路由重分布到 OSPF 网络，重分布的内容将在第 12 章节详细介绍
```

4. 实验调试

(1) show ip route。

```
R2#show ip route OSPF
        1.0.0.0/24 is subnetted, 1 subnets
O       1.1.1.0 [110/65] via 192.168.12.1, 00:04:36, Serial0/0/0
        3.0.0.0/24 is subnetted, 1 subnets
O       3.3.3.0 [110/65] via 192.168.23.3, 00:02:46, Serial0/0/1
        4.0.0.0/24 is subnetted, 1 subnets
O E2    4.4.4.0 [110/20] via 192.168.23.3, 00:02:22, Serial0/0/1
O IA 192.168.34.0/24 [110/128] via 192.168.23.3, 00:02:46, Serial0/0/1
```

以上输出表明路由器R2的路由表中既有区域内的路由"1.1.1.0"和"3.3.3.0",又有区域间的路由"192.168.34.0",还有外部区域的路由"4.4.4.0"。这就是为什么在R4上要用重分布,就是为了构造自治系统外的路由。

【技术要点】 OSPF的外部路由分为类型1(在路由表中用代码"E1"表示)和类型2(在路由表中用代码"E2"表示)。它们计算外部路由度量值的方式不同。

① 类型1(E1):外部路径成本+数据包在OSPF网络所经过各链路成本;

② 类型2(E2):外部路径成本,即ASBR上的默认设置。在重分布的时候可以通过"metric-type"参数设置是类型1或2,也可以通过"metric"参数设置外部路径成本,默认为20。下面是一个具体的实例:

```
R4(config-router)#redistribute connected subnets metric 50 metric-type 1
```

则在R2上关于"4.4.4.0"路由条目的信息如下:

```
O E1  4.4.4.0 [110/178] via 192.168.23.3, 00:01:27, Serial0/0/1
```

(2) show ip OSPF database。

```
R1#show ip OSPF database

            OSPF Router with ID (1.1.1.1) (Process ID 1)
                Router Link States (Area 1)                       //区域1类型1的LSA
Link ID         ADV Router          Age         Seq#            Checksum Link count
1.1.1.1         1.1.1.1             595         0x80000007      0x00A0ED 3
2.2.2.2         2.2.2.2             459         0x80000004      0x002E71 2
                Summary Net Link States (Area 1)                  //区域1类型3的LSA

Link ID         ADV Router          Age         Seq#            Checksum
2.2.2.0         2.2.2.2             459         0x80000002      0x000D20
3.3.3.0         2.2.2.2             459         0x80000002      0x006B7E
192.168.23.0    2.2.2.2             459         0x80000002      0x001E55
192.168.34.0    2.2.2.2             459         0x80000002      0x002701
                Summary ASB Link States (Area 1)                  //区域1类型4的LSA
Link ID         ADV Router          Age         Seq#            Checksum
4.4.4.4         2.2.2.2             459         0x80000002      0x008919
                Type-5 AS External Link States                    //类型5的LSA
Link ID         ADV Router          Age         Seq#            Checksum Tag
4.4.4.0         4.4.4.4             349         0x80000003 0x008460 0
```

```
R2#show ip OSPF database
                   OSPF Router with ID (2.2.2.2) (Process ID 1)
                      Router Link States (Area 0)                     //区域 0 类型 1 的 LSA
Link ID           ADV Router         Age         Seq#           Checksum Link count
2.2.2.2           2.2.2.2            1712        0x80000004     0x006208 3
3.3.3.3           3.3.3.3            1677        0x80000004     0x00F56C 3
                      Summary Net Link States (Area 0)                //区域 0 类型 3 的 LSA
Link ID           ADV Router         Age         Seq#           Checksum
1.1.1.0           2.2.2.2            1785        0x80000001     0x00B53B
192.168.12.0      2.2.2.2            1785        0x80000001     0x0099E5
192.168.34.0      3.3.3.3            1673        0x80000001     0x0088DC
                      Summary ASB Link States (Area 0)                //区域 0 类型 4 的 LSA
Link ID           ADV Router         Age         Seq#           Checksum
4.4.4.4           3.3.3.3            1652        0x80000001 0x00EAF4
                      Router Link States (Area 1)                     //区域 1 类型 1 的 LSA
Link ID           ADV Router         Age         Seq#           Checksum Link count
1.1.1.1           1.1.1.1            1794        0x80000006     0x00A2EC 3
2.2.2.2           2.2.2.2            1786        0x80000003     0x003070 2
                      Summary Net Link States (Area 1)                //区域 1 类型 3 的 LSA
Link ID           ADV Router         Age         Seq#           Checksum
2.2.2.0           2.2.2.2            1782        0x80000001     0x000F1F
3.3.3.0           2.2.2.2            1698        0x80000001     0x006D7D
192.168.23.0      2.2.2.2            1738        0x80000001     0x002054
192.168.34.0      2.2.2.2            1672        0x80000001     0x0029FF
                      Summary ASB Link States (Area 1)                //区域 1 类型 4 的 LSA
Link ID           ADV Router         Age         Seq#           Checksum
4.4.4.4           2.2.2.2            1653        0x80000001     0x008B18

                      Type-5 AS External Link States                  // 类型 5 的 LSA

Link ID           ADV Router         Age         Seq#           Checksum Tag
4.4.4.0           4.4.4.4            203         0x80000002     0x00865F 0
```

以上输出结果包含了区域 1 的 LSA 类型 1、LSA 类型 3、LSA 类型 4、LSA 类型 5 的链路状态信息，以及区域 0 的 LSA 类型 1、LSA 类型 3、LSA 类型 4 的链路状态信息。同时看到路由器 R1 和 R2 的区域 1 的链路状态数据库完全相同。

【技术要点】

① 相同区域内的路由器具有相同的链路状态数据库，只是在虚链路的时候略有不同；

② 命令“show ip OSPF database”所显示的内容并不是数据库中存储的关于每条 LSA 的全部信息，而仅仅是 LSA 的头部信息。要查看 LSA 的全部信息，该命令后面还要跟详细的参数，如“show ip OSPF database router”，结果显示如下：

```
R1#show ip OSPF database router
OSPF Router with ID (1.1.1.1) (Process ID 1) Router Link States (Area 1)
  LS age: 1355
  Options: (No TOS-capability, DC)
  LS Type: Router Links
  Link State ID: 1.1.1.1
  Advertising Router: 1.1.1.1
```

```
LS Seq Number: 80000008
Checksum: 0x9EEE
Length: 60
Number of Links: 3
  Link connected to: a Stub Network
   (Link ID) Network/subnet number: 1.1.1.0
   (Link Data) Network Mask: 255.255.255.0
   Number of TOS metrics: 0
    TOS 0 Metrics: 1
  Link connected to: another Router (point-to-point)
   (Link ID) Neighboring Router ID: 2.2.2.2
   (Link Data) Router Interface address: 192.168.12.1
   Number of TOS metrics: 0
    TOS 0 Metrics: 64
  Link connected to: a Stub Network
   (Link ID) Network/subnet number: 192.168.12.0
   (Link Data) Network Mask: 255.255.255.0
   Number of TOS metrics: 0
    TOS 0 Metrics: 64
Routing Bit Set on this LSA
LS age: 1267
Options: (No TOS-capability, DC)
LS Type: Router Links
Link State ID: 2.2.2.2
Advertising Router: 2.2.2.2
LS Seq Number: 80000005
Checksum: 0x2C72
Length: 48
Area Border Router
Number of Links: 2
  Link connected to: another Router (point-to-point)
   (Link ID) Neighboring Router ID: 1.1.1.1
   (Link Data) Router Interface address: 192.168.12.2
   Number of TOS metrics: 0
    TOS 0 Metrics: 64
  Link connected to: a Stub Network
   (Link ID) Network/subnet number: 192.168.12.0
   (Link Data) Network Mask: 255.255.255.0
   Number of TOS metrics: 0
    TOS 0 Metrics: 64
```

以上输出是路由器 R1 在区域 1 的 LSA 类型 1 的全部信息。

(3) show ip OSPF。

```
R4#show ip OSPF 1
 Routing Process "OSPF 1" with ID 4.4.4.4
 Supports only single TOS(TOS0) routes
 Supports opaque LSA
```

```
Supports Link - local Signaling (LLS)
It is an autonomous system boundary router
Redistributing External Routes from,
...
```

以上信息表明路由器 R4 是一台 ASBR。

5.3 多区域 OSPF 高级配置

5.3.1 实验 2：OSPF 手工汇总

1. 实验目的

通过本实验可以掌握：

(1) 路由汇总的目的。

(2) 区域间路由汇总。

(3) 外部自治系统路由汇总。

2. 实验拓扑

本实验的拓扑结构如图 5-3 所示。

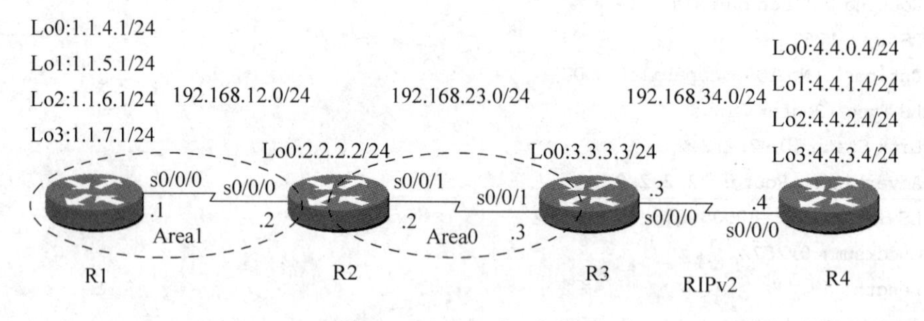

图 5-3 OSPF 手工汇总

路由器 R1、R2 和 R3 之间运行 OSPF，路由器 R3 和 R4 之间运行 RIPv2，路由器 R1 上的四个环回接口是为在路由器 R2 上做区域间路由汇总准备的，路由器 R4 上的四个环回接口是为在路由器 R3 上做外部路由汇总准备的。由于路由器 R3 是边界路由器，所以要完成双向重分布。

3. 实验步骤

步骤 1：配置路由器 R1。

```
R1(config)#router OSPF 1
R1(config-router)#router-id 1.1.1.1
R1(config-router)#network 1.1.4.0 255.255.252.0 area 1
R1(config-router)#network 192.168.12.0 255.255.255.0 area 1
```

步骤 2：配置路由器 R2。

```
R2(config)#router OSPF 1
R2(config-router)#router-id 2.2.2.2
R2(config-router)#network 192.168.12.0 255.255.255.0 area 1
```

```
R2(config-router)#network 192.168.23.0 255.255.255.0 area 0
R2(config-router)#network 2.2.2.0 255.255.255.0 area 0
R2(config-router)#area 1 range 1.1.4.0 255.255.252.0      //配置区域间路由汇总
```

步骤 3：配置路由器 R3。

```
R3(config)#router OSPF 1
R3(config-router)#router-id 3.3.3.3
R3(config-router)#network 3.3.3.0 0.0.0.255 area 0
R3(config-router)#network 192.168.23.0 0.0.0.255 area 0
R3(config-router)#summary-address 4.4.0.0 255.255.252.0
//配置外部自治系统路由汇总
R3(config-router)#redistribute rip subnets                //将 RIP 路由重分布到 OSPF 中
R3(config)#router rip
R3(config-router)#version 2
R3(config-router)#no auto-summary
R3(config-router)#network 192.168.34.0
R3(config-router)#redistribute OSPF 1 metric 2            //将 OSPF 路由重分布到 RIP 中
```

步骤 4：配置路由器 R4。

```
R4(config)#router rip
R4(config-router)#version 2
R4(config-router)#no auto-summary
R4(config-router)#network 4.0.0.0
R4(config-router)#network 192.168.34.0
```

【技术要点】

(1) 区域间路由汇总必须在 ABR 上完成。

(2) 外部路由汇总必须在 ASBR 上完成。

4. 实验调试

(1) 在 R2 上查看路由表，显示如下：

```
R2#show ip route OSPF
      1.0.0.0/8 is variably subnetted, 5 subnets, 3 masks
O        1.1.5.1/32 [110/65] via 192.168.12.1, 00:17:16, Serial0/0/0
O        1.1.4.0/24 [110/65] via 192.168.12.1, 00:17:16, Serial0/0/0
O        1.1.4.0/22 is a summary, 00:17:16, Null0
O        1.1.7.1/32 [110/65] via 192.168.12.1, 00:17:16, Serial0/0/0
O        1.1.6.1/32 [110/65] via 192.168.12.1, 00:17:16, Serial0/0/0

      3.0.0.0/24 is subnetted, 1 subnets
O        3.3.3.0 [110/65] via 192.168.23.3, 00:12:14, Serial0/0/1
      4.0.0.0/22 is subnetted, 1 subnets
O E2     4.4.0.0 [110/20] via 192.168.23.3, 00:11:09, Serial0/0/1
O E2 192.168.34.0/24 [110/20] via 192.168.23.3, 00:12:15, Serial0/0/1
```

以上输出表明 R2 对 R1 的四条环回接口的路由汇总后，会产生一条指向 Null0 的路由；同时收到经路由器 R3 汇总的路由，因为是重分布进来的外部路由，所以路由代码为“O E2”。

(2) 在 R3 上查看路由表，显示如下：

```
R3#show ip route OSPF

O IA 192.168.12.0/24 [110/128] via 192.168.23.2, 00:23:20, Serial0/0/1
     1.0.0.0/22 is subnetted, 1 subnets
O IA    1.1.4.0 [110/129] via 192.168.23.2, 00:23:20, Serial0/0/1
     2.0.0.0/24 is subnetted, 1 subnets
O       2.2.2.0 [110/65] via 192.168.23.2, 00:23:20, Serial0/0/1
     4.0.0.0/8 is variably subnetted, 5 subnets, 2 masks
O       4.4.0.0/22 is a summary, 00:20:29, Null0
```

以上输出表明 R3 对四条环回接口的 RIP 路由汇总后，会产生一条指向 Null0 的路由；同时收到经路由器 R2 汇总的路由，由于是区域间路由汇总，所以路由代码为“O IA”。

5.3.2 实验 3：OSPF 末节区域和完全末节区域

1. 实验目的

通过本实验可以掌握：

(1) 末节区域的条件。

(2) 末节区域的特征。

(3) 完全末节区域的特征。

(4) 末节区域的配置。

(5) 完全末节区域的配置。

2. 实验拓扑

本实验的拓扑结构如图 5-4 所示。

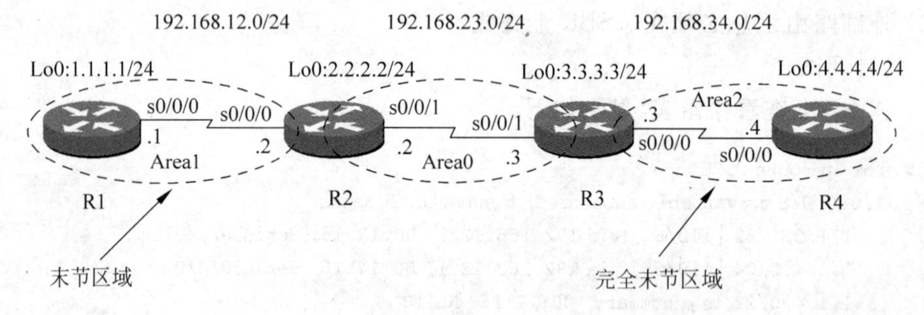

图 5-4 OSPF 末节区域配置

本实验在路由器 R2 上将环回接口 0 以重分布的方式注入 OSPF 区域，用来构造 5 类的 LSA。把区域 1 配置成末节区域，将区域 2 配置成完全末节区域。

3. 实验步骤

步骤 1：配置路由器 R1。

```
R1(config)#router OSPF 1
R1(config-router)#router-id 1.1.1.1
R1(config-router)#network 1.1.1.0 255.255.255.0 area 1
R1(config-router)#network 192.168.12.0 255.255.255.0 area 1
R1(config-router)#area 1 stub                    //把区域 1 配置成末节区域
```

步骤 2：配置路由器 R2。

```
R2(config)#router OSPF 1
R2(config-router)#router-id 2.2.2.2
R2(config-router)#network 192.168.12.0 255.255.255.0 area 1
R2(config-router)#network 192.168.23.0 255.255.255.0 area 0
R2(config-router)#redistribute connected subnets      //将直连重分布进 OSPF 区域
R2(config-router)#area 1 stub
```

步骤 3：配置路由器 R3。

```
R3(config)#router OSPF 1
R3(config-router)#router-id 3.3.3.3
R3(config-router)#network 3.3.3.0 0.0.0.255 area 0
R3(config-router)#network 192.168.23.0 0.0.0.255 area 0
R3(config-router)#network 192.168.34.0 0.0.0.255 area 2
R3(config-router)#area 2 stub no-summary              // 把区域 2 配置成完全末节区域
```

【技术要点】 "no-summary"阻止区域间的路由进入末节区域，所以叫完全末节区域。只需在 ABR 上启用本参数即可。

步骤 4：配置路由器 R4。

```
R4(config)#router OSPF 1
R4(config-router)#router-id 4.4.4.4
R4(config-router)#network 4.4.4.0 0.0.0.255 area 2
R4(config-router)#network 192.168.34.0 0.0.0.255 area 2
R4(config-router)#area 2 stub
```

【技术要点】 末节和完全末节区域需要满足如下的条件：

(1) 区域只有一个出口；

(2) 区域不需要作为虚链路的过渡区；

(3) 区域内没有 ASBR；

(4) 区域不是主干区域。

4. 实验调试

(1) 在 R1 上查看路由表，显示如下：

```
R1#show ip route OSPF
     3.0.0.0/24 is subnetted, 1 subnets
O IA     3.3.3.0 [110/129] via 192.168.12.2, 00:12:29, Serial0/0/0
     4.0.0.0/32 is subnetted, 1 subnets
O IA     4.4.4.4 [110/193] via 192.168.12.2, 00:12:29, Serial0/0/0
O IA 192.168.23.0/24 [110/128] via 192.168.12.2, 00:12:29, Serial0/0/0
O IA 192.168.34.0/24 [110/192] via 192.168.12.2, 00:12:29, Serial0/0/0
O*IA 0.0.0.0/0 [110/65] via 192.168.12.2, 00:12:29, Serial0/0/0
```

以上的输出表明 R2 重分布进来的环回接口的路由并没有在 R1 的路由表中出现，说明末节区域不接收类型 5 的 LSA，也就是外部路由；同时末节区域 1 的 ABR R2 自动向该区域内传播 0.0.0.0/0 的默认路由；末节区域可以接收区域间路由。

（2）在 R4 上查看路由表，显示如下：

```
R4#show ip route
Codes: C - connected, S - static, R - RIP, M - mobile, B - BGP
       D - EIGRP, EX - EIGRP external, O - OSPF, IA - OSPF inter area
       N1 - OSPF NSSA external type 1, N2 - OSPF NSSA external type 2
       E1 - OSPF external type 1, E2 - OSPF external type 2
       i - IS-IS, L1 - IS-IS level-1, L2 - IS-IS level-2, ia - IS-IS inter area
       * - candidate default, U - per-user static route, o - ODR
       P - periodic downloaded static route
Gateway of last resort is 192.168.34.3 to network 0.0.0.0
     4.0.0.0/24 is subnetted, 1 subnets
C       4.4.4.0 is directly connected, Loopback0
C    192.168.34.0/24 is directly connected, Serial0/0/0
O*IA 0.0.0.0/0 [110/65] via 192.168.34.3, 00:24:26, Serial0/0/0
```

以上输出表明在完全末节区域 2 中，R4 的路由表中除了直连和区域内路由，全部被默认路由代替，证明完全末节区域不接收外部路由和区域间路由，只有区域内的路由和一条由 ABR 向该区域注入的默认路由。

5.3.3 实验 4：OSPF NSSA 区域

1. 实验目的

通过本实验可以掌握：

（1）NSSA 的特征。

（2）NSSA 的配置。

（3）NSSA 产生默认路由的方法。

2. 实验拓扑

本实验的拓扑结构如图 5-5 所示。

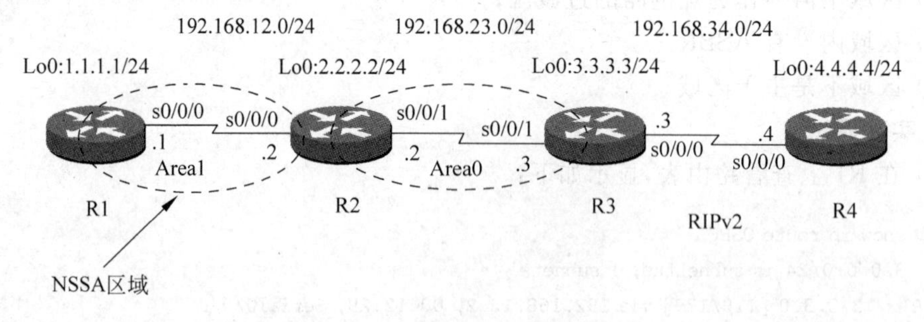

图 5-5 OSPF NSSA 区域配置

本实验在路由器 R1 上将环回接口 0 以重分布的方式注入 OSPF 区域，用来验证 5 类的 LSA 在 NSSA 区域的传递方式。

3. 实验步骤

步骤 1：配置路由器 R1。

```
R1(config)#router OSPF 1
R1(config-router)#router-id 1.1.1.1
```

```
R1(config-router)#network 192.168.12.0 255.255.255.0 area 1
R1(config-router)#redistribute connected subnets
R1(config-router)#area 1 nssa            //将区域 1 配置成 NSSA
```

步骤 2：配置路由器 R2。

```
R2(config)#router OSPF 1
R2(config-router)#router-id 2.2.2.2
R2(config-router)#network 192.168.12.0 255.255.255.0 area 1
R2(config-router)#network 192.168.23.0 255.255.255.0 area 0
R2(config-router)#network 2.2.2.0 255.255.255.0 area 0
R2(config-router)#area 1 nssa
```

步骤 3：配置路由器 R3。

```
R3(config)#router OSPF 1
R3(config-router)#router-id 3.3.3.3
R3(config-router)#network 3.3.3.0 0.0.0.255 area 0
R3(config-router)#network 192.168.23.0 0.0.0.255 area 0R3(config-router)#redistribute
rip subnets                                    //将 RIP 路由重分布到 OSPF 区域
R3(config)#router rip
R3(config-router)#version 2
R3(config-router)#no auto-summary
R3(config-router)#network 192.168.34.0
R3(config-router)#redistribute OSPF 1 metric 2
```

步骤 4：配置路由器 R4。

```
R4(config)#router rip
R4(config-router)#version 2
R4(config-router)#no auto-summary
R4(config-router)#network 4.0.0.0
R4(config-router)#network 192.168.34.0
```

4. 实验调试

(1) 在 R1 上查看路由表，显示如下：

```
R1#show ip route OSPF
     2.0.0.0/24 is subnetted, 1 subnets
O IA    2.2.2.0 [110/65] via 192.168.12.2, 00:06:11, Serial0/0/0
     3.0.0.0/24 is subnetted, 1 subnets
O IA    3.3.3.0 [110/129] via 192.168.12.2, 00:06:11, Serial0/0/0
O IA 192.168.23.0/24 [110/128] via 192.168.12.2, 00:06:11, Serial0/0/0
```

以上的输出表明区域间的路由是可以进入到 NSSA 区域的；但是在 R1 的路由表中并没有出现在 R3 上把 RIP 重分布进来的路由，因此说明 LSA 类型为 5 的外部路由不能在 NSSA 区域中传播，ABR 也没有能力把类型 5 的 LSA 转成类型 7 的 LSA。

【技术要点】 如果不想在 NSSA 区域中出现区域间的路由，则在 ABR 的路由器上配置 NSSA 区域时加上“no-summary”参数即可。这时 ABR 也会自动向 NSSA 区域注入一条“O IA”的默认路由，配置如下：

```
R2(config-router)#area 1 nssa no-summary
```

R1 的路由表如下：

```
R1#show ip route
Codes: C - connected, S - static, R - RIP, M - mobile, B - BGP
       D - EIGRP, EX - EIGRP external, O - OSPF, IA - OSPF inter area
       N1 - OSPF NSSA external type 1, N2 - OSPF NSSA external type 2
       E1 - OSPF external type 1, E2 - OSPF external type 2
       i - IS-IS, L1 - IS-IS level-1, L2 - IS-IS level-2, ia - IS-IS inter area
       * - candidate default, U - per-user static route, o - ODR
       P - periodic downloaded static route
Gateway of last resort is 192.168.12.2 to network 0.0.0.0
C      192.168.12.0/24 is directly connected, Serial0/0/0
       1.0.0.0/24 is subnetted, 1 subnetsC 1.1.1.0
             is directly connected, Loopback0
O*IA 0.0.0.0/0 [110/65] via 192.168.12.2, 00:00:32, Serial0/0/0
```

本实验中，如果在路由器 R2 配置 NSSA 时没有加“no-summary”参数，那么对路由器 R1 来讲，RIP 部分的路由是不可达的，为了解决此问题，在路由器 R2 上配置 NSSA 区域时加上“default-information-originate”参数即可，此时 ABR 路由器 R2 会向 NSSA 区域注入一条“O N2”的默认路由，配置如下：

```
R2(config-router)#area 1 nssa default-information-originate
R1#show ip route
Codes: C - connected, S - static, R - RIP, M - mobile, B - BGP
       D - EIGRP, EX - EIGRP external, O - OSPF, IA - OSPF inter area
       N1 - OSPF NSSA external type 1, N2 - OSPF NSSA external type 2
       E1 - OSPF external type 1, E2 - OSPF external type 2
       i - IS-IS, L1 - IS-IS level-1, L2 - IS-IS level-2, ia - IS-IS inter area
       * - candidate default, U - per-user static route, o - ODR
       P - periodic downloaded static route
Gateway of last resort is 192.168.12.2 to network 0.0.0.0
     2.0.0.0/24 is subnetted, 1 subnets
O IA    2.2.2.0 [110/65] via 192.168.12.2, 00:01:57, Serial0/0/0
     3.0.0.0/24 is subnetted, 1 subnets
O IA    3.3.3.0 [110/129] via 192.168.12.2, 00:01:57, Serial0/0/0
O IA 192.168.23.0/24 [110/128] via 192.168.12.2, 00:01:57, Serial0/0/0
O*N2 0.0.0.0/0 [110/1] via 192.168.12.2, 00:01:49, Serial0/0/0
```

如果在 R2 配置 NSSA 时“no-summary”参数和“default-information-originate”参数都加，如下所示：

```
R2(config-router)#area 1 nssa default-information-originate no-summary
```

则 R1 的路由表如下：

```
R1#show ip route
Codes: C - connected, S - static, R - RIP, M - mobile, B - BGP
       D - EIGRP, EX - EIGRP external, O - OSPF, IA - OSPF inter area
```

```
       N1 - OSPF NSSA external type 1, N2 - OSPF NSSA external type 2
       E1 - OSPF external type 1, E2 - OSPF external type 2
       i - IS-IS, L1 - IS-IS level-1, L2 - IS-IS level-2, ia - IS-IS inter area
       * - candidate default, U - per-user static route, o - ODR
       P - periodic downloaded static route

Gateway of last resort is 192.168.12.2 to network 0.0.0.0
C     192.168.12.0/24 is directly connected, Serial0/0/0
      1.0.0.0/24 is subnetted, 1 subnets
C        1.1.1.0 is directly connected, Loopback0
O* IA 0.0.0.0/0 [110/65] via 192.168.12.2, 00:00:20, Serial0/0/0
```

以上输出表明“O IA”的路由优于“O N2”的路由。

(2) 在 R2 上查看路由表,显示如下:

```
R2# show ip route OSPF

     1.0.0.0/24 is subnetted, 1 subnets
O N2     1.1.1.0 [110/20] via 192.168.12.1, 00:04:11, Serial0/0/0
     3.0.0.0/24 is subnetted, 1 subnets
O        3.3.3.0 [110/65] via 192.168.23.3, 00:04:11, Serial0/0/1
     4.0.0.0/24 is subnetted, 1 subnets
O E2     4.4.4.0 [110/20] via 192.168.23.3, 00:04:11, Serial0/0/1
O E2 192.168.34.0/24 [110/20] via 192.168.23.3, 00:04:11, Serial0/0/1
```

以上输出表明 NSSA 区域的路由代码为“O N2”或”O N1”。

(3) 在 R2 上查看拓扑表,显示如下:

```
R2# show ip OSPF database

            OSPF Router with ID (2.2.2.2) (Process ID 1)

                Router Link States (Area 0)
Link ID         ADV Router      Age         Seq#        Checksum Link count
2.2.2.2         2.2.2.2         89          0x80000014  0x004810 3
3.3.3.3         3.3.3.3         85          0x8000000C  0x005BFD 3
                Summary Net Link States (Area 0)
Link ID         ADV Router      Age         Seq#        Checksum
192.168.12.0    2.2.2.2         89          0x8000000A  0x0087EE
                Router Link States (Area 1)
Link ID         ADV Router      Age         Seq#        Checksum Link count
1.1.1.1         1.1.1.1         16          0x80000009  0x002D6B 2
2.2.2.2         2.2.2.2         89          0x80000010  0x00C1C9 2
                Summary Net Link States (Area 1)
Link ID         ADV Router      Age         Seq#        Checksum
0.0.0.0         2.2.2.2         419         0x80000001  0x00FC31
                Type-7 AS External Link States (Area 1)
Link ID         ADV Router      Age         Seq#        Checksum Tag
0.0.0.0         2.2.2.2         657         0x80000001  0x00B978 0
1.1.1.0         1.1.1.1         275         0x80000002  0x00E92E 0
```

```
                    Type - 5 AS External Link States

Link ID         ADV Router      Age         Seq#        Checksum Tag
1.1.1.0         2.2.2.2         90          0x80000002 0x0060BD 0
4.4.4.0         3.3.3.3         1863        0x80000001 0x00FC8B 0
192.168.34.0    3.3.3.3         87          0x80000002 0x0062A5 0
```

从输出结果中表明，路由器 R2 将类型 7 的 LSA 转换成类型 5 的 LSA；并且继续在网络上扩散到路由器 R3。

5.4 OSPF 虚链路

虚链路是指在两台 ABR 之间，穿过一个非骨干区域（也称为转换区域，Transit Area），建立的一条逻辑上的连接通道，可以理解为两台 ABR 之间存在一个点对点的连接。“逻辑通道”是指两台 ABR 之间的多台运行 OSPF 的路由器只是起到一个转发报文的作用（由于协议报文的目的地址不是这些路由器，所以这些报文对于它们是透明的，只是当作普通的 IP 报文来转发），两台 ABR 之间直接传递路由信息。这里的路由信息是指由 ABR 生成的 type3 的 LSA，区域内的路由器同步方式没有因此改变。

虚链路（Virtual-link）：由于网络的拓扑结构复杂，有时无法满足每个区域必须和骨干区域直接相连的要求，为解决此问题，OSPF 提出了虚链路的概念。

虚链路是设置在两个路由器之间，这两个路由器都有一个端口与同一个非主干区域相连。虚链路被认为是属于主干区域的，在 OSPF 路由协议看来，虚链路两端的两个路由器被一个点对点的链路连接在一起。在 OSPF 路由协议中，通过虚链路的路由信息是作为域内路由来看待的。

5.4.1 实验 5：不连续区域 0 的虚链路

1. 实验目的

通过本实验可以掌握：

（1）不连续区域 0 虚链路的特征。

（2）虚链路的配置。

2. 实验拓扑

本实验的拓扑结构如图 5-6 所示。

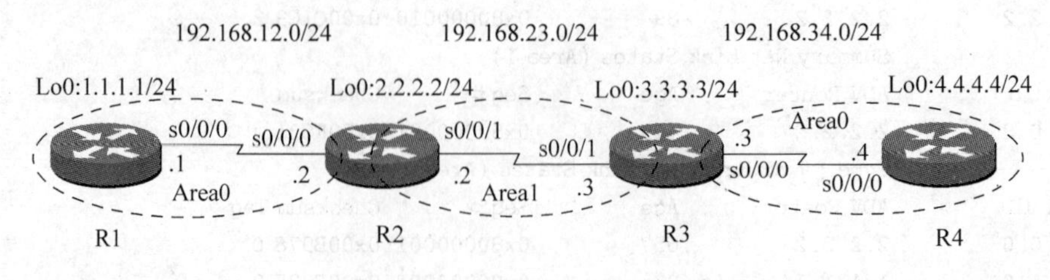

图 5-6　不连续区域 0 的虚链路

3. 实验步骤

步骤 1：配置路由器 R1。

```
R1(config)#router OSPF 1
R1(config-router)#router-id 1.1.1.1
R1(config-router)#network 1.1.1.0 0.0.0.255 area 0
R1(config-router)#network 192.168.12.0 0.0.0.255 area 0
```

步骤 2：配置路由器 R2。

```
R2(config)#router OSPF 1
R2(config-router)#router-id 2.2.2.2
R2(config-router)#network 2.2.2.0 0.0.0.255 area 0R2(config-router)#network 192.168.
12.0 0.0.0.255 area 0
R2(config-router)#network 192.168.23.0 0.0.0.255 area 1
R2(config-router)#area 1 virtual-link 3.3.3.3                    //配置虚链路
```

【技术要点】 配置虚链路的时候，“virtual-link”后一定要互指对方的路由器 ID。

步骤 3：配置路由器 R3。

```
R3(config)#router OSPF 1
R3(config-router)#router-id 3.3.3.3
R3(config-router)#network 3.3.3.0 0.0.0.255 area 0
R3(config-router)#network 192.168.23.0 0.0.0.255 area 1
R3(config-router)#network 192.168.34.0 0.0.0.255 area 0
R3(config-router)#area 1 virtual-link 2.2.2.2
```

步骤 4：配置路由器 R4。

```
R4(config)#router OSPF 1
R4(config-router)#router-id 4.4.4.4
R4(config-router)#network 4.4.4.0 0.0.0.255 area 0
R4(config-router)#network 192.168.34.0 0.0.0.255
```

4. 实验调试

(1) show ip route。

```
R1#show ip route OSPF
        2.0.0.0/24 is subnetted, 1 subnets
O           2.2.2.0 [110/65] via 192.168.12.2, 00:04:42, Serial0/0/0
        3.0.0.0/24 is subnetted, 1 subnets
O           3.3.3.0 [110/129] via 192.168.12.2, 00:04:42, Serial0/0/0
        4.0.0.0/32 is subnetted, 1 subnets
O           4.4.4.4 [110/193] via 192.168.12.2, 00:04:42, Serial0/0/0
O IA 192.168.23.0/24 [110/128] via 192.168.12.2, 00:04:42, Serial0/0/0
O     192.168.34.0/24 [110/192] via 192.168.12.2, 00:04:42, Serial0/0/0
```

从以上输出可以看出，通过虚链路将两个不连续的区域 0 连接起来。

(2) show ip OSPF virtual-links。

```
R2#show ip OSPF virtual-links
Virtual Link OSPF_VL0 to router 3.3.3.3 is up
```

```
Run as demand circuit
DoNotAge LSA allowed.
Transit area 1, via interface Serial0/0/1, Cost of using 64
Transmit Delay is 1 sec, State POINT_TO_POINT,
Timer intervals configured, Hello 10, Dead 40, Wait 40, Retransmit 5
  Hello due in 00:00:03
  Adjacency State FULL (Hello suppressed)
  Index 2/3, retransmission queue length 0, number of retransmission 1
  First 0x0(0)/0x0(0) Next 0x0(0)/0x0(0)Last retransmission scan length is 1, maximum is 1
  Last retransmission scan time is 0 msec, maximum is 0 msec
```

以上输出表明了虚链路的基本信息。

(3) show ip OSPF database。

```
R2#show ip OSPF database
            OSPF Router with ID (2.2.2.2) (Process
                        ID 1)

                Router Link States
                    (Area 0)

Link ID         ADV Router      Age         Seq#       Checksum Link count
1.1.1.1         1.1.1.1         668         0x80000003 0x00ABE6 3
2.2.2.2         2.2.2.2         537         0x80000007 0x00EEB6 4
3.3.3.3         3.3.3.3         1     (DNA) 0x80000014 0x00C591 4
4.4.4.4         4.4.4.4         6     (DNA) 0x80000003 0x00AB8E 3

                Summary Net Link States (Area 0)

Link ID         ADV Router      Age         Seq#       Checksum
192.168.23.0    2.2.2.2         608         0x80000001 0x002054
192.168.34.0    3.3.3.3         16    (DNA) 0x80000001 0x00026E

                Router Link States (Area 1)

Link ID         ADV Router      Age         Seq#       Checksum Link count
2.2.2.2         2.2.2.2         562         0x80000002 0x00ED95 2
3.3.3.3         3.3.3.3         553         0x80000003 0x008BF1 2
```

以上输出表明虚链路的路由被拉进区域0,并带有“(DNA)”标记,表示不老化。

5.4.2 实验6:远离区域0的虚链路

1. 实验目的

通过本实验可以掌握:

(1) 远离区域0虚链路的特征。

(2) 虚链路的配置。

2. 实验拓扑

本实验的拓扑结构如图5-7所示。

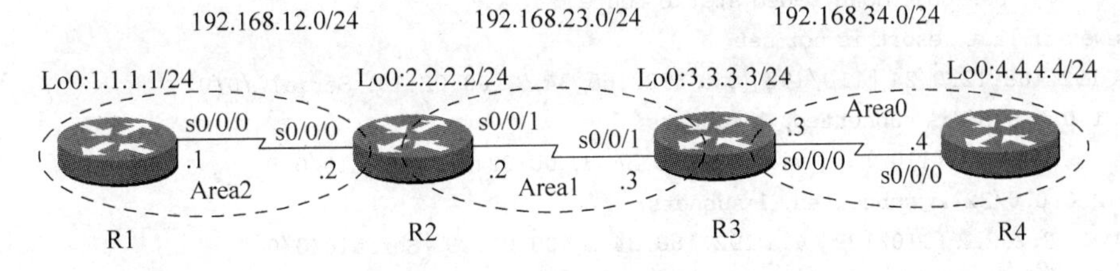

图 5-7 远离区域 0 虚链路

3. 实验步骤

步骤 1：配置路由器 R1。

```
R1(config)#router OSPF 1
R1(config-router)#router-id 1.1.1.1
R1(config-router)#network 1.1.1.0 0.0.0.255 area 2
R1(config-router)#network 192.168.12.0 0.0.0.255 area 2
```

步骤 2：配置路由器 R2。

```
R2(config)#router OSPF 1
R2(config-router)#router-id 2.2.2.2
R2(config-router)#network 2.2.2.0 0.0.0.255 area 1
R2(config-router)#network 192.168.12.0 0.0.0.255 area 2
R2(config-router)#network 192.168.23.0 0.0.0.255 area 1
R2(config-router)#area 1 virtual-link 3.3.3.3
```

步骤 3：配置路由器 R3。

```
R3(config)#router OSPF 1
R3(config-router)#router-id 3.3.3.3
R3(config-router)#network 3.3.3.0 0.0.0.255 area 0
R3(config-router)#network 192.168.23.0 0.0.0.255 area 1
R3(config-router)#network 192.168.34.0 0.0.0.255 area 0
R3(config-router)#area 1 virtual-link 2.2.2.2
```

步骤 4：配置路由器 R4。

```
R4(config)#router OSPF 1
R4(config-router)#router-id 4.4.4.4
R4(config-router)#network 4.4.4.0 0.0.0.255 area 0
R4(config-router)#network 192.168.34.0 0.0.0.255
```

4. 实验调试

在路由器 R4 上查看路由表：

```
R4#show ip route
Codes: C - connected, S - static, R - RIP, M - mobile, B - BGP
       D - EIGRP, EX - EIGRP external, O - OSPF, IA - OSPF inter area
       N1 - OSPF NSSA external type 1, N2 - OSPF NSSA external type 2
       E1 - OSPF external type 1, E2 - OSPF external type 2
       i - IS-IS, L1 - IS-IS level-1, L2 - IS-IS level-2, ia - IS-IS inter area
       * - candidate default, U - per-user static route, o - ODR
```

```
        P - periodic downloaded static route
Gateway of last resort is not set
O IA 192.168.12.0/24 [110/192] via 192.168.34.3, 00:02:19, Serial0/0/0
     1.0.0.0/32 is subnetted, 1 subnets
O IA     1.1.1.1 [110/193] via 192.168.34.3, 00:02:19, Serial0/0/0
     2.0.0.0/32 is subnetted, 1 subnets
O IA     2.2.2.2 [110/129] via 192.168.34.3, 00:02:19, Serial0/0/0
3.0.0.0/32 is subnetted, 1 subnets
O        3.3.3.3 [110/65] via 192.168.34.3, 00:02:19, Serial0/0/0
     4.0.0.0/24 is subnetted, 1 subnets
C        4.4.4.0 is directly connected, Loopback0
O IA 192.168.23.0/24 [110/128] via 192.168.34.3, 00:02:19, Serial0/0/0
C    192.168.34.0/24 is directly connected, Serial0/0/0
```

从 R4 的路由表的输出，可以看出路由器 R1 能够通过使用转接区域 1 的虚链路到达区域 0。

【技术要点】 虚链路属于区域 0，所以在进行区域 0 认证的时候，不要忘记虚链路的认证，例如如果区域 0 采用 MD5 认证，则在虚链路上配置如下：

```
R3(config-router)#area 1 virtual-link 2.2.2.2 message-digest-key 1 md5 cisco
```

5.5 OSPF 知识点总结

5.5.1 OSPF 的五个包

(1) Hello 报文包含如下信息：Router ID、区域 ID、认证类型、认证信息、网络掩码、接口的 Hello 间隔时间、可选项标记、路由器的优先级、接口的 dead 间隔时间、DR、BDR、路由器有效邻居的路由器 ID；

(2) DBD：数据库描述数据包(主要描述始发路由器数据库中的一些或者全部 LSA 信息)，主要包括接口的 MTU、主从位 MS、数据库描述序列号等)；

(3) LSR：链路状态请求数据包(查看收到的 LSA 是否在自己的数据库，或是更新的 LSA，如果是将向邻居发送请求)；

(4) LSU：链路状态更新数据包(用于 LSA 的泛洪扩散和发送 LSA 去响应链路状态请求数据包)；

(5) LSACK：链路状态确认数据包(用来进行 LSA 可靠的泛洪扩散，即对可靠包的确认)。

5.5.2 Hello 包作用及所包含的内容

(1) 发现邻居；

(2) 建立邻居关系；

(3) 维持邻居关系；

(4) 选举 DR、BDR；

(5) 确保双向通信。

Hello 包所包含的内容如下：

- 路由器 id。
- Hello&Dead 间隔 *。
- 区域 id *。
- 邻居。
- DR。
- BDR。
- 优先级。
- 验证 *。
- 末节区域 *。

注：① 标注“*”部分全部匹配才能建立邻居关系。

② 邻居关系为 FULL 状态，而邻接关系处于 2 way 状态。

5.5.3 Hello 时间间隔

(1) 在点对点网络与广播网络中为 10s；

(2) 在 NBMA 网络与点对多点网络中为 30s；

(3) 保持时间为 hello 时间的 4 倍；

(4) 虚电路传送的 LSA 为 DNA，时间抑制，永不老化。

5.5.4 OSPF 的组播地址

DR 将使用组播地址 224.0.0.5 泛洪扩散更新的数据包到 DRothers。

DRothers 使用组播地址 224.0.0.6 发送更新数据包。

组播的 MAC 地址分别为 0100.5E00.0005 和 0100.5E00.0006。

5.5.5 OSPF 的包头格式

版本	类型	长度	路由器 ID	区域 ID	验证和	验证类型	验证	数据
1byte	1	2	4	4	2	2	8	variance

5.5.6 OSPF 支持的验证类型

OSPF 支持明文和 MD5 认证，用 Sniffer 抓包看到明文验证的代码是“1”，MD5 验证的代码是“2”。

5.5.7 OSPF 支持的网络类型

(1) 广播。

(2) 非广播。

(3) 点对点(若 MTU 不匹配将停留在 EX-START 状态)。

(4) 点对多点。

(5) 虚电路(虚电路的网络类型是点对点)。

注：虚链路必须配置在 ABR 上，虚链路的配置使用的命令是 area transit-area-id virtual-link router-id，虚链路的 Metric 等同于所经过的全部链路开销之和。

5.5.8 DR /BDR 选举

DR 和 BDR 的选举是根据优先级来确定的，优先级（0～255；0 代表不参加选举；默认为 1）越大越有可能成为 DR，如果优先级相同，那么就根据 route-id 的大小来选举，越大越有可能成为 DR，次者为 BDR。

在 Point-to-Point，Point-to-Multipoint（广播与非广播）这两种网络类型不选取 DR 与 BDR；Broadcast，NBMA 选取 DR 与 BDR。

先启动 OSPF 进程的路由器会等待一段时间，这个时间内若没有启动其他路由的 OSPF 进程，则第一台路由就认为自己是 DR，之后再加进来的也不能再选举了，这个等待时间叫作 Wait Timer 计时器，Cisco 规定的 Wait Timer 是 40s。这个时间内启动的路由是参与选举的，所以在真实的工作环境中，在 40s 内大概只启动了两台，DR 会在前两台启动的路由中产生，工作一段时间以后，活的最久的路由最有可能成为 DR。

5.5.9 OSPF over FRAME-RELAY 的配置

(1) NBMA：在 HUB 上指定邻居；SPOKE 上设置优先级为 0。

(2) 点到点网络：接口模式下用 ip OSPF network point-to-point 来修改 OSPF 接口的模型。

(3) 点到多点网络：接口下配置命令 ip OSPF network point-to-multipoint。

5.5.10 按需电路配置

接口模式下用 ip OSPF demand-cricuit 进行配置。

5.5.11 孤立区域问题处理

孤立区域是指其他区域没有物理上和主区域 0 相连的区域，为了保证和主区域逻辑相连，可以通过以下办法解决。

(1) 虚电路（虚电路穿过的区域一定是标准区域，标准区域一定是全路由的）。

(2) 创建 tunnel 通道，通告到区域 0。

(3) 多进程双向重分发。即重新启动另外一个 OSPF 进程，在两个 OSPF 进程中通告不连续的网段，再双向发布 OSPF 进程。

注：如果中间间隔区域为 stub 区域，则只能用通道解决。

5.5.12 OSPF 分区域的原因

随着 OSPF 的主区域规模的不断扩大，会经常遇到如下的问题。

(1) 在大型网络中，网络结构的变化是时常发生的，因此 OSPF 路由器就会经常运行 SPF 算法来重新计算路由信息，大量消耗路由器的 CPU 和内存资源。

(2) 在 OSPF 网络中，随着多条路径的增加，路由表变得越来越庞大，每一次路径的改变都使路由器不得不花大量的时间和资源去重新计算路由表，路由器就会越来越低效。

(3) 包含完整网络结构信息的链路状态数据库也会越来越大，这将有可能使路由器 CPU 和内存资源彻底耗尽，从而导致路由器的崩溃。

为了解决以上问题，OSPF 允许把大型区域划分成多个更易管理的小型区域。这些小型区域可以交换路由汇总信息，而不是每一个路由的细节。

5.5.13 OSPF 的区域类型

标准区域：一个标准区域可以接收链路更新信息和路由总结。

主干区域：主干区域是连接各个区域的中心实体。主干区域始终是“区域 0”，所有其他的区域都要连接到这个区域上交换路由信息。主干区域拥有标准区域的所有性质。

存根区域：存根区域是不接受自治系统以外的路由信息的区域。如果需要自治系统以外的路由，它使用默认路由 0.0.0.0。

完全存根区域：它不接受外部自治系统的路由以及自治系统内其他区域的路由总结。需要发送到区域外的报文则使用默认路由 0.0.0.0。完全存根区域是 Cisco 自己定义的。

不完全存根区域：它类似于存根区域，但是允许接收以 LSA Type 7 发送的外部路由信息，并且要把 LSA Type 7 转换成 LSA Type 5。

5.5.14 LSA 的类型

(1) 类型 1：路由器链路信息。

内容包括路由器链路 Router-id、接口地址、接口网络、接口花费。

可使用 show OSPF database router 命令查看。

(2) 类型 2：网络链路信息。

由 DR 通告，如果是点对点的网络类型，则没有 LSA2。

(3) 类型 3 和类型 4：汇总链路(都是 ABR 通告)。

3 号通告 OSPF 区域间信息。

4 号通告 asbr 的 router-id 信息(通告 nssa 区域的 abr)。

(4) 类型 5：通告外部路由。

(5) 类型 7：nssa 区域外部路由。

(6) 类型 11：用于打标签。

(7) 其他类型代码及描述见表 5-2。

表 5-2 LSA 类型代码

类型代码	类 型 名 称	描 述
1	路由器 LSA	每台路由器都会产生，在区域内泛洪
2	网络 LSA	DR 产生，在区域内泛洪
3	网络汇总 LSA	ABR 始发，在整个 OSPF 域中泛洪
4	ASBR 汇总 LSA	ABR 始发，在整个 OSPF 域中泛洪
5	AS 外部 LSA	ASBR 始发，在整个 OSPF 域中泛洪
6	组成员 LSA	标识 OSPF 组播中的组成员，不做讨论
7	NSSA 外部 LSA	ASBR 始发，
8	外部属性 LSA	没有实现
9	Opaque LSA(本地链路范围)	用于 MPLS 流量工程，不做讨论
10	Opaque LSA(本地区域范围)	
11	Opaque LSA(AS 范围)	

5.5.15 OSPF 邻居建立过程

(1) down：双方没有进行任何交互活动。

(2) init：收到对方的 hello 包，但是还没收到含有自己 RID 的 hello 包，即对方没有收到自己的 hello 包。

(3) 2 way：两个 OSPF 路由器都从对端发来的 hello 包中发现自己的 RID。建立邻居关系。

(4) exstart：交换 DBD，确立主从关系（多路访问 Router-id 高为主，低为从，串行接口下接口地址大的为主）。

(5) exchange：交换状态。DRother 和 DR 开始交换数据。主先发送 LSDB 报文，此报文只是一个 index（如同一本书的目录），不包含实际的路由数据；从也发送报文，发送主没有的信息。

(6) loading：装入状态。从 DD 报文中查看那个是自己需要的路由数据，发送 LSR 请求发送数据，对端发送 LSU，此报文包含所需的全部数据。

(7) full：收到 LSU 报文后发送确认，完成充满状态。

5.5.16 当路由器收到 LSA 之后的处理过程

(1) 当路由器收到 LSA 后，如果链路状态数据库有这样的 LSA，再查看序列号，如果序列号相同，忽略这条 LSA；如果序列号偏大，将其转到数据库，并进行 SPF，更新路由表；如果序列号偏小，则将一个包含自己的 LSA 新信息发送给发送方。

(2) 如果链路状态数据库中没有该 LSA，将其加到数据库中，并发一个 ACK 返回，运行 SPF，更新路由表。

5.5.17 其他

(1) 当一个路由器既是 ABR 又是 ASBR 时，为了不让巨量外部路由分发进 nssa 区域使用命令：

```
area 1 nssa no - redistribution default - information originate
```

(2) 配置命令 show ip OSPF database router 用来查询拓扑。

(3) 一个路由器在理论上支持 65 535 个 OSPF 进程，在实际环境中一个路由器可支持的 OSPF 进程数量与其可用物理接口数量相等。

5.5.18 OSPF 汇总

在 OSPF 骨干区域中，一个区域的所有地址都会被通告进来。但是如果某个子网忽好忽坏不稳定，那么在它每次改变状态的时候，都会引起 LSA 在整个网络中泛洪。为了解决这个问题，可以对网络地址进行汇总。

Cisco 路由器的汇总有两种类型：区域汇总和外部路由汇总。区域汇总就是区域之间的地址汇总，一般配置在 ABR 上；外部路由汇总就是一组外部路由通过重发布进入 OSPF 中，将这些外部路由进行汇总。一般配置在 ASBR 上。

区域汇总命令为:

```
area area - id range ip-address mask
```

外部路由汇总命令为:

```
summary - address ip - address mask
```

5.5.19 OSPF 实验知识总结

下面设计两个实验,将前面的 OSPF 的几个知识点联系起来。

1. 实验一

用一个实验总结一下 OSPF over 帧中继的时候,OSPF 几种网络类型的差别,如图 5-8 所示。实验结果如表 5-3 所示。

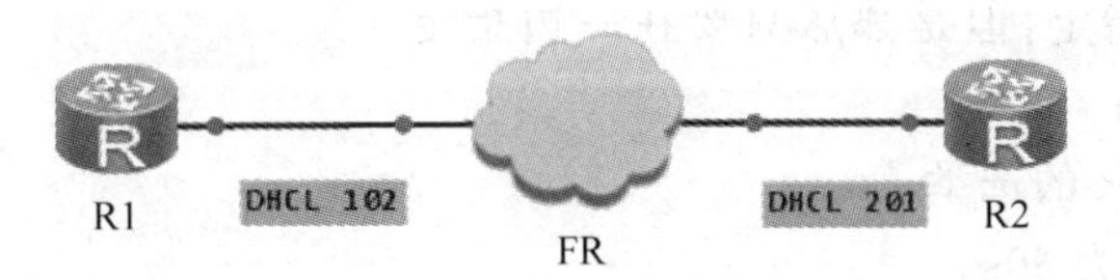

图 5-8 帧中继连接图

表 5-3 实验一的实验结果

网络类型	邻居自动发现	有无 DR 选举	Hello 间隔	传输方式
默认	否	有	30s	单播
Broadcast	是	有	10s	组播
Point-to-Point	是	无	10s	组播
Point-to-Multipoint	是	无	30s	组播
Point-to-Multipoint(非广播)	否,单边指定即可	无	30s	单播

封装好 FR,DEBUG 可以看到如下几种情况。

情况一:两边开启 OSPF 进程,其他全部默认。

这种情况下需要手动配置邻居。

```
R2(config)#router OSPF 10
R2(config - router)#neighbor 12.1.1.3
```

选举了 DR、BDR。

hello 的间隔是 30s。

OSPF 的数据包是单播传送的。

情况二:两边的网络类型改为 Broadcast(在命令接口下,输入 ip OSPF network broadcast)。

这种网络类型下不需要手动配置邻居关系。

有 DR 与 BDR 的选举。

Hello 时间间隔为 10s。

使用 224.0.0.5 这个组播地址传送数据包。

情况三:网络类型改为 Point-to-Point(在命令接口下,输入 ip OSPF net point-to-point)。

不需要手动指定邻居。

没有 DR、BDR 的选举。

Hello 时间间隔为 10s。

使用 224.0.0.5 这个组播地址传送数据。

情况四：Point-to-Multipoint(在命令接口下，输入 ip OSPF network point-to-multipoint)。

不需要手动指定邻居。

没有 DR 和 BDR 的选举。

Hello 时间间隔为 30s。

以 224.0.0.5 这个组播地址发送数据。

情况五：非广播的 Point-to-Multipoint(在命令接口下，输入 ip OSPF network point-to-multipoint non-broadcast)。

邻居需要手动指定，但是邻居只要在一边指定即可。

没有 DR 和 BDR 的选举。

Hello 时间间隔为 30s。

使用单播传送 OSPF 数据。

2. 实验二

OSPF 的认证操作如图 5-9 所示。

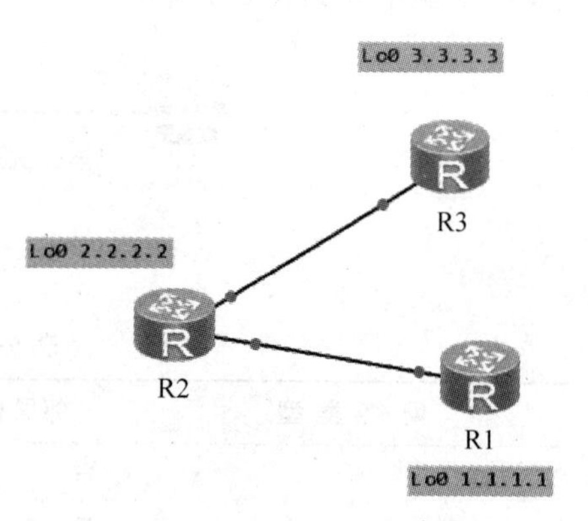

图 5-9 OSPF 认证拓扑图

OSPF 的认证有两种类型(不验证也算的话是 3 种)，使用 debug 可以看到 type0 表示无认证，type1 表示明文认证，type2 表示 MD5 认证。明文认证发送密码进行认证，而 MD5 认证发送的是报文摘要。

OSPF 的认证可以在链路上进行，也可以在整个区域内进行认证。另外虚链路同样也可以进行认证。

同样也是分情况来讨论。

情况一：R1 和 R2 明文验证

```
R1(config)#int s1/0
R1(config-if)#ip OSPF authentication(启用认证)
R1(config-if)#ip OSPF authentication-key cisco(配置密码)
```

若不配置 R2，通过 debug 工具可以看到如下信息：

```
*Aug 15 22:51:54.275: OSPF: Rcv pkt from 10.1.1.2, Serial1/0 : Mismatch Authentication type.
Input packet specified type 0, we use type 1
```

这里的 type0 是指对方没有启用认证，type1 是明文认证。

在 R2 上配置认证，使得邻居关系恢复。

```
R2(config)#int s1/0
R2(config-if)#ip OSPF authentication
R2(config-if)#ip OSPF authentication-key cisco
*Aug 15 22:54:55.815: %OSPF-5-ADJCHG: Process 10, Nbr 1.1.1.1 on Serial1/0 from LOADING
to FULL, Loading Done
```

情况二：在 R2 和 R3 的串行链路上进行 MD5 认证的。

```
R2(config)#int s1/1
R2(config-if)#ip OSPF authentication message-digest(定义认证类型为 MD5)
R2(config-if)#ip OSPF message-digest-key 1 md5 cisco(定义 key 和密码)
R3(config)#int s1/0
R3(config-if)#ip OSPF authentication message-digest
R3(config-if)#ip OSPF message-digest-key 1 md5 cisco
```

情况三：增加 R2 和 R3 上串行链路的 MD5 认证的密码。

在 R2 原有的配置上加上下面的命令：

```
R2(config-if)#ip OSPF message-digest-key 2 md5 openlab
R2#sho ip OSPF neighbor

Neighbor ID     Pri   State        Dead Time   Address      Interface
3.3.3.3         0     FULL/  -     -           11.1.1.2     OSPF_VL0
1.1.1.1         1     FULL/BDR     00:00:34    21.1.1.1     FastEthernet0/0
1.1.1.1         0     FULL/  -     00:00:37    10.1.1.1     Serial1/0
3.3.3.3         0     FULL/  -     00:00:31    11.1.1.2     Serial1/1
```

邻居关系没有丢失。

增加新的密码钥匙，然后再将原来的密码删除，其邻居关系不受影响。

情况四：在 Area0 上进行区域认证。

```
R1(config)#router OSPF 10
R1(config-router)#area 0 authentication
```

还没有写下一步，就是刚启用，还没设置密码，邻居就 down 掉了。

同样，在 R2 上启用一下，邻居就恢复了。

或者都设置相同的密码也可以。

情况五：在 Area0 上进行区域认证的情况。

R2#clear ip OSPF pro 清进程，A2 区域的学不到邻居信息了。R3 是通过虚链路连接到骨干区域的。因为 virtual-link 属于 Area0，因此在 R2 配置完成 Area0 区域认证后，R3 也需要相应的配置。

```
R3(config)#router OSPF 10
R3(config-router)#area 0 authentication
```

情况六：单纯的虚链路的认证。

明文认证，MD5 认证。配置命令如下：

明文：

```
R2(config-router)#area 1 virtual-link 3.3.3.3 authentication-key cisco
R3(config-router)#area 1 virtual-link 2.2.2.2 authentication-key cisco
```

MD5：

```
R2(config-router)#area 1 virtual-link 3.3.3.3 authentication message-digest
```

```
R2(config-router)#area 1 virtual-link 3.3.3.3 message-digest-key 1 md5 cisco
R3(config-router)#area 1 virtual-link 2.2.2.2 authentication message-digest
R3(config-router)#area 1 virtual-link 2.2.2.2 message-digest-key 1 md5 cisco
```

另外通过实验知道虚链路在建立起来后是 DNA LSA(不老化 LSA),所以如果没有重启 OSPF 进程,即使一端配置了认证,虚链路也是不会断开的。

图 5-10~图 5-12 为一般情况下,OSPF 几个数据包的截图。

```
DLC:  ----- DLC Header -----
  DLC:
  DLC:  Frame 1 arrived at  00:28:13.3679; frame size is 94 (005E hex) bytes.
  DLC:  Destination = Multicast 01005E000005
  DLC:  Source      = Station CC000D140000
  DLC:  Ethertype   = 0800 (IP)
  DLC:
IP: ----- IP Header -----
  IP:
  IP: Version = 4, header length = 20 bytes
  IP: Type of service = C0
  IP:       110. ....   = internetwork control
  IP:       ...0 .... = normal delay
  IP:       .... 0... = normal throughput
  IP:       .... .0.. = normal reliability
  IP:       .... ..0. = ECT bit - transport protocol will ignore the CE bit
  IP:       .... ...0 = CE bit - no congestion
  IP: Total length     = 80 bytes
  IP: Identification   = 176
  IP: Flags            = 0X
  IP:       .0.. .... = may fragment
  IP:       ..0. .... = last fragment
  IP: Fragment offset  = 0 bytes
  IP: Time to live     = 1 seconds/hops
  IP: Protocol         = 89 (OSPFIGP)
  IP: Header checksum  = 21DE (correct)
  IP: Source address       = [170.1.12.1]
  IP: Destination address  = [224.0.0.5]
  IP: No options
  IP:
OSPF: ----- OSPF Header -----
  OSPF:
  OSPF: Version = 2,   Type = 1 (Hello),   Length = 48
  OSPF: Router ID          = [1.1.1.1]
  OSPF: Area ID            = [0.0.0.0]
  OSPF: Header checksum = 7A8D (correct)
  OSPF: Authentication: Type = 1 (Simple Password),   Value = cisco
  OSPF:
  OSPF: Network mask                 = [255.255.255.0]
  OSPF: Hello interval               = 10 (seconds)
  OSPF: Optional capabilities        = 12
  OSPF:                    .0.. .... = Opaque-LSAs not forwarded
  OSPF:                    ..0. .... = Demand Circuit bit
  OSPF:                    ...1 .... = External Attributes bit
  OSPF:                    .... 0... = no NSSA capability
  OSPF:                    .... .0.. = no multicast capability
  OSPF:                    .... ..1. = external routing capability
  OSPF:                    .... ...0 = no Type of Service routing capability
  OSPF: Router priority              = 1
  OSPF: Router dead interval         = 40 (seconds)
  OSPF: Designated router            = [170.1.12.2]
  OSPF: Backup designated router     = [170.1.12.1]
  OSPF: Neighbor (1)                 = [2.2.2.2]
  OSPF:
```

图 5-10 OSPF Hello 包

```
DLC:  ----- DLC Header -----
  DLC:
  DLC:  Frame 5 arrived at  00:28:17.8762; frame size is 122 (007A hex) bytes.
  DLC:  Destination = Multicast 01005E000005
  DLC:  Source      = Station CC000D140000
  DLC:  Ethertype   = 0800 (IP)
  DLC:
IP: ----- IP Header -----
  IP:
  IP: Version = 4, header length = 20 bytes
  IP: Type of service = C0
  IP:       110. ....   = internetwork control
  IP:          ...0 .... = normal delay
  IP:          .... 0... = normal throughput
  IP:          .... .0.. = normal reliability
  IP:          .... ..0. = ECT bit - transport protocol will ignore the CE bit
  IP:          .... ...0 = CE bit - no congestion
  IP: Total length     = 108 bytes
  IP: Identification   = 177
  IP: Flags            = 0X
  IP:       .0.. .... = may fragment
  IP:       ..0. .... = last fragment
  IP: Fragment offset = 0 bytes
  IP: Time to live     = 1 seconds/hops
  IP: Protocol         = 89 (OSPFIGP)
  IP: Header checksum = 21C1 (correct)
  IP: Source address       = [170.1.12.1]
  IP: Destination address = [224.0.0.5]
  IP: No options
  IP:
OSPF: ----- OSPF Header -----
  OSPF:
  OSPF: Version = 2,   Type = 4 (Link State Update),   Length = 88
  OSPF: Router ID        = [1.1.1.1]
  OSPF: Area ID          = [0.0.0.0]
  OSPF: Header checksum = 8317 (correct)
  OSPF: Authentication: Type = 1 (Simple Password),   Value = cisco
  OSPF:
  OSPF: Number of Advertisements = 1
  OSPF: Link State Advertisment # 1
  OSPF: Link state age           = 1 (seconds)
  OSPF: Optional capabilities = 22
  OSPF:              .0.. .... = Opaque-LSAs not forwarded
  OSPF:              ..1. .... = Demand Circuit bit
  OSPF:              ...0 .... = External Attributes bit
  OSPF:              .... 0... = no NSSA capability
  OSPF:              .... .0.. = no multicast capability
  OSPF:              .... ..1. = external routing capability
  OSPF:              .... ...0 = no Type of Service routing capability
  OSPF: Link state type          = 1 (Router links)
  OSPF: Link state ID            = [1.1.1.1]
  OSPF: Advertising Router       = [1.1.1.1]
  OSPF: Sequence number          = 2147483656,   Checksum = 5629
  OSPF: Length                   = 60
  OSPF: Router type flags          = 00
  OSPF:                .... 0... = Not a wild-card multicast receiver
  OSPF:                .... .0.. = Not endpoint of active virtual link
  OSPF:                .... ..0. = Non AS boundary router
  OSPF:                .... ...0 = Non Area border router
  OSPF: Reserved                   = 0
  OSPF: Number of router links = 3
  OSPF:   Link ID                  = [3.3.3.3] (IP network/subnet number)
  OSPF:   Link Data                = [255.255.255.255]
  OSPF:   Link type                = 3 (Connection to a stub network)
  OSPF:   Number of TOS metrics = 0,   TOS 0 metric = 1
  OSPF:
  OSPF:   Link ID                  = [170.1.12.2] (IP address of Designated Router)
  OSPF:   Link Data                = [170.1.12.1]
  OSPF:   Link type                = 2 (Connection to a transit network)
  OSPF:   Number of TOS metrics = 0,   TOS 0 metric = 1
```

图 5-11 OSPF LSU 包

```
DLC:  ----- DLC Header -----
  DLC:
  DLC:  Frame 7 arrived at  00:28:20.4876; frame size is 78 (004E hex) bytes.
  DLC:  Destination = Multicast 01005E000005
  DLC:  Source      = Station CC000DF80000
  DLC:  Ethertype   = 0800 (IP)
  DLC:
IP: ----- IP Header -----
  IP:
  IP: Version = 4, header length = 20 bytes
  IP: Type of service = C0
  IP:       110. ....   = internetwork control
  IP:       ...0 ....  = normal delay
  IP:       .... 0...  = normal throughput
  IP:       .... .0..  = normal reliability
  IP:       .... ..0.  = ECT bit - transport protocol will ignore the CE bit
  IP:       .... ...0  = CE bit - no congestion
  IP: Total length      = 64 bytes
  IP: Identification    = 139
  IP: Flags             = 0X
  IP:       .0.. ....   = may fragment
  IP:       ..0. ....   = last fragment
  IP: Fragment offset   = 0 bytes
  IP: Time to live      = 1 seconds/hops
  IP: Protocol          = 89 (OSPFIGP)
  IP: Header checksum = 2212 (correct)
  IP: Source address       = [170.1.12.2]
  IP: Destination address = [224.0.0.5]
  IP: No options
  IP:
OSPF: ----- OSPF Header -----
  OSPF:
  OSPF: Version = 2,   Type = 5 (Link State Acknowledgment),   Length = 44
  OSPF: Router ID          = [2.2.2.2]
  OSPF: Area ID            = [0.0.0.0]
  OSPF: Header checksum = FD55 (correct)
  OSPF: Authentication: Type = 1 (Simple Password),   Value = cisco
  OSPF:
  OSPF: Link State Advertisement Header # 1
  OSPF: Link state age          = 1 (seconds)
  OSPF: Optional capabilities = 22
  OSPF:               .0.. .... = Opaque-LSAs not forwarded
  OSPF:               ..1. .... = Demand Circuit bit
  OSPF:               ...0 .... = External Attributes bit
  OSPF:               .... 0... = no NSSA capability
  OSPF:               .... .0.. = no multicast capability
  OSPF:               .... ..1. = external routing capability
  OSPF:               .... ...0 = no Type of Service routing capability
  OSPF: Link state type         = 1 (Router links)
  OSPF: Link state ID           = [1.1.1.1]
  OSPF: Advertising Router      = [1.1.1.1]
  OSPF: Sequence number         = 2147483656,   Checksum = 5629
  OSPF: Length                  = 60
```

图 5-12　OSPF LSACK 包

图 5-13～图 5-17 为明文验证情况下的 OSPF 几个数据包的截图。

```
DLC: ----- DLC Header -----
  DLC:
  DLC:  Frame 3 arrived at  00:23:43.1471; frame size is 90 (005A hex) bytes.
  DLC:  Destination = Multicast 01005E000005
  DLC:  Source      = Station CC000DF80000
  DLC:  Ethertype   = 0800 (IP)
  DLC:
IP: ----- IP Header -----
  IP:
  IP: Version = 4, header length = 20 bytes
  IP: Type of service = C0
  IP:       110. ....   = internetwork control
  IP:       ...0 .... = normal delay
  IP:       .... 0... = normal throughput
  IP:       .... .0.. = normal reliability
  IP:       .... ..0. = ECT bit - transport protocol will ignore the CE bit
  IP:       .... ...0 = CE bit - no congestion
  IP: Total length     = 76 bytes
  IP: Identification   = 101
  IP: Flags            = 0X
  IP:       .0.. .... = may fragment
  IP:       ..0. .... = last fragment
  IP: Fragment offset = 0 bytes
  IP: Time to live     = 1 seconds/hops
  IP: Protocol         = 89 (OSPFIGP)
  IP: Header checksum = 222C (correct)
  IP: Source address       = [170.1.12.2]
  IP: Destination address = [224.0.0.5]
  IP: No options
  IP:
OSPF: ----- OSPF Header -----
  OSPF:
  OSPF: Version = 2,   Type = 1 (Hello),    Length = 44
  OSPF: Router ID        = [2.2.2.2]
  OSPF: Area ID          = [0.0.0.0]
  OSPF: Header checksum = 3296 (correct)
  OSPF: Authentication: Type = 1 (Simple Password),   Value = cisco
  OSPF:
  OSPF: Network mask               = [255.255.255.0]
  OSPF: Hello interval             = 10 (seconds)
  OSPF: Optional capabilities      = 12
  OSPF:                 .0.. .... = Opaque-LSAs not forwarded
  OSPF:                 ..0. .... = Demand Circuit bit
  OSPF:                 ...1 .... = External Attributes bit
  OSPF:                 .... 0... = no NSSA capability
  OSPF:                 .... .0.. = no multicast capability
  OSPF:                 .... ..1. = external routing capability
  OSPF:                 .... ...0 = no Type of Service routing capability
  OSPF: Router priority            = 1
  OSPF: Router dead interval       = 40 (seconds)
  OSPF: Designated router          = [170.1.12.2]
  OSPF: Backup designated router = [0.0.0.0]
  OSPF:
```

图 5-13 OSPF 明文验证下的 Hello 包

```
DLC:  ----- DLC Header -----
  DLC:
  DLC:  Frame 19 arrived at  00:23:52.1308; frame size is 78 (004E hex) bytes.
  DLC:  Destination = Station CC000DF80000
  DLC:  Source      = Station CC000D140000
  DLC:  Ethertype   = 0800 (IP)
  DLC:
IP: ----- IP Header -----
  IP:
  IP: Version = 4, header length = 20 bytes
  IP: Type of service = C0
  IP:       110. ....   = internetwork control
  IP:       ...0 .... = normal delay
  IP:       .... 0... = normal throughput
  IP:       .... .0.. = normal reliability
  IP:       .... ..0. = ECT bit - transport protocol will ignore the CE bit
  IP:       .... ...0 = CE bit - no congestion
  IP: Total length      = 64 bytes
  IP: Identification    = 144
  IP: Flags             = 0X
  IP:       .0.. .... = may fragment
  IP:       ..0. .... = last fragment
  IP: Fragment offset = 0 bytes
  IP: Time to live    = 1 seconds/hops
  IP: Protocol        = 89 (OSPFIGP)
  IP: Header checksum = 4C10 (correct)
  IP: Source address       = [170.1.12.1]
  IP: Destination address = [170.1.12.2]
  IP: No options
  IP:
OSPF: ----- OSPF Header -----
  OSPF:
  OSPF: Version = 2,   Type = 2 (Database Description),   Length = 32
  OSPF: Router ID        = [1.1.1.1]
  OSPF: Area ID          = [0.0.0.0]
  OSPF: Header checksum = A009 (correct)
  OSPF: Authentication: Type = 1 (Simple Password),   Value = cisco
  OSPF:
  OSPF: Reserved                  = 56325 (should be 0)
  OSPF: Optional capabilities     = 52
  OSPF:                 .1.. .... = Opaque-LSAs forwarded
  OSPF:                 ..0. .... = Demand Circuit bit
  OSPF:                 ...1 .... = External Attributes bit
  OSPF:                 .... 0... = no NSSA capability
  OSPF:                 .... .0.. = no multicast capability
  OSPF:                 .... ..1. = external routing capability
  OSPF:                 .... ...0 = no Type of Service routing capability
  OSPF: Flags = 00
  OSPF: .... .0.. = Not init
  OSPF: .... ..0. = No more
  OSPF: .... ...0 = Slave
  OSPF: Sequence number = 1013
  OSPF:
```

图 5-14 OSPF 明文验证下的 DBD 包

```
DLC:  ----- DLC Header -----
  DLC:
  DLC:  Frame 23 arrived at  00:23:52.2695; frame size is 82 (0052 hex) bytes.
  DLC:  Destination = Station CC000D140000
  DLC:  Source      = Station CC000DF80000
  DLC:  Ethertype   = 0800 (IP)
  DLC:
IP: ----- IP Header -----
  IP:
  IP: Version = 4, header length = 20 bytes
  IP: Type of service = C0
  IP:       110. ....   = internetwork control
  IP:       ...0 .... = normal delay
  IP:       .... 0... = normal throughput
  IP:       .... .0.. = normal reliability
  IP:       .... ..0. = ECT bit - transport protocol will ignore the CE bit
  IP:       .... ...0 = CE bit - no congestion
  IP: Total length    = 68 bytes
  IP: Identification  = 106
  IP: Flags           = 0X
  IP:       .0.. .... = may fragment
  IP:       ..0. .... = last fragment
  IP: Fragment offset = 0 bytes
  IP: Time to live    = 1 seconds/hops
  IP: Protocol        = 89 (OSPFIGP)
  IP: Header checksum = 4C32 (correct)
  IP: Source address      = [170.1.12.2]
  IP: Destination address = [170.1.12.1]
  IP: No options
  IP:
OSPF: ----- OSPF Header -----
  OSPF:
  OSPF: Version = 2,   Type = 3 (Link State Request),   Length = 48
  OSPF: Router ID        = [2.2.2.2]
  OSPF: Area ID          = [0.0.0.0]
  OSPF: Header checksum = 3BB9 (correct)
  OSPF: Authentication: Type = 1 (Simple Password),   Value = cisco
  OSPF:
  OSPF: Link State Advertisement # 1
  OSPF: Link State type      = 1 (Router links)
  OSPF: Link State ID        = [1.1.1.1]
  OSPF: Advertising Router = [1.1.1.1]
  OSPF:
  OSPF: Link State Advertisement # 2
  OSPF: Link State type      = 2 (Network links)
  OSPF: Link State ID        = [170.1.12.2]
  OSPF: Advertising Router = [2.2.2.2]
  OSPF:
```

图 5-15 OSPF 明文验证下的 LSR 包

```
DLC:  Source        = Station CC000DF80000
DLC:  Ethertype     = 0800 (IP)
DLC:
IP: ----- IP Header -----
IP:
IP: Version = 4, header length = 20 bytes
IP: Type of service = C0
IP:       110. ....   = internetwork control
IP:       ...0 .... = normal delay
IP:       .... 0... = normal throughput
IP:       .... .0.. = normal reliability
IP:       .... ..0. = ECT bit - transport protocol will ignore the CE bit
IP:       .... ...0 = CE bit - no congestion
IP: Total length     = 80 bytes
IP: Identification   = 108
IP: Flags            = 0X
IP:       .0.. .... = may fragment
IP:       ..0. .... = last fragment
IP: Fragment offset = 0 bytes
IP: Time to live     = 1 seconds/hops
IP: Protocol         = 89 (OSPFIGP)
IP: Header checksum = 2221 (correct)
IP: Source address       = [170.1.12.2]
IP: Destination address = [224.0.0.5]
IP: No options
IP:
OSPF: ------ OSPF Header ------
OSPF:
OSPF: Version = 2,   Type = 4 (Link State Update),   Length = 60
OSPF: Router ID         = [2.2.2.2]
OSPF: Area ID           = [0.0.0.0]
OSPF: Header checksum = 0194 (correct)
OSPF: Authentication: Type = 1 (Simple Password),   Value = cisco
OSPF:
OSPF: Number of Advertisements = 1
OSPF: Link State Advertisment # 1
OSPF: Link state age            = 3600 (seconds)
OSPF: Optional capabilities = 22
OSPF:                .0.. .... = Opaque-LSAs not forwarded
OSPF:                ..1. .... = Demand Circuit bit
OSPF:                ...0 .... = External Attributes bit
OSPF:                .... 0... = no NSSA capability
OSPF:                .... .0.. = no multicast capability
OSPF:                .... ..1. = external routing capability
OSPF:                .... ...0 = no Type of Service routing capability
OSPF: Link state type           = 2 (Network links)
OSPF: Link state ID             = [170.1.12.2]
OSPF: Advertising Router        = [2.2.2.2]
OSPF: Sequence number           = 2147483650,   Checksum = 88E2
OSPF: Length                    = 32
OSPF: Network mask                  = [255.255.255.0]
OSPF: Attached router (1)           = [2.2.2.2]
OSPF: Attached router (2)           = [1.1.1.1]
```

图 5-16　OSPF 明文验证下的 LSU 包

```
DLC:
DLC:  Frame 47 arrived at  00:23:59.9201; frame size is 78 (004E hex) bytes.
DLC:  Destination = Multicast 01005E000005
DLC:  Source      = Station CC000D140000
DLC:  Ethertype   = 0800 (IP)
DLC:
IP: ----- IP Header -----
 IP:
 IP: Version = 4, header length = 20 bytes
 IP: Type of service = C0
 IP:       110. ....   = internetwork control
 IP:       ...0 .... = normal delay
 IP:       .... 0... = normal throughput
 IP:       .... .0.. = normal reliability
 IP:       .... ..0. = ECT bit - transport protocol will ignore the CE bit
 IP:       .... ...0 = CE bit - no congestion
 IP: Total length    = 64 bytes
 IP: Identification  = 150
 IP: Flags           = 0X
 IP:       .0.. .... = may fragment
 IP:       ..0. .... = last fragment
 IP: Fragment offset = 0 bytes
 IP: Time to live    = 1 seconds/hops
 IP: Protocol        = 89 (OSPFIGP)
 IP: Header checksum = 2208 (correct)
 IP: Source address      = [170.1.12.1]
 IP: Destination address = [224.0.0.5]
 IP: No options
 IP:
OSPF: ----- OSPF Header -----
 OSPF:
 OSPF: Version = 2,   Type = 5 (Link State Acknowledgment),  Length = 44
 OSPF: Router ID        = [1.1.1.1]
 OSPF: Area ID          = [0.0.0.0]
 OSPF: Header checksum = 18BA (correct)
 OSPF: Authentication: Type = 1 (Simple Password),   Value = cisco
 OSPF:
 OSPF: Link State Advertisement Header # 1
 OSPF: Link state age           = 1 (seconds)
 OSPF: Optional capabilities = 22
 OSPF:                .0.. .... = Opaque-LSAs not forwarded
 OSPF:                ..1. .... = Demand Circuit bit
 OSPF:                ...0 .... = External Attributes bit
 OSPF:                .... 0... = no NSSA capability
 OSPF:                .... .0.. = no multicast capability
 OSPF:                .... ..1. = external routing capability
 OSPF:                .... ...0 = no Type of Service routing capability
 OSPF: Link state type          = 2 (Network links)
 OSPF: Link state ID            = [170.1.12.2]
 OSPF: Advertising Router       = [2.2.2.2]
 OSPF: Sequence number          = 2147483651,   Checksum = 86E3
 OSPF: Length                   = 32
 OSPF:
```

图 5-17　OSPF 明文验证下的 LSACK 包

图 5-18～图 5-22 为 MD5 加密认证情况下的 OSPF 几个数据包的截图。

```
DLC:  ----- DLC Header -----
  DLC:
  DLC:  Frame 3 arrived at  00:40:15.9141; frame size is 130 (0082 hex) bytes.
  DLC:  Destination = Multicast 01005E000005
  DLC:  Source      = Station CC000DF80000
  DLC:  Ethertype   = 0800 (IP)
  DLC:
IP: ----- IP Header -----
  IP:
  IP: Version = 4, header length = 20 bytes
  IP: Type of service = C0
  IP:       110. ....   = internetwork control
  IP:       ...0 .... = normal delay
  IP:       .... 0... = normal throughput
  IP:       .... .0.. = normal reliability
  IP:       .... ..0. = ECT bit - transport protocol will ignore the CE bit
  IP:       .... ...0 = CE bit - no congestion
  IP: Total length    = 116 bytes
  IP: Identification  = 212
  IP: Flags           = 0X
  IP:       .0.. .... = may fragment
  IP:       ..0. .... = last fragment
  IP: Fragment offset = 0 bytes
  IP: Time to live    = 1 seconds/hops
  IP: Protocol        = 89 (OSPFIGP)
  IP: Header checksum = 2195 (correct)
  IP: Source address      = [170.1.12.2]
  IP: Destination address = [224.0.0.5]
  IP: No options
  IP:
OSPF: ----- OSPF Header -----
  OSPF:
  OSPF: Version = 2,   Type = 1 (Hello),   Length = 44
  OSPF: Router ID        = [2.2.2.2]
  OSPF: Area ID          = [0.0.0.0]
  OSPF: Header checksum = 0000 (correct)
  OSPF: Authentication: Type = 2 (Reserved type),   Value = 00 00 01 10 3C 7E D1 48
  OSPF:
  OSPF: Network mask                = [255.255.255.0]
  OSPF: Hello interval              = 10 (seconds)
  OSPF: Optional capabilities       = 12
  OSPF:                   .0.. .... = Opaque-LSAs not forwarded
  OSPF:                   ..0. .... = Demand Circuit bit
  OSPF:                   ...1 .... = External Attributes bit
  OSPF:                   .... 0... = no NSSA capability
  OSPF:                   .... .0.. = no multicast capability
  OSPF:                   .... ..1. = external routing capability
  OSPF:                   .... ...0 = no Type of Service routing capability
  OSPF: Router priority             = 1
  OSPF: Router dead interval        = 40 (seconds)
  OSPF: Designated router           = [170.1.12.2]
  OSPF: Backup designated router = [0.0.0.0]
  OSPF:
```

图 5-18　OSPF MD5 加密验证下的 Hello 包

```
DLC:  ----- DLC Header -----
  DLC:
  DLC:  Frame 12 arrived at  00:40:17.2535; frame size is 118 (0076 hex) bytes.
  DLC:  Destination = Station CC000DF80000
  DLC:  Source      = Station CC000D140000
  DLC:  Ethertype   = 0800 (IP)
  DLC:
IP: ----- IP Header -----
  IP:
  IP: Version = 4, header length = 20 bytes
  IP: Type of service = C0
  IP:       110. ....   = internetwork control
  IP:       ...0 .... = normal delay
  IP:       .... 0... = normal throughput
  IP:       .... .0.. = normal reliability
  IP:       .... ..0. = ECT bit - transport protocol will ignore the CE bit
  IP:       .... ...0 = CE bit - no congestion
  IP: Total length     = 104 bytes
  IP: Identification   = 253
  IP: Flags            = 0X
  IP:       .0.. .... = may fragment
  IP:       ..0. .... = last fragment
  IP: Fragment offset = 0 bytes
  IP: Time to live     = 1 seconds/hops
  IP: Protocol         = 89 (OSPFIGP)
  IP: Header checksum = 4B7B (correct)
  IP: Source address       = [170.1.12.1]
  IP: Destination address = [170.1.12.2]
  IP: No options
  IP:
OSPF: ----- OSPF Header -----
  OSPF:
  OSPF: Version = 2,   Type = 2 (Database Description),   Length = 32
  OSPF: Router ID        = [1.1.1.1]
  OSPF: Area ID          = [0.0.0.0]
  OSPF: Header checksum = 0000 (correct)
  OSPF: Authentication: Type = 2 (Reserved type),   Value = 00 00 01 10 3C 7E D1 DB
  OSPF:
  OSPF: Reserved                = 56325 (should be 0)
  OSPF: Optional capabilities    = 52
  OSPF:                   .1.. .... = Opaque-LSAs forworded
  OSPF:                   ..0. .... = Demand Circuit bit
  OSPF:                   ...1 .... = External Attributes bit
  OSPF:                   .... 0... = no NSSA capability
  OSPF:                   .... .0.. = no multicast capability
  OSPF:                   .... ..1. = external routing capability
  OSPF:                   .... ...0 = no Type of Service routing capability
  OSPF: Flags = 07
  OSPF: .... .1.. = Init
  OSPF: .... ..1. = More
  OSPF: .... ...1 = Master
  OSPF: Sequence number = 7577
  OSPF:
```

图 5-19 OSPF MD5 加密验证下的 DBD 包

```
DLC:  ----- DLC Header -----
  DLC:
  DLC:  Frame 22 arrived at  00:40:18.3482; frame size is 98 (0062 hex) bytes.
  DLC:  Destination = Station CC000D140000
  DLC:  Source      = Station CC000DF80000
  DLC:  Ethertype   = 0800 (IP)
  DLC:
IP: ----- IP Header -----
  IP:
  IP: Version = 4, header length = 20 bytes
  IP: Type of service = C0
  IP:       110. ....   = internetwork control
  IP:       ...0 ....  = normal delay
  IP:       .... 0...  = normal throughput
  IP:       .... .0..  = normal reliability
  IP:       .... ..0.  = ECT bit - transport protocol will ignore the CE bit
  IP:       .... ...0  = CE bit - no congestion
  IP: Total length     = 84 bytes
  IP: Identification   = 217
  IP: Flags            = 0X
  IP:       .0.. ....  = may fragment
  IP:       ..0. ....  = last fragment
  IP: Fragment offset  = 0 bytes
  IP: Time to live     = 1 seconds/hops
  IP: Protocol         = 89 (OSPFIGP)
  IP: Header checksum  = 4BB3 (correct)
  IP: Source address       = [170.1.12.2]
  IP: Destination address  = [170.1.12.1]
  IP: No options
  IP:
OSPF: ----- OSPF Header -----
  OSPF:
  OSPF: Version = 2,   Type = 3 (Link State Request),   Length = 48
  OSPF: Router ID        = [2.2.2.2]
  OSPF: Area ID          = [0.0.0.0]
  OSPF: Header checksum = 0000 (correct)
  OSPF: Authentication: Type = 2 (Reserved type),   Value = 00 00 01 10 3C 7E D1 4A
  OSPF:
  OSPF: Link State Advertisement # 1
  OSPF: Link State type     = 1 (Router links)
  OSPF: Link State ID       = [1.1.1.1]
  OSPF: Advertising Router = [1.1.1.1]
  OSPF:
  OSPF: Link State Advertisement # 2
  OSPF: Link State type     = 2 (Network links)
  OSPF: Link State ID       = [170.1.12.2]
  OSPF: Advertising Router = [2.2.2.2]
  OSPF:
```

图 5-20　OSPF MD5 加密验证下的 LSR 包

```
DLC:  ----- DLC Header -----
  DLC:
  DLC:  Frame 38 arrived at  00:40:19.2791; frame size is 114 (0072 hex) bytes.
  DLC:  Destination = Multicast 01005E000005
  DLC:  Source      = Station CC000DF80000
  DLC:  Ethertype   = 0800 (IP)
  DLC:
IP: ----- IP Header -----
  IP:
  IP: Version = 4, header length = 20 bytes
  IP: Type of service = C0
  IP:       110. ....   = internetwork control
  IP:       ...0 ....   = normal delay
  IP:       .... 0...   = normal throughput
  IP:       .... .0..   = normal reliability
  IP:       .... ..0.   = ECT bit - transport protocol will ignore the CE bit
  IP:       .... ...0   = CE bit - no congestion
  IP: Total length      = 100 bytes
  IP: Identification    = 221
  IP: Flags             = 0X
  IP:       .0.. ....   = may fragment
  IP:       ..0. ....   = last fragment
  IP: Fragment offset   = 0 bytes
  IP: Time to live      = 1 seconds/hops
  IP: Protocol          = 89 (OSPFIGP)
  IP: Header checksum = 219C (correct)
  IP: Source address        = [170.1.12.2]
  IP: Destination address = [224.0.0.5]
  IP: No options
  IP:
OSPF: ----- OSPF Header -----
  OSPF:
  OSPF: Version = 2,    Type = 4 (Link State Update),    Length = 64
  OSPF: Router ID        = [2.2.2.2]
  OSPF: Area ID          = [0.0.0.0]
  OSPF: Header checksum = 0000 (correct)
  OSPF: Authentication: Type = 2 (Reserved type),    Value = 00 00 01 10 3C 7E D1 4B
  OSPF:
  OSPF: Number of Advertisements = 1
  OSPF: Link State Advertisment # 1
  OSPF: Link state age          = 1 (seconds)
  OSPF: Optional capabilities = 22
  OSPF:                 .0.. ....  = Opaque-LSAs not forwarded
  OSPF:                 ..1. ....  = Demand Circuit bit
  OSPF:                 ...0 ....  = External Attributes bit
  OSPF:                 .... 0...  = no NSSA capability
  OSPF:                 .... .0..  = no multicast capability
  OSPF:                 .... ..1.  = external routing capability
  OSPF:                 .... ...0  = no Type of Service routing capability
  OSPF: Link state type         = 1 (Router links)
  OSPF: Link state ID           = [2.2.2.2]
  OSPF: Advertising Router      = [2.2.2.2]
  OSPF: Sequence number         = 2147483656,    Checksum = 9216
  OSPF: Length                  = 36
  OSPF: Router type flags        = 00
  OSPF:                   .... 0...  = Not a wild-card multicast receiver
  OSPF:                   .... .0..  = Not endpoint of active virtual link
  OSPF:                   .... ..0.  = Non AS boundary router
  OSPF:                   .... ...0  = Non Area border router
  OSPF: Reserved                 = 0
  OSPF: Number of router links = 1
  OSPF:   Link ID                 = [170.1.12.2] (IP address of Designated Router)
  OSPF:   Link Data               = [170.1.12.2]
  OSPF:   Link type               = 2 (Connection to a transit network)
  OSPF:   Number of TOS metrics = 0,    TOS 0 metric = 1
```

图 5-21　OSPF MD5 加密验证下的 LSU 包

```
DLC:  ----- DLC Header -----
  DLC:
  DLC:  Frame 51 arrived at  00:40:26.0793; frame size is 94 (005E hex) bytes.
  DLC:  Destination = Multicast 01005E000005
  DLC:  Source      = Station CC000D140000
  DLC:  Ethertype   = 0800 (IP)
  DLC:
IP: ----- IP Header -----
  IP:
  IP: Version = 4, header length = 20 bytes
  IP: Type of service = C0
  IP:       110. ....   = internetwork control
  IP:       ...0 .... = normal delay
  IP:       .... 0... = normal throughput
  IP:       .... .0.. = normal reliability
  IP:       .... ..0. = ECT bit - transport protocol will ignore the CE bit
  IP:       .... ...0 = CE bit - no congestion
  IP: Total length    = 80 bytes
  IP: Identification  = 263
  IP: Flags           = 0X
  IP:       .0.. .... = may fragment
  IP:       ..0. .... = last fragment
  IP: Fragment offset = 0 bytes
  IP: Time to live    = 1 seconds/hops
  IP: Protocol        = 89 (OSPFIGP)
  IP: Header checksum = 2187 (correct)
  IP: Source address      = [170.1.12.1]
  IP: Destination address = [224.0.0.5]
  IP: No options
  IP:
OSPF: ----- OSPF Header -----
  OSPF:
  OSPF: Version = 2,   Type = 5 (Link State Acknowledgment),   Length = 44
  OSPF: Router ID        = [1.1.1.1]
  OSPF: Area ID          = [0.0.0.0]
  OSPF: Header checksum = 0000 (correct)
  OSPF: Authentication: Type = 2 (Reserved type),   Value = 00 00 01 10 3C 7E D1 E3
  OSPF:
  OSPF: Link State Advertisement Header # 1
  OSPF: Link state age          = 1 (seconds)
  OSPF: Optional capabilities = 22
  OSPF:             .0.. .... = Opaque-LSAs not forwarded
  OSPF:             ..1. .... = Demand Circuit bit
  OSPF:             ...0 .... = External Attributes bit
  OSPF:             .... 0... = no NSSA capability
  OSPF:             .... .0.. = no multicast capability
  OSPF:             .... ..1. = external routing capability
  OSPF:             .... ...0 = no Type of Service routing capability
  OSPF: Link state type         = 2 (Network links)
  OSPF: Link state ID           = [170.1.12.2]
  OSPF: Advertising Router      = [2.2.2.2]
  OSPF: Sequence number         = 2147483653,   Checksum = 82E5
  OSPF: Length                  = 32
```

图 5-22 OSPF MD5 加密验证下的 LSACK 包

5.6 OSPF 命令汇总

本章出现的命令如表 5-4 所示。

表 5-4 本章命令汇总

命 令	作 用
show ip route	查看路由表
show ip OSPF neighbor	查看 OSPF 邻居的基本信息
show ip OSPF database	查看 OSPF 拓扑结构数据库
show ip OSPF interface	查看 OSPF 路由器接口的信息
show ip OSPF	查看 OSPF 进程及其细节
show ip OSPF database router	查看类型 1 的 LSA 的全部信息
redistribute	路由协议重分布
area area-id range	区域间路由汇总
summary-address	外部路由汇总
area area-id stub	把某区域配置成末节区域
area area-id stub no-summary	把某区域配置成完全末节区域
area area-id nssa	把某区域配置成 NSSA 区域
area area-id virtual-link	配置虚链路

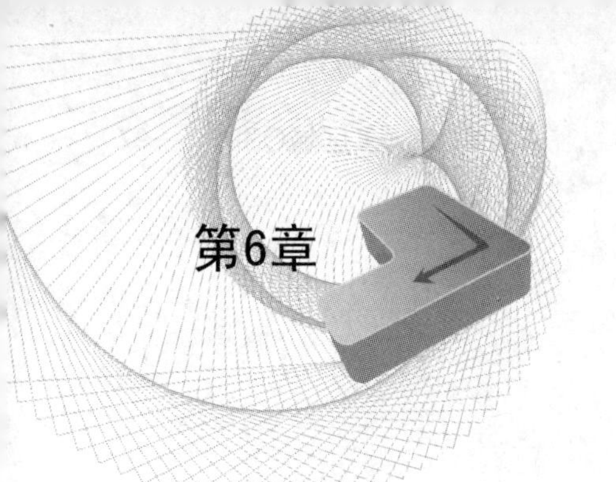

chapter 6

ACL

随着大规模开放式网络的开发，网络面临的威胁也越来越多。网络安全问题成为网络管理员最为头疼的问题。一方面，为了业务的发展，必须允许对网络资源的开发访问；另一方面，又必须确保数据和资源的尽可能安全。网络安全采用的技术很多，而通过访问控制列表(Access Control List，ACL)可以对数据流进行过滤，是实现基本的网络安全手段之一。本章只研究基于IP的ACL。

6.1 ACL概述

访问控制列表简称为ACL，它使用包过滤技术，在路由器上读取第三层及第四层包头中的信息如源地址、目的地址、源端口、目的端口等，根据预先定义好的规则对包进行过滤，从而达到访问控制的目的。ACL分很多种，不同场合应用不同种类的ACL。

1. 标准ACL

标准ACL最简单，是通过使用IP包中的源IP地址进行过滤，表号范围为1～99或1300～1999。

2. 扩展ACL

扩展ACL比标准ACL具有更多的匹配项，功能更加强大和细化，可以针对包括协议类型、源地址、目的地址、源端口、目的端口、TCP连接建立等进行过滤，表号范围为100～199或2000～2699。

3. 命名ACL

以列表名称代替列表编号来定义ACL，同样包括标准和扩展两种列表。

在访问控制列表的学习中，要特别注意以下两个术语。

(1) 通配符掩码：一个32比特位的数字字符串，它规定了当一个IP地址与其他的IP地址进行比较时，该IP地址中哪些位应该被忽略。通配符掩码中的"1"表示忽略IP地址中对应的位，而"0"则表示该位必须匹配。两种特殊的通配符掩码是"255.255.255.255"和"0.0.0.0"，前者等价于关键字"any"，而后者等价于关键字"host"。

(2) Inbound和outbound：当在接口上应用访问控制列表时，用户要指明访问控制列表是应用于流入数据还是流出数据。

总之，ACL的应用非常广泛，它可以实现如下的功能：

(1) 拒绝或允许流入(或流出)的数据流通过特定的接口；

（2）为 DDR 应用定义感兴趣的数据流；
（3）过滤路由更新的内容；
（4）控制对虚拟终端的访问；
（5）提供流量控制。

6.2 实验 1：标准 ACL 设计原则和工作过程

1. 实验目的

通过本实验可以掌握：
（1）定义标准 ACL。
（2）应用 ACL。
（3）标准 ACL 调试。

2. 拓扑结构

实验拓扑如图 6-1 所示。

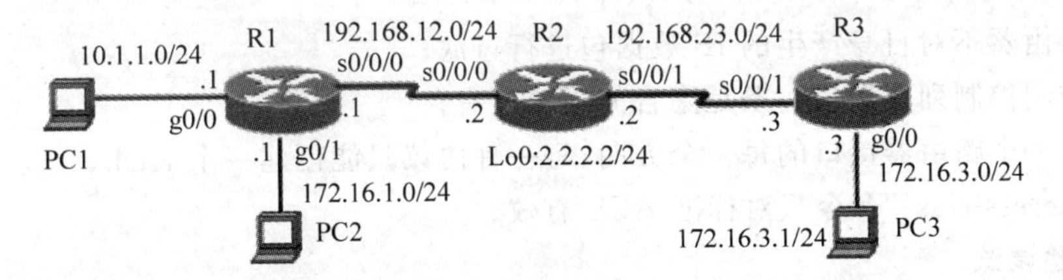

图 6-1 标准 ACL 配置

本实验拒绝 PC2 所在网段访问路由器 R2，同时只允许主机 PC3 访问路由器 R2 的 telnet 服务。整个网络配置 EIGRP 保证 IP 的连通性。

3. 实验步骤

步骤 1：配置路由器 R1。

```
R1(config)#router eigrp 1
R1(config-router)#network 10.1.1.0 0.0.0.255
R1(config-router)#network 172.16.1.0 0.0.0.255
R1(config-router)#network 192.168.12.0
R1(config-router)#no auto-summary
```

步骤 2：配置路由器 R2。

```
R2(config)#router eigrp 1
R2(config-router)#network 2.2.2.0 0.0.0.255
R2(config-router)#network 192.168.12.0
R2(config-router)#network 192.168.23.0
R2(config-router)#no auto-summary
R2(config)#access-list 1 deny 172.16.1.0 0.0.0.255          //定义 ACL
R2(config)#access-list 1 permit any
R2(config)#interface Serial0/0/0
R2(config-if)#ip access-group 1 in                          //在接口下应用 ACL
R2(config)#access-list 2 permit 172.16.3.1
```

```
R2(config-if)#line vty 0 4
R2(config-line)#access-class 2 in                                    //在 VTY 下应用 ACL
R2(config-line)#password cisco
R2(config-line)#login
```

步骤 3：配置路由器 R3。

```
R3(config)#router eigrp 1
R3(config-router)#network 172.16.3.0 0.0.0.255
R3(config-router)#network 192.168.23.0
R3(config-router)#no auto-summary
```

【技术要点】

(1) ACL 定义好，可以在很多地方应用，接口上应用只是其中之一，其他的常用应用包括在 route map 中的 match 应用和在 VTY 下用"access-class"命令调用，来控制 telnet 的访问；

(2) 访问控制列表表项的检查按自上而下的顺序进行，并且从第一个表项开始，所以必须考虑在访问控制列表中定义语句的次序；

(3) 路由器不对自身产生的 IP 数据包进行过滤；

(4) 访问控制列表最后一条是隐含的拒绝所有；

(5) 每一个路由器接口的每一个方向，每一种协议只能创建一个 ACL；

(6) "access-class"命令只对标准 ACL 有效。

4. 实验调试

在 PC1 网络所在的主机上 ping 2.2.2.2，应该通，在 PC2 网络所在的主机上 ping 2.2.2.2，应该不通，在主机 PC3 上 telnet 2.2.2.2，应该成功。

(1) show ip access-lists：该命令用来查看所定义的 IP 访问控制列表。

```
R2#show ip
access-lists
Standard IP access list 1
    10 deny 172.16.1.0, wildcard bits 0.0.0.255 (11 matches)
    20 permit any (405 matches)
Standard IP access list 2
    10 permit 172.16.3.1 (2 matches)
```

以上输出表明路由器 R2 上定义的标准访问控制列表为"1"和"2"，括号中的数字表示匹配条件的数据包的个数，可以用"clear access-list counters"将访问控制列表计数器清零。

(2) show ip interface。

```
R2#show ip interface s0/0/0
Serial0/0/0 is up, line protocol is up
  Internet address is 192.168.12.2/24
  Broadcast address is 255.255.255.255
  Address determined by setup command
  MTU is 1500 bytes
  Helper address is not set
  Directed broadcast forwarding is disabled
  Multicast reserved groups joined: 224.0.0.10
```

```
Outgoing access list is not set
Inbound access list is 1
...
```

以上输出表明在接口 s0/0/0 的入方向应用了访问控制列表 1。

6.3 实验 2：扩展 ACL

1. 实验目的

通过本实验可以掌握：

(1) 定义扩展 ACL。

(2) 应用扩展 ACL。

(3) 扩展 ACL 调试。

2. 拓扑结构

实验拓扑如图 6-1 所示。本实验要求只允许 PC2 所在网段的主机访问路由器 R2 的 WWW 和 telnet 服务，并拒绝 PC3 所在网段 PING 路由器 R2。删除实验 1 中定义的 ACL，保留 EIGRP 的配置。

3. 实验步骤

步骤 1：配置路由器 R1。

```
R1(config)#access-list 100 permit tcp 172.16.1.0 0.0.0.255 host 2.2.2.2 eq www
R1(config)#access-list 100 permit tcp 172.16.1.0 0.0.0.255 host 192.168.12.2 eq www
R1(config)#access-list 100 permit tcp 172.16.1.0 0.0.0.255 host 192.168.23.2 eq www
R1(config)#access-list 100 permit tcp 172.16.1.0 0.0.0.255 host 2.2.2.2 eq telnet
R1(config)#access-list 100 permit tcp 172.16.1.0 0.0.0.255 host 192.168.12.2 eq telnet
R1(config)#access-list 100 permit tcp 172.16.1.0 0.0.0.255 host 192.168.23.2 eq telnet
R1(config)#interface g0/0
R1(config-if)#ip access-group 100 in
```

步骤 2：配置路由器 R2。

```
R2(config)#no access-list 1                                  //删除 ACL
R2(config)#no access-list 2
R2(config)#ip http server                                    //将路由器配置成 Web 服务器
R2(config)#line vty 0 4
R2(config-line)#password cisco
R2(config-line)#login
```

步骤 3：配置路由器 R3。

```
R3(config)#access-list 101 deny icmp 172.16.3.0 0.0.0.255 host 2.2.2.2 log
R3(config)#access-list 101 deny icmp 172.16.3.0 0.0.0.255 host 192.168.12.2
log log
R3(config)#access-list 101 deny icmp 172.16.3.0 0.0.0.255 host 192.168.23.2
R3(config)#access-list 101 permit ip any any
R3(config)#interface g0/0
R3(config-if)#ip access-group 101 in
```

【技术要点】

(1) 参数“log”会生成相应的日志信息，用来记录经过 ACL 入口的数据包的情况；

(2) 尽量考虑将扩展的访问控制列表放在靠近过滤源的位置上，这样创建的过滤器就不会反过来影响其他接口上的数据流。另外，尽量使标准的访问控制列表靠近目的，标准访问控制列表只使用源地址，如果将其靠近源会阻止数据包流向其他端口。

4. 实验调试

(1) 分别在 PC2 上访问路由器 R2 的 telnet 和 WWW 服务，然后查看访问控制列表 100：

```
R1#show ip access-lists
Extended IP access list 100
    10 permit tcp 172.16.1.0 0.0.0.255 host 2.2.2.2 eq www (8 matches)
    20 permit tcp 172.16.1.0 0.0.0.255 host 192.168.12.2 eq www
    30 permit tcp 172.16.1.0 0.0.0.255 host 192.168.23.2 eq www
    40 permit tcp 172.16.1.0 0.0.0.255 host 2.2.2.2 eq telnet (20 matches)
    50 permit tcp 172.16.1.0 0.0.0.255 host 12.12.12.2 eq telnet (4 matches)
    60 permit tcp 172.16.1.0 0.0.0.255 host 23.23.23.2 eq telnet (4 matches)
```

(2) 在 PC3 所在网段的主机 ping 路由器 R2，路由器 R3 会出现下面的日志信息：

```
*Feb 25 17:35:46.383: %SEC-6-IPACCESSLOGDP: list 101 denied icmp 172.16.3.1 ->
2.2.2.2 (0/0), 1 packet
*Feb 25 17:41:08.959: %SEC-6-IPACCESSLOGDP: list 101 denied icmp 172.16.3.1 ->
2.2.2.2 (0/0), 4 packets
*Feb 25 17:42:46.919: %SEC-6-IPACCESSLOGDP: list 101 denied icmp 172.16.3.1 ->
192.168.12.2 (0/0), 1 packet
*Feb 25 17:42:56.803: %SEC-6-IPACCESSLOGDP: list 101 denied icmp 172.16.3.1 ->
192.168.23.2 (0/0), 1 packet
```

以上输出说明在访问控制列表 101 在有匹配数据包的时候，系统做了日志记录。

(3) 在路由器 R3 上查看访问控制列表 101：

```
R3#show access-lists
Extended IP access list 101
    10 deny icmp 172.16.3.0 0.0.0.255 host 2.2.2.2 log (5 matches)
    20 deny icmp 172.16.3.0 0.0.0.255 host 192.168.12.2 log (5 matches)
    30 deny icmp 172.16.3.0 0.0.0.255 host 192.168.23.2 log (5 matches)
    40 permit ip any any (6 matches)
```

6.4 实验 3：命名 ACL

命名 ACL 允许在标准 ACL 和扩展 ACL 中，使用字符串代替前面所使用的数字来表示 ACL。命名 ACL 还可以被用来从某一特定的 ACL 中删除个别的控制条目，这样可以让网络管理员方便地修改 ACL。

1. 实验目的

通过本实验可以掌握：

(1) 定义命名 ACL。

(2) 应用命名 ACL。

2. 拓扑结构

实验拓扑如图 6-1 所示。

3. 实验步骤

本实验给出如何用命名 ACL 来实现 6.2 节和 6.3 节实验中的要求。

(1) 在路由器 R2 上配置命名的标准 ACL 实现 6.2 节实验中的要求。

```
R2(config)#ip access-list standard stand
R2(config-std-nacl)#deny 172.16.1.0 0.0.0.255
R2(config-std-nacl)#permit any
R2(config)#interface Serial0/0/0
R2(config-if)#ip access-group stand in
R2(config)#ip access-list standard class
R2(config-std-nacl)#permit 172.16.3.1
R2(config-if)#line vty 0 4
R2(config-line)#access-class class in
```

(2) 在路由器 R2 上查看命名访问控制列表。

```
R2#show access-lists
Standard IP access list class
    10 permit 172.16.3.1
Standard IP access list stand
    10 deny 172.16.1.0, wildcard bits 0.0.0.255
    20 permit any (42 matches)
```

(3) 在路由器 R1 和 R3 上配置命名的扩展 ACL 实现 6.3 节实验中的要求。

```
R1(config)#ip access-list extended ext1
R1(config-ext-nacl)#permit tcp 172.16.1.0 0.0.0.255 host 2.2.2.2 eq www
R1(config-ext-nacl)#permit tcp 172.16.1.0 0.0.0.255 host 192.168.12.2 eq www
R1(config-ext-nacl)#permit tcp 172.16.1.0 0.0.0.255 host 192.168.23.2 eq www
R1(config-ext-nacl)#permit tcp 172.16.1.0 0.0.0.255 host 2.2.2.2 eq telnet
R1(config-ext-nacl)#permit tcp 172.16.1.0 0.0.0.255 host 192.168.12.2 eq telnet
R1(config-ext-nacl)#permit tcp 172.16.1.0 0.0.0.255 host 192.168.23.2 eq telnet
R1(config)#interface g0/0
R1(config-if)#ip access-group ext1 in
R3(config)#ip access-list extended ext3
R3(config-ext-nacl)#deny icmp 172.16.3.0 0.0.0.255 host 2.2.2.2 log
R3(config-ext-nacl)#deny icmp 172.16.3.0 0.0.0.255 host 192.168.12.2 log
R3(config-ext-nacl)#deny icmp 172.16.3.0 0.0.0.255 host 192.168.23.2 log
R3(config-ext-nacl)#permit ip any any
R3(config)#interface g0/0
R3(config-if)#ip access-group ext3 in
```

(4) 在路由器 R1 和 R3 上查看命名访问控制列表。

```
R1#show access-lists
Extended IP access list ext1
    10 permit tcp 172.16.1.0 0.0.0.255 host 2.2.2.2 eq www
    20 permit tcp 172.16.1.0 0.0.0.255 host 192.168.12.2 eq www
```

```
    30 permit tcp 172.16.1.0 0.0.0.255 host 192.168.23.2 eq www
    40 permit tcp 172.16.1.0 0.0.0.255 host 2.2.2.2 eq telnet
    50 permit tcp 172.16.1.0 0.0.0.255 host 192.168.12.2 eq telnet
    60 permit tcp 172.16.1.0 0.0.0.255 host 192.168.23.2 eq telnet
R3#show access-lists
Extended IP access list ext3
    10 deny icmp 172.16.3.0 0.0.0.255 host 2.2.2.2 log
    20 deny icmp 172.16.3.0 0.0.0.255 host 192.168.12.2 log
    30 deny icmp 172.16.3.0 0.0.0.255 host 192.168.23.2 log
    40 permit ip any any
```

6.5　实验4：基于时间ACL

1. 实验目的

通过本实验可以掌握：

(1) 定义时间段。

(2) 配置基于时间ACL。

(3) 基于时间ACL调试。

2. 拓扑结构

实验拓扑如图6-1所示。

本实验要求只允许PC3主机在周一到周五的每天的8:00～18:00访问路由器R2的telnet服务。

3. 实验步骤

```
R3(config)#time-range time
R3(config-time-range)#periodic weekdays 8:00 to 18:00    //定义时间范围
R3(config)#access-list 111 permit tcp host 172.16.3.1 host 2.2.2.2 eq telnet time-range
time                                                    //在访问控制列表中调用time-range
R3(config)#access-list 111 permit tcp host 172.16.3.1 host 192.168.12.2 eq telnet time-
range time
R3(config)#access-list 111 permit tcp host 172.16.3.1 host 192.168.23.2 eq telnet time-
range time
R3(config)#interface g0/0
R3(config-if)#ip access-group 111 in
```

4. 实验调试

(1) 用“clock”命令将系统时间调整到周一至周五的8:00～18:00范围内，然后在PC3上telnet路由器R2，此时可以成功，然后查看访问控制列表111：

```
R3#show access-lists
Extended IP access list 111
    10 permit tcp host 172.16.3.1 host 2.2.2.2 eq telnet time-range time (active) (15
matches)
    20 permit tcp host 172.16.3.1 host 192.168.12.2 eq telnet time-range time (active)
    30 permit tcp host 172.16.3.1 host 192.168.23.2 eq telnet time-range time (active)
```

(2) 用“clock”命令将系统时间调整到8:00～18:00范围之外，然后在PC3上telnet路由器 R2，此时不可以成功，然后查看访问控制列表 111：

```
R3#show access - lists
Extended IP access list 111
    10 permit tcp host 172.16.3.1 host 2.2.2.2 eq telnet time - range time (inactive) (45 matches)
    20 permit tcp host 172.16.3.1 host 192.168.12.2 eq telnet time - range time (inactive)
    30 permit tcp host 172.16.3.1 host 192.168.23.2 eq telnet time - range time (inactive)
```

(3) show time-range：该命令用来查看定义的时间范围。

```
R3#show time - range
time - range entry: time (active)
periodic weekdays 8:00 to 18:00
used in: IP ACL entry used in: IP ACL entry used in: IP ACL entry
```

以上输出表示在 3 条 ACL 中调用了该 time-range。

6.6 实验 5：动态 ACL

动态 ACL 是 Cisco IOS 的一种安全特性，它使用户能在防火墙中临时打开一个缺口，而不会破坏其他已配置了的安全限制。

1. 实验目的

通过本实验可以掌握：

(1) 动态 ACL 工作原理。

(2) 配置 VTY 本地登录。

(3) 配置动态 ACL。

(4) 动态 ACL 调试。

2. 拓扑结构

实验拓扑如图 6-1 所示。

本实验要求如果 PC3 所在网段想要访问路由器 R2 的 WWW 服务，必须先 telnet 路由器 R2 成功后才能访问。

3. 实验步骤

```
R2(config)#username ccie password cisco                    //建立本地数据库
R2(config)#access - list 120 permit tcp 172.16.3.0 0.0.0.255 host 2.2.2.2 eq
telnet                                                      //打开 telnet 访问权限
R2(config)#access - list 120 permit tcp 172.16.3.0 0.0.0.255 host 12.12.12.2 eq telnet
R2(config)#access - list 120 permit tcp 172.16.3.0 0.0.0.255 host 23.23.23.2 eq telnet
R2(config)#access - list 120 permit eigrp any any           //允许 EIGRP 协议
R2(config)#access - list 120 dynamic test timeout 120 permit ip 172.16.3.0
0.0.0.255 host 2.2.2.2
//dynamic 定义动态 ACL,timeout 定义动态 ACL 绝对的超时时间
R2(config)#access - list 120 dynamic test1 timeout 120 permit ip 172.16.3.0
0.0.0.255 host 23.23.23.2
R2(config)#access - list 120 dynamic test2 timeout 120 permit ip 172.16.3.0
0.0.0.255 host 12.12.12.2
R2(config)#interface s0/0/1
```

```
R2(config-if)#ip access-group 120 in
R2(config)#line vty 0 4
R2(config-line)#login local                                    //VTY 使用本地验证
R2(config-line)#autocommand access-enable host timeout 5
//在一个动态 ACL 中创建一个临时性的访问控制列表条目,timeout 定义了空闲超时值,空闲超时值
//必须小于绝对超时值。
```

【技术要点】 如果使用参数"host",那么临时性条目将只为用户所用的单个 IP 地址创建；如果不使用,那么用户的整个网络都将被该临时性条目允许。

4. 实验调试

(1) 没有 telnet 路由器 R2,在 PC3 上直接访问路由器 R2 的 WWW 服务,不成功,路由器 R2 的访问控制列表如下：

```
R2#show access-lists
Extended IP access list 120
    10 permit tcp 172.16.3.0 0.0.0.255 host 2.2.2.2 eq telnet (114 matches)
    20 permit tcp 172.16.3.0 0.0.0.255 host 12.12.12.2 eq telnet
    30 permit tcp 172.16.3.0 0.0.0.255 host 23.23.23.2 eq telnet
    40 permit eigrp any any (159 matches)
    50 Dynamic test permit ip 172.16.3.0 0.0.0.255 host 2.2.2.2
    60 Dynamic test1 permit ip 172.16.3.0 0.0.0.255 host 23.23.23.2
    70 Dyn4amic test2 permit ip 172.16.3.0 0.0.0.255 host 12.12.12.2
```

(2) telnet 路由器 R2 成功之后,在 PC3 上访问路由器 R2 的 WWW 服务,成功,路由器 R2 的访问控制列表如下：

```
R2#show access-lists
Extended IP access list 120
    10 permit tcp 172.16.3.0 0.0.0.255 host 2.2.2.2 eq telnet (114 matches)
    20 permit tcp 172.16.3.0 0.0.0.255 host 12.12.12.2 eq telnet
    30 permit tcp 172.16.3.0 0.0.0.255 host 23.23.23.2 eq telnet
    40 permit eigrp any any (159 matches)
    50 Dynamic test permit ip 172.16.3.0 0.0.0.255 host 2.2.2.2
       permit ip host 172.16.3.1 host 2.2.2.2 (15 matches) (time left 288)
    60 Dynamic test1 permit ip 172.16.3.0 0.0.0.255 host 23.23.23.2
    70 Dynamic test2 permit ip 172.16.3.0 0.0.0.255 host 12.12.12.2
```

从(1)和(2)的输出结果可以看到,从主机 172.16.3.1 telnet 2.2.2.2,如果通过认证,该 telnet 会话就会被切断,IOS 软件将在动态访问控制列表中动态建立一临时条目"permit ip host 172.16.3.1 host 2.2.2.2",此时在主机 172.16.3.1 上访问 2.2.2.2 的 Web 服务,成功。

6.7　实验 6：自反 ACL

1. 实验目的

通过本实验可以掌握：

（1）自反 ACL 工作原理。

（2）配置自反 ACL。

（3）自反 ACL 调试。

2．拓扑结构

实验拓扑如图 6-2 所示。

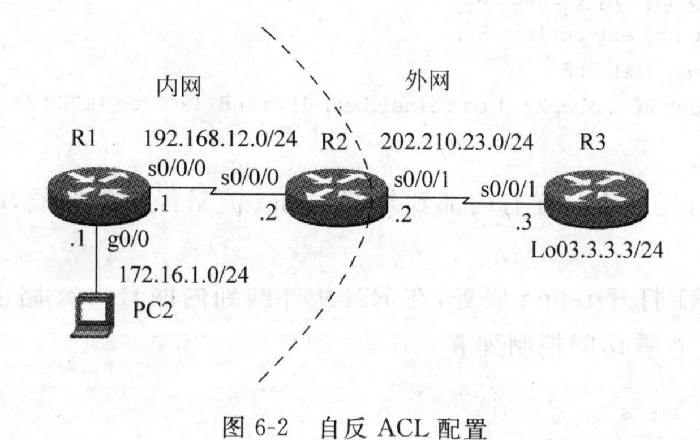

图 6-2　自反 ACL 配置

本实验要求内网可以主动访问外网，但是外网不能主动访问内网，从而有效保护内网。

3．实验步骤

步骤 1：分别在路由器 R1 和 R3 配置默认路由确保 IP 连通性。

```
R1(config)#ip route 0.0.0.0 0.0.0.0 192.168.12.2
R3(config)#ip route 0.0.0.0 0.0.0.0 202.210.23.2
```

步骤 2：在路由器 R2 上配置自反 ACL。

```
R2(config)#ip access-list extended ACLOUT
R2(config-ext-nacl)#permit tcp any any reflect REF          //定义自反 ACL
R2(config-ext-nacl)#permit udp any any reflect REF
R2(config)#ip access-list extended ACLIN
R2(config-ext-nacl)#evaluate REF                            //评估反射
R2(config)#int s0/0/1
R2(config-if)#ip access-group ACLOUT out
R2(config-if)#ip access-group ACLIN in
```

【技术要点】

（1）自反 ACL 永远是允许的；

（2）自反 ACL 允许高层 Session 信息的 IP 包过滤；

（3）利用自反 ACL 可以只允许出去的流量，但是阻止从外部网络产生的向内部网络的流量，从而可以更好地保护内部网络；

（4）自反 ACL 是在有流量产生时（如出方向的流量）临时自动产生的，并且当 Session 结束条目就删除；

（5）自反 ACL 不是直接被应用到某个接口下的，而是嵌套在一个扩展命名访问列表下的。

4．实验调试

（1）同时在路由器 R1 和 R3 都打开 telnet 服务，在 R1（从内网到外网）telnet 路由器 R3

成功，同时在路由器 R2 上查看访问控制列表：

```
R2#show access-lists
Extended IP access list ACLIN
    10 evaluate REF
Extended IP access list ACLOUT
    10 permit tcp any any reflect REF
    20 permit udp any any reflect REF
Reflexive IP access list REF
    permit tcp host 202.210.23.3 eq telnet host 192.168.12.1 eq 11002 (48 matches) (time left
268)
```

以上输出说明自反列表是在有内部到外部 telnet 流量经过的时候，临时自动产生一条列表。

(2) 在路由器 R1 打开 telnet 服务，在 R3(从外网到内网)telnet 路由器 R1 不能成功，同时在路由器 R2 上查看访问控制列表：

```
R2#show access-lists
Extended IP access list ACLIN
    10 evaluate REF
Extended IP access list ACLOUT
    10 permit tcp any any reflect REF
    20 permit udp any any reflect REF
Reflexive IP access list REF
```

以上输出说明自反列表是在有外部到内部 telnet 流量经过的时候，不会临时自动产生一条列表，所以不能访问成功。

6.8　ACL 命令汇总

本章出现的命令如表 6-1 所示。

表 6-1　本章命令汇总

命　令	作　用
show ip access-lists	查看所定义的 IP 访问控制列表
clear access-list counters	将访问控制列表计数器清零
access-list	定义 ACL
ip access-group	在接口下应用 ACL
access-class	在 VTY 下应用 ACL
ip access-list	定义命名的 ACL
time-range time	定义时间范围
username username password password	建立本地数据库
autocommand	定义自动执行的命令

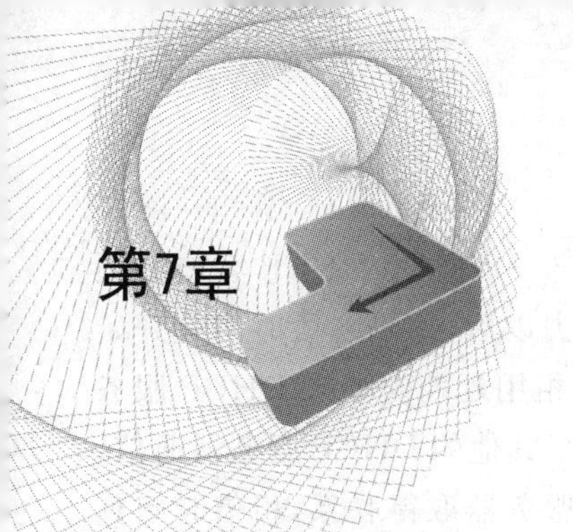

第7章

chapter 7

DHCP

IP 地址已是每台计算机必定配置的参数了，手工设置每一台计算机的 IP 地址是管理员最不愿意做的一件事，于是自动配置 IP 地址的方法出现了，这就是 DHCP（Dynamic Host Configuration Protocol，动态主机配置协议）。DHCP 服务器能够从预先设置的 IP 地址池里自动给主机分配 IP 地址，它不仅能够保证 IP 地址不重复分配，也能及时回收 IP 地址以提高 IP 地址的利用率。

7.1 DHCP 概述

在动态 IP 地址的方案中，每台计算机并不设定固定的 IP 地址，而是在计算机开机时才被分配一个 IP 地址，这台计算机被称为 DHCP 客户端。负责给 DHCP 客户端分配 IP 地址的计算机称为 DHCP 服务器。也就是说，DHCP 是采用客户/服务器(Client/Server)模式，有明确的客户端和服务器角色的划分。

DHCP 的工作过程如下：

(1) DHCP 客户机启动时，客户机在当前的子网中广播 DHCPDISCOVER 报文向 DHCP 服务器申请一个 IP 地址。

(2) DHCP 服务器收到 DHCPDISCOVER 报文后，它将从针对那台主机的地址区间为它提供一个尚未被分配出去的 IP 地址，并把提供的 IP 地址暂时标记为不可用。服务器以 DHCPOFFER 报文送回给主机。如果网络里包含有不止一个的 DHCP 服务器，则客户机可能收到好几个 DHCPOFFER 报文，客户机通常只承认第一个 DHCPOFFER。

(3) 客户端收到 DHCPOFFER 后，向服务器发送一个含有有关 DHCP 服务器提供的 IP 地址的 DHCPREQUEST 报文。如果客户端没有收到 DHCPOFFER 报文并且还记得以前的网络配置，则使用以前的网络配置(如果该配置仍然在有效期限内)。

(4) DHCP 服务器向客户机发回一个含有原先被发出的 IP 地址及其分配方案的一个应答报文(DHCPACK)。

(5) 客户端接收到包含了配置参数的 DHCPACK 报文，利用 ARP 检查网络上是否有相同的 IP 地址。如果检查通过，则客户机接受这个 IP 地址及其参数，如果发现有问题，客户机就向服务器发送 DHCPDECLINE 信息，并重新开始新的配置过程。服务器收到 DHCPDECLINE 信息，将该地址标为不可用。

(6) DHCP 服务器只能将那个 IP 地址分配给 DHCP 客户一定时间，DHCP 客户必须在该次租用过期前对它进行更新。客户机在 50%租借时间过去以后，每隔一段时间就开始请求 DHCP 服务器更新当前租借，如果 DHCP 服务器应答则租用延期。如果 DHCP 服务器始终没有应答，在有效租借期的 87.5%，客户应该与任何一个其他的 DHCP 服务器通信，并请求更新它的配置信息。如果客户机不能和所有的 DHCP 服务器取得联系，租借时间到后，它必须放弃当前的 IP 地址并重新发送一个 DHCPDISCOVER 报文开始上述的 IP 地址获得过程。

(7) 客户端可以主动向服务器发出 DHCPRELEASE 报文，将当前的 IP 地址释放。

7.2 实验 1：DHCP 基本配置

1. 实验目的

通过本实验可以掌握：

(1) DHCP 的工作原理和工作过程。

(2) DHCP 服务器的基本配置和调试。

(3) 客户端配置。

2. 拓扑结构

实验拓扑如图 7-1 所示。

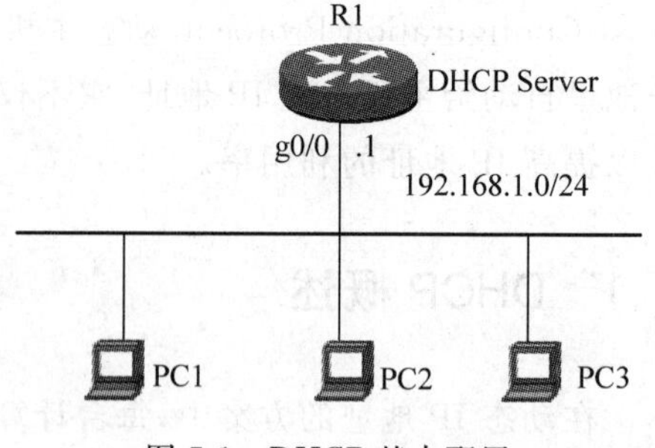

图 7-1 DHCP 基本配置

3. 实验步骤

步骤 1：配置路由器 R1 提供 DHCP 服务。

```
R1(config)#service dhcp                                   //开启 DHCP 服务
R1(config)#no ip dhcp conflict logging                    //关闭 DHCP 冲突日志
R1(config)#ip dhcp pool ccie                              //定义地址池
R1(dhcp-config)#network 192.168.1.0 /24                   //DHCP 服务器要分配的网络和掩码
R1(dhcp-config)#domain-name cisco.com                     //域名
R1(dhcp-config)#default-router 192.168.1.1
 //默认网关，这个地址要和相应网络所连接的路由器的以太口地址相同
R1(dhcp-config)#netbios-name-server 192.168.1.2           //WINS 服务器
R1(dhcp-config)#dns-server 192.168.1.4                    //DNS 服务器
R1(dhcp-config)#option 150 ip 192.168.1.3                 //TFTP 服务器
R1(dhcp-config)#lease infinite                            //定义租期
R1(config)#ip dhcp excluded-address 192.168.1.1 192.168.1.5   //排除的地址段
```

步骤 2：设置 windows 客户端。

首先在 Windows 下把 TCP/IP 地址设置为自动获得(如图 7-2 所示)，如果 DHCP 服务器还提供 DNS、WINS 等，也把它们设置为自动获得。

4. 实验调试

(1) 在客户端测试。

在命令提示符下，执行 C:/>ipconfig/renew 可以更新 IP 地址。而执行 C:/>ipconfig/all 可以看到 IP 地址、WINS、DNS、域名是否正确。要释放地址用 C:/>ipconfig/release 命令。

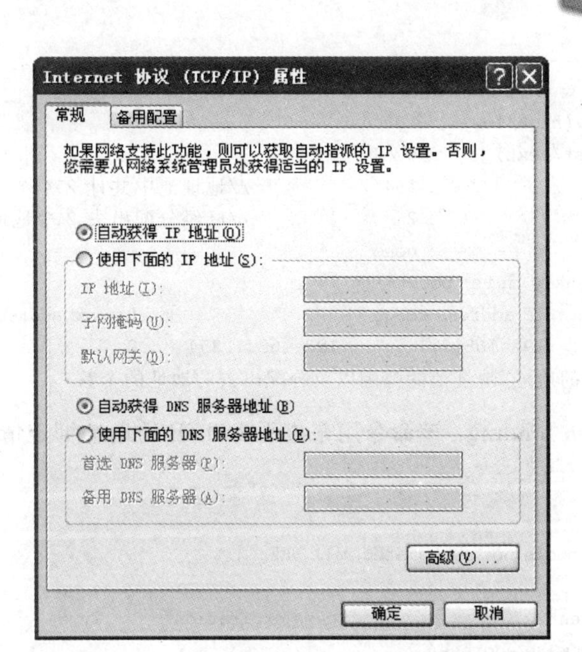

图 7-2 修改 TCP/IP 属性

```
C:\> ipconfig/renew Windows
IP Configuration Ethernet
adapter 本地连接:
        Connection - specific DNS Suffix . : cisco.com
        IP Address . . . . . . . . . . . . : 192.168.1.7
        Subnet Mask . . . . . . . . . . .  : 255.255.255.0
        Default Gateway . . . . . . . . .  : 192.168.1.1

C:\> ipconfig/all
Windows IP Configuration
Ethernet adapter 本地连接:

        Connection - specific DNS Suffix . : cisco.com
        Description . . . . . . . . . . .  : Realtek RTL8139/810x Family Fast Eth
ernet NIC
        Physical Address . . . . . . . . . : 00 - 60 - 67 - 00 - DD - 5B
        Dhcp Enabled . . . . . . . . . . . : Yes
        Autoconfiguration Enabled. . . . . : Yes
        IP Address . . . . . . . . . . . . : 192.168.1.7
        Subnet Mask. . . . . . . . . . . . : 255.255.255.0
        Default Gateway . . . . . . . . .  : 192.168.1.1
        DHCP Server. . . . . . . . . . . . : 192.168.1.1
        DNS Servers. . . . . . . . . . . . : 192.168.1.4
        Primary WINS Server . . . . . . .  : 192.168.1.2
        Lease Obtained . . . . . . . . . . : 2007 年 2 月 22 日 13:01:01
        Lease Expires . . . . . . . . . .  : 2038 年 1 月 19 日 11:14:07
```

（2）show ip dhcp pool：该命令用来查看 DHCP 地址池的信息。

```
R1# show ip
```

```
dhcp pool
Pool ccie :
 Utilization mark (high/low)   : 100 / 0
 Subnet size (first/next)      : 0 / 0
 Total addresses               : 254              //地址池中共计 254 个地址
 Leased addresses              : 2                //已经分配出去 2 个地址
 Pending event                 : none
 1 subnet is currently in the pool :
 Current index        IP address range                    Leased addresses
 192.168.1.8          192.168.1.1      - 192.168.1.254    2
//下一个将要分配的地址、地址池的范围以及分配出去的地址的个数
```

(3) show ip dhcp binding：该命令用来查看 DHCP 的地址绑定情况。

```
R1# show
ip dhcp binding
Bindings from all pools not associated with VRF:

IP address     Client - ID/             Lease expiration      Type
               Hardware address/
               User name
192.168.1.6    0063.6973.636f.2d        Infinite              Automatic
192.168.1.7    0100.6067.00dd.5b        Infinite              Automatic
```

以上输出表明 DHCP 服务器自动分配给客户端的 IP 地址以及所对应的客户端的硬件地址。

7.3 实验 2：DHCP 中继

1. 实验目的

通过本实验可以掌握通过 DHCP 中继实现跨网络的 DHCP 服务。

2. 拓扑结构

实验拓扑如图 7-3 所示。

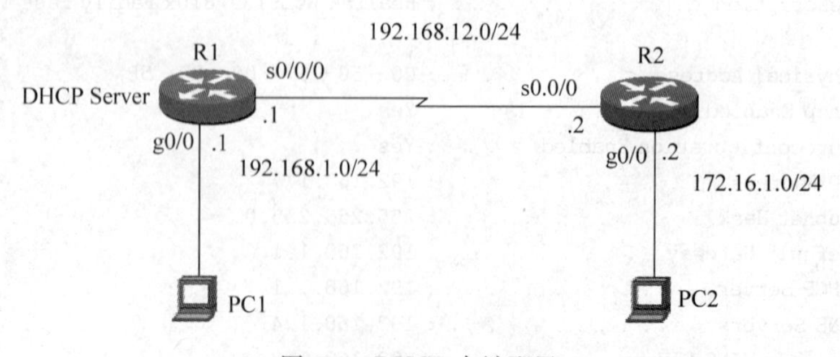

图 7-3 DHCP 中继配置

本实验中，R1 仍然担任 DHCP 服务器的角色，负责向 PC1 所在网络和 PC2 所在网络的主机动态分配 IP 地址，所以在 R1 上需要定义两个地址池。整个网络运行 RIPv2 协议，确保网络 IP 连通性。

3. 实验步骤

步骤 1：配置路由器 R1 提供 DHCP 服务。

```
R1(config)# interface gigabitEthernet0/0
R1(config-if)# ip address 192.168.1.1 255.255.255.0
R1(config-if)# no shutdown
R1(config)# router rip
R1(config-router)# version 2
R1(config-router)# no auto-summary
R1(config-router)# network 192.168.1.0
R1(config-router)# network 192.168.12.0
R1(config)# service dhcp
R1(config)# no ip dhcp conflict logging
R1(config)# ip dhcp pool ccie                        //定义第一个地址池
R1(dhcp-config)# network 192.168.1.0 /24
R1(dhcp-config)# default-router 192.168.1.1
R1(dhcp-config)# domain-name cisco.com
R1(dhcp-config)# netbios-name-server 192.168.1.2
R1(dhcp-config)# dns-server 192.168.1.4
R1(dhcp-config)# option 150 ip 192.168.1.3
R1(dhcp-config)# lease infinite
R1(config)# ip dhcp excluded-address 192.168.1.1 192.168.1.5
R1(config)# ip dhcp pool ccnp                        //定义第二个地址池
R1(dhcp-config)# network 172.16.1.0 255.255.255.0
R1(dhcp-config)# domain-name szpt.net
R1(dhcp-config)# default-router 172.16.1.2
R1(dhcp-config)# netbios-name-server 192.168.1.2
R1(dhcp-config)# dns-server 192.168.1.4
R1(dhcp-config)# option 150 ip 192.168.1.3
R1(dhcp-config)# lease infinite
R1(config)# ip dhcp excluded-address 172.16.1.1 172.16.1.2
```

步骤 2：配置路由器 R2。

```
R2(config)# interface gigabitEthernet0/0
R2(config-if)# ip address 172.16.1.2 255.255.255.0
R2(config-if)# ip helper-address 192.168.12.1       //配置帮助地址
R2(config-if)# no shutdown
R2(config)# router rip
R2(config-router)# version 2
R2(config-router)# no auto-summary
R2(config-router)# network 192.168.12.0
R2(config-router)# network 172.16.0.0
```

【技术要点】 路由器是不能转发“255.255.255.255”的广播，但是很多服务（如DHCP、TFTP等）的客户端请求都是以泛洪广播的方式发起的，我们不可能将每个网段都放置这样的服务器，因此使用 Cisco IOS 帮助地址特性是很好的选择。通过使用帮助地址，路由器可以被配置为接受对 UDP 服务的广播请求，然后将之以单点传送的方式发给某个具体的 IP 地址，或者以定向广播的形式向某个网段转发这些请求，这就是中继。

4. 实验调试

(1) show ip dhcp binding。

在 PC1 和 PC2 上自动获取 IP 地址后，在 R1 上执行：

```
R1#show ip dhcp binding
Bindings from all pools not associated with VRF:

IP address      Client-ID/            Lease expiration      Type
                Hardware address/
                User name
172.16.1.3      0100.6067.00dd.5b     Infinite              Automatic
192.168.1.6     0063.6973.636f.2d     Infinite              Automatic
192.168.1.7     0100.6067.00ef.31     Infinite              Automatic
```

以上输出表明两个地址池都为相应的网络上的主机分配了 IP 地址。

(2) show ip dhcp pool。

```
R1#show ip dhcp pool
Pool ccie :
Utilization mark (high/low)     : 100 / 0
Subnet size (first/next)        : 0 / 0
Total addresses                 : 254
Leased addresses                : 2
Pending event                   : none
1 subnet is currently in the pool :
Current index   IP address range                   Leased addresses
192.168.1.8     192.168.1.1     - 192.168.1.254    2
Pool ccnp :
Utilization mark (high/low)     : 100 / 0
Subnet size (first/next)        : 0 / 0
Total addresses                 : 254
Leased addresses                : 1
Pending event                   : none
1 subnet is currently in the pool :
Current index   IP address range                 Leased addresses
172.16.1.4      172.16.1.1     - 172.16.1.254    1
```

(3) debug ip dhcp server events。

在 PC2 上先执行"ipconfig/release"，再执行"ipconfig/renew"，显示如下：

```
R1#debug ip dhcp server events
R1#clear ip dhcp binding *
*Feb 22 05:50:24.475: DHCPD: Sending notification of DISCOVER:
*Feb 22 05:50:24.475: DHCPD: htype 1 chaddr 0060.6700.dd5b
*Feb 22 05:50:24.475: DHCPD: circuit id 00000000
*Feb 22 05:50:24.475: DHCPD: Seeing if there is an internally specified pool class:
*Feb 22 05:50:24.475: DHCPD: htype 1 chaddr 0060.6700.dd5b
*Feb 22 05:50:24.475: DHCPD: circuit id 00000000
*Feb 22 05:50:26.475: DHCPD: client requests 172.16.1.4.
*Feb 22 05:50:26.475: DHCPD: Adding binding to radix tree (172.16.1.4)
*Feb 22 05:50:26.475: DHCPD: Adding binding to hash tree
```

```
*Feb 22 05:50:26.475: DHCPD: assigned IP address 172.16.1.4 to client 0100.6067.00dd.5b.
*Feb 22 05:50:26.519: DHCPD: Sending notification of ASSIGNMENT:
*Feb 22 05:50:26.519: DHCPD: address 172.16.1.4 mask 255.255.255.0
*Feb 22 05:50:26.519: DHCPD: htype 1 chaddr 0060.6700.dd5b
*Feb 22 05:50:26.519: DHCPD: lease time remaining (secs) = 4294967295
```

以上输出显示了 DHCP 动态分配 IP 地址的基本过程。

(4) show ip interface。

```
R2#show ip interface gigabitEthernet0/0
GigabitEthernet0/0 is up, line protocol is up
  Internet address is 172.16.1.2/24
  Broadcast address is 255.255.255.255
  Address determined by setup command
  MTU is 1500 bytes
  Helper address is 192.168.12.1
  …
```

以上输出看到 gigabitEthernet0/0 接口使用了帮助地址 192.168.12.1。

7.4 DHCP 命令汇总

本章出现命令如表 7-1 所示。

表 7-1 本章命令汇总

命　令	作　用
show ip dhcp pool	查看 DHCP 地址池的信息
show ip dhcp binding	查看 DHCP 的地址绑定情况
show ip dhcp database	查看 DHCP 数据库
show ip interface	查看接口信息
debug ip dhcp server events	动态查看 DHCP 服务器的事件
service dhcp	开启 DHCP 服务
no ip dhcp conflict logging	关闭 DHCP 冲突日志
ip dhcp pool	配置 DHCP 分配的地址池
network	DHCP 服务器要分配的网络和掩码
default-router	默认网关
domain-name	域名
netbios-name-server	WINS 服务器
dns-server	域名服务器
option 150 ip	FTP 服务器
lease	配置租期
ip dhcp excluded-address	排除地址段
ip helper-address	配置 DHCP 中继的地址

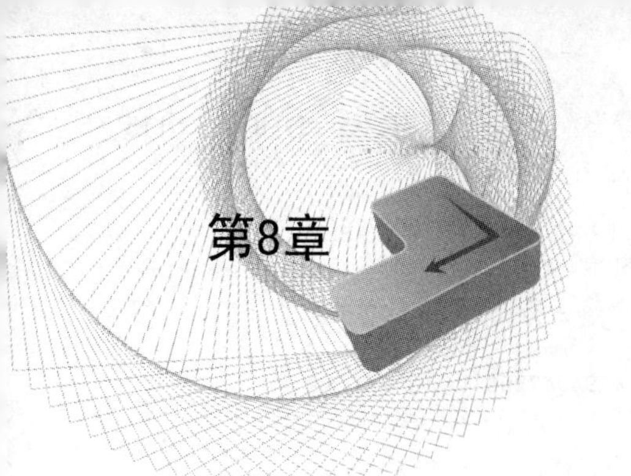

chapter 8

NAT

Internet 技术的飞速发展,使越来越多的用户加入到互联网,因此 IP 地址短缺已成为一个十分突出的问题。NAT(Network Address Translation,网络地址翻译)是解决 IP 地址短缺的重要手段。

8.1 NAT 概述

NAT 是一个 IETF 标准,允许一个机构以一个地址出现在 Internet 上。NAT 技术使得一个私有网络可以通过 Internet 注册 IP 连接到外部世界,位于 Inside 网络和 Outside 网络中的 NAT 路由器在发送数据包之前,负责把内部 IP 地址翻译成外部合法 IP 地址。NAT 将每个局域网节点的 IP 地址转换成一个合法 IP 地址,反之亦然。它也可以应用到防火墙技术中,把个别 IP 地址隐藏起来不被外界发现,对内部网络设备起到保护的作用,同时,它还帮助网络可以超越地址的限制,合理地安排网络中的公有 Internet 地址和私有 IP 地址的使用。

NAT 有三种类型:静态 NAT、动态 NAT 和端口地址转换(Port Address Translation,PAT)。

1. 静态 NAT

静态 NAT 中,内部网络中的每个主机都被永久映射成外部网络中的某个合法的地址。静态地址转换将内部本地地址与内部合法地址进行一对一的转换,且需要指定和哪个合法地址进行转换。如果内部网络有 E-mail 服务器或 FTP 服务器等可以为外部用户提供的服务,这些服务器的 IP 地址必须采用静态地址转换,以便外部用户可以使用这些服务。

2. 动态 NAT

动态 NAT 首先要定义合法地址池,然后采用动态分配的方法映射到内部网络。动态 NAT 是动态一对一的映射。

3. PAT

PAT 则是把内部地址映射到外部网络的 IP 地址的不同端口上,从而可以实现多对一的映射。PAT 对于节省 IP 地址是最为有效的。

8.2 实验1：静态NAT配置

1. 实验目的

通过本实验可以掌握：

(1) 静态NAT的特征。

(2) 静态NAT基本配置和调试。

2. 拓扑结构

实验拓扑如图8-1所示。

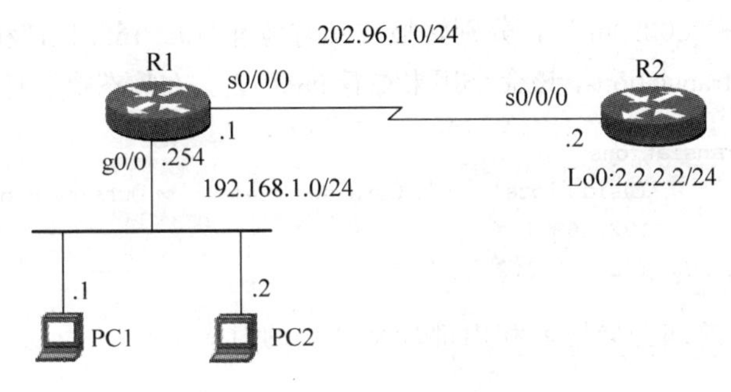

图8-1 静态NAT配置

3. 实验步骤

步骤1：配置路由器R1提供NAT服务。

```
R1(config)# ip nat inside source static 192.168.1.1 202.96.1.3
//配置静态 NAT 映射
R1(config)# ip nat inside source static 192.168.1.2 202.96.1.4
R1(config)# interface g0/0
R1(config-if)# ip nat inside
//配置 NAT 内部接口
R1(config)# interface s0/0/0
R1(config-if)# ip nat outside
//配置 NAT 外部接口
R1(config)# router rip
R1(config-router)# version 2
R1(config-router)# no auto-summary
R1(config-router)# network 202.96.1.0
```

步骤2：配置路由器R2。

```
R2(config)# router rip
R2(config-router)# version 2
R2(config-router)# no auto-summary
R2(config-router)# network 202.96.1.0
R2(config-router)# network 2.0.0.0
```

4. 实验调试

(1) debug ip nat：该命令可以查看地址翻译的过程。

在PC1和PC2上ping 2.2.2.2(路由器R2的环回接口)，此时应该是通的，路由器R1

的输出信息如下：

```
R1#debug ip nat
*Mar 4 02:02:12.779: NAT*: s=192.168.1.1->202.96.1.3, d=2.2.2.2 [20240]
*Mar 4 02:02:12.791: NAT*: s=2.2.2.2, d=202.96.1.3->192.168.1.1 [14435]
…
*Mar 4 02:02:25.563: NAT*: s=192.168.1.2->202.96.1.4, d=2.2.2.2 [25]
*Mar 4 02:02:25.579: NAT*: s=2.2.2.2, d=202.96.1.4->192.168.1.2 [25]
…
```

以上输出表明了NAT的转换过程。首先把私有地址“192.168.1.1”和“192.168.1.2”分别转换成公网地址“202.96.1.3”和“202.96.1.4”并访问地址“2.2.2.2”，然后回来的时候把公网地址“202.96.1.3”和“202.96.1.4”分别转换成私有地址“192.168.1.1”和“192.168.1.2”。

（2）show ip nat translations：该命令用来查看NAT表。在静态映射时，NAT表一直存在。

```
R1#show ip nat translations
Pro Inside global        Inside local        Outside local       Outside global
--- 202.96.1.3           192.168.1.1         ---                 ---
--- 202.96.1.4           192.168.1.2         ---                 ---
```

以上输出表明了内部全局地址和内部局部地址的对应关系。

【术语】

① 内部局部(inside local)地址：在内部网络使用的地址，往往是RFC1918地址。

② 内部全局(inside global)地址：用来代替一个或多个本地IP地址的、对外的、向NIC注册过的地址。

③ 外部局部(outside local)地址：一个外部主机相对于内部网络所用的IP地址。不一定是合法的地址。

④ 外部全局(outside global)地址：外部网络主机的合法IP地址。

8.3 实验2：动态NAT

1. 实验目的

通过本实验可以掌握：

(1) 动态NAT的特征。

(2) 动态NAT配置和调试。

2. 拓扑结构

实验拓扑如图8-1所示。

3. 实验步骤

配置路由器R1提供NAT服务。

```
R1(config)#ip nat pool NAT 202.96.1.3 202.96.1.100 netmask 255.255.255.0
//配置动态 NAT 转换的地址池
R1(config)#ip nat inside source list 1 pool NAT
//配置动态 NAT 映射
R1(config)#access-list 1 permit 192.168.1.0 0.0.0.255
//允许动态 NAT 转换的内部地址范围
```

```
R1(config)#interface g0/0
R1(config-if)#ip nat inside
R1(config-if)#interface s0/0/0
R1(config-if)#ip nat outside
```

4. 实验调试

在PC1上访问2.2.2.2(路由器R2的环回接口)的WWW服务,在PC2上分别telnet和ping 2.2.2.2(路由器R2的环回接口),调试结果如下:

(1) debug ip nat。

```
R1#debug ip nat
IP NAT debugging is on
R1#clear ip nat translation *                    //清除动态 NAT 表
*Mar 4 01:34:23.075: NAT*: s=192.168.1.1->202.96.1.4, d=2.2.2.2 [19833]
*Mar 4 01:34:23.087: NAT*: s=2.2.2.2, d=202.96.1.4->192.168.1.1 [62333]
...
*Mar 4 01:28:49.867: NAT*: s=192.168.1.2->202.96.1.3, d=2.2.2.2 [62864]
*Mar 4 01:28:49.875: NAT*: s=2.2.2.2, d=202.96.1.3->192.168.1.2 [54062]
...
```

【提示】 如果动态NAT地址池中没有足够的地址作动态映射,则会出现类似下面的信息,提示NAT转换失败,并丢弃数据包。

```
*Feb 22 09:02:59.075: NAT: translation failed (A), dropping packet s=192.168.1.2 d=2.2.2.2
```

(2) show ip nat translations。

```
R1#show ip nat translations
Pro Inside global       Inside local         Outside local    Outside global
tcp 202.96.1.4:1721     192.168.1.1:1721     2.2.2.2:80       2.2.2.2:80
--- 202.96.1.4          192.168.1.1          ---              ---
icmp 202.96.1.3:3       192.168.1.2:3        2.2.2.2:3        2.2.2.2:3
tcp 202.96.1.3:14347    192.168.1.2:14347    2.2.2.2:23       2.2.2.2:23
--- 202.96.1.3          192.168.1.2          ---              ---
```

以上信息表明当PC1和PC2第一次访问"2.2.2.2"地址的时候,NAT路由器R1为主机PC1和PC2动态分配两个全局地址"202.96.1.4"和"202.96.1.3",在NAT表中生成两条动态映射的记录,同时会在NAT表中生成和应用向对应的协议和端口号的记录(过期时间为60s)。在动态映射没有过期(过期时间为86 400s)之前,再有应用从相同主机发起时,NAT路由器直接查NAT表,然后为应用分配相应的端口号。

(3) show ip nat statistics:该命令用来查看NAT转换的统计信息。

```
R1#show
ip nat statistics
Total active translations: 5 (0 static, 5 dynamic; 3 extended)
//有 5 个转换是动态转化
Outside interfaces:
  Serial0/0/0
//NAT 外部接口
Inside interfaces:
  GigabitEthernet0/0
//NAT 内部接口
```

```
Hits: 54 Misses: 6
CEF Translated packets: 60, CEF Punted packets: 5
Expired translations: 12                                    //NAT 表中过期的转换
Dynamic mappings:                                           //动态映射
-- Inside Source
[Id: 1] access-list 1 pool NAT refcount 2
pool NAT: netmask 255.255.255.0                             //地址池名字和掩码
    start 202.96.1.3 end 202.96.1.100                       //地址池范围
    type generic, total addresses 98, allocated 2 (2%), misses 0
//共 98 个地址,分出去 2 个
Queued Packets: 0
```

8.4 实验 3: PAT 配置

1. 实验目的

通过本实验可以掌握:

(1) PAT 的特征。

(2) overload 的使用。

(3) PAT 配置和调试。

2. 拓扑结构

实验拓扑如图 8-1 所示。

3. 实验步骤

配置路由器 R1 提供 NAT 服务。

```
R1(config)#ip nat pool NAT 202.96.1.3 202.96.1.100 netmask 255.255.255.0
R1(config)#ip nat inside source list 1 pool NAT overload           //配置 PAT
R1(config)#access-list 1 permit 192.168.1.0 0.0.0.255
R1(config)#interface g0/0
R1(config-if)#ip nat inside
R1(config-if)#interface s0/0
R1(config-if)#ip nat outside
```

4. 实验调试

在 PC1 上访问 2.2.2.2(路由器 R2 的环回接口)的 WWW 服务,在 PC2 上分别 telnet 和 ping 2.2.2.2(路由器 R2 的环回接口),调试结果如下:

(1) debug ip nat。

```
*Mar 4 01:53:47.983: NAT*: s=192.168.1.1->202.96.1.3, d=2.2.2.2 [20056]
*Mar 4 01:53:47.995: NAT*: s=2.2.2.2, d=202.96.1.3->192.168.1.1 [46201]
...
*Mar 4 01:54:03.015: NAT*: s=192.168.1.2->202.96.1.3, d=2.2.2.2 [20787]
*Mar 4 01:54:03.219: NAT*: s=2.2.2.2, d=202.96.1.3->192.168.1.2 [12049]
...
```

(2) show ip nat translations。

```
R1#show ip nat translations
Pro Inside global        Inside local         Outside local      Outside global
tcp 202.96.1.3:1732      192.168.1.1:1732     2.2.2.2:80         2.2.2.2:80
```

```
icmp 202.96.1.3:4         192.168.1.2:4         2.2.2.2:4         2.2.2.2:4
tcp 202.96.1.3:12320      192.168.1.2:12320     2.2.2.2:23        2.2.2.2:23
```

以上输出表明进行 PAT 转换使用的是同一个 IP 地址的不同端口号。

(3) show ip nat statistics。

```
Total active translations: 3 (0 static, 3 dynamic; 3 extended)
Outside interfaces:
  Serial0/0/0
Inside interfaces:
GigabitEthernet0/0
Hits: 762 Misses: 22
CEF Translated packets: 760, CEF Punted packets: 47
Expired translations: 19
Dynamic mappings:
-- Inside Source
[Id: 2] access-list 1 pool NAT refcount 3
pool NAT: netmask 255.255.255.0
        start 202.96.1.3 end 202.96.1.100
        type generic, total addresses 98, allocated 1 (1%), misses 0
Queued Packets: 0
```

【提示】 动态 NAT 的过期时间是 86 400s,PAT 的过期时间是 60s,通过命令"show ip nat translations verbose"可以查看。也可以通过下面的命令来修改超时时间:

```
R1(config)# ip nat translation timeout timeout
```

参数 timeout 的范围是 0~2 147 483。

如果主机的数量不是很多,可以直接使用 outside 接口地址配置 PAT,不必定义地址池,命令如下:

```
R1(config)# ip nat inside source list 1 interface s0/0/0 overload
```

8.5 NAT 命令汇总

本章出现的命令如表 8-1 所示。

表 8-1 本章命令汇总

命 令	作 用
clear ip nat translation *	清除动态 NAT 表
show ip nat translation	查看 NAT 表
show ip nat statistics	查看 NAT 转换的统计信息
debug ip nat	动态查看 NAT 转换过程
ip nat inside source static	配置静态 NAT
ip nat inside	配置 NAT 内部接口
ip nat outside	配置 NAT 外部接口
ip nat pool	配置动态 NAT 地址池
ip nat inside source list access-list-number pool name	配置动态 NAT
ip nat inside source list access-list-number pool name overload	配置 PAT

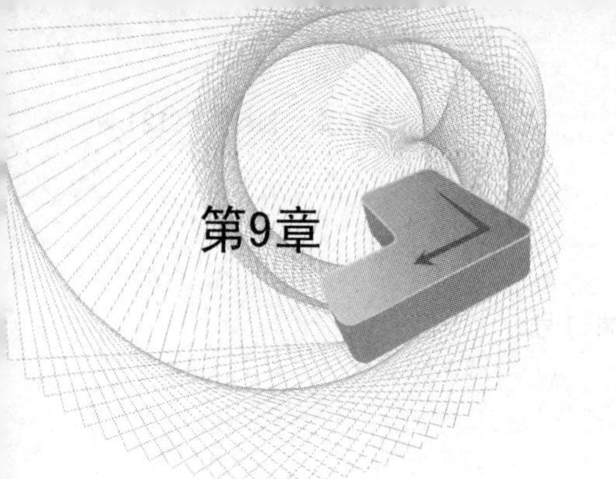

chapter 9

STP

为了减少网络的故障时间，我们经常会采用冗余拓扑。STP(Spanning Tree Protocol)可以让具有冗余结构的网络在故障时自动调整网络的数据转发路径。STP重新收敛时间较长，通常需要30～50s，为了减少这个时间，引入了一些补充技术，例如uplinkfast、backbonefast等。RSTP则在协议上对STP做了根本的改进而形成新的协议，从而减少收敛时间。STP还有许多改进，例如PVST、MST协议以及安全措施，本章将介绍这些常用的配置。

9.1 STP简介

9.1.1 基本STP

为了增加局域网的冗余性，我们常常会在网络中引入冗余链路，然而这样会引起交换环路。交换环路会带来三个问题：广播风暴、同一帧的多个副本、交换机CAM表不稳定。STP可以解决这些问题，STP的基本思路是阻断一些交换机接口，构建一棵没有环路的转发树。STP利用网桥协议数据单元(Bridge Protocol Data Unit，BPDU)和其他交换机进行通信，从而确定哪个交换机该阻断哪个接口。在BPDU中有几个关键的字段，例如，根桥ID、路径代价、端口ID等。

为了在网络中形成一个没有环路的拓扑，网络中的交换机要进行以下三个步骤：

(1) 选举根桥。

(2) 选举根口。

(3) 选举指定口。

在这些步骤中，哪个交换机能获胜将取决于以下因素(按顺序进行)：

(1) 最低的根桥ID。

(2) 最低的根路径代价。

(3) 最低发送者桥ID。

(4) 最低发送者端口ID。

每个交换机都具有一个唯一的桥ID，这个ID由两部分组成：网桥优先级+MAC地址。网桥优先级是一个两个字节的数，交换机的默认优先级为32 768；MAC地址就是交换机的MAC地址。具有最低桥ID的交换机就是根桥。根桥上的接口都是指定口，会转发数据包。

选举了根桥后,其他的交换机就成为非根桥了。每台非根桥要选举一条到根桥的根路径。STP 使用路径 Cost 来决定到达根桥的最佳路径(Cost 是累加的,带宽大的链路 Cost 低),最低 Cost 值的路径就是根路径,该接口就是根口;如果 Cost 值一样,就根据选举顺序选举根口。根口是转发数据包的。

交换机的其他接口还要决定是指定口还是阻断口,交换机之间将进一步根据上面的四个因素来竞争。指定口是转发数据帧的。剩下的其他的接口将被阻断,不转发数据包。这样网络就构建出了一棵没有环路的转发树。

当网络的拓扑发生变化时,网络会从一个状态向另一个状态过渡,重新打开或阻断某些接口。交换机的端口要经过几种状态:禁用(Disable)、阻塞(Blocking)、监听状态(Listening)、学习状态(Learning),最后是转发状态(Forwarding)。

9.1.2 PVST

当网络上有多个 VLAN 时,PVST(Per Vlan STP)会为每个 VLAN 构建一棵 STP 树。这样的好处是可以独立地为每个 VLAN 控制哪些接口要转发数据,从而实现负载平衡;缺点是如果 VLAN 数量很多,会给交换机带来沉重的负担。Cisco 交换机默认的模式就是 PVST。

9.1.3 portfast、uplinkfast、backbonefast

STP 的收敛时间通常需要 30~50s。为了减少收敛时间,有一些改善措施。Portfast 特性使得以太网接口一旦有设备接入,就立即进入转发状态,如果接口上连接的只是计算机或者其他不运行 STP 的设备,这是非常合适的。

Uplinkfast 则经常用在接入层交换机上,当它连接到主干交换机上的主链路上出现故障时,能立即切换到备份链路上,而不需要经过 30s 或者 50s。Uplinkfast 只需要在接入层交换机上配置即可。

Backbonefast 则主要用在主干交换机之间,当主干交换机之间的链路上出现故障时,可以比原有的 50s 少 20s 就切换到备份链路上。Backbonefast 需要在全部交换机上配置。

9.1.4 RSTP

RSTP 实际上是把减少 STP 收敛时间的一些措施融合在 STP 协议中形成新的协议。RSTP 中,接口的角色有根接口、指定接口、备份接口(Backup Interface)、替代接口(Alternate Interface)。接口的状态有丢弃(Discarding)、学习状态(Learning)、转发状态(Forwarding)。接口还分为边界接口(Edge Port)、点到点接口(Point-to-Point Port)和共享接口(Share Port)。

9.1.5 MST

在 PVST 中,交换机为每个 VLAN 都构建一棵 STP 树,不仅会给 CPU 带来很大的负载,也会占用大量的带宽。MST 则是把多个 VLAN 映射到一个 STP 实例上,从而减少了 STP 实例。MST 可以和 STP、PVST 配合使用。对于运行 STP、PVST 的交换机来说,一个 MST 域看起来就像一台交换机。

9.1.6 STP 防护

STP 协议并没有什么措施对交换机的身份进行认证。在稳定的网络中如果接入非法的交换机将可能给网络中的 STP 树带来灾难性的破坏。有一些简单的措施来保护网络,虽然这些措施显得软弱无力。Root Guard 特性将使得交换机的接口拒绝接收比原有根桥优先级更高的 BPDU。而 BPDU Guard 主要是和 portfast 特性配合使用,portfast 使得接口一有计算机接入就立即进入转发状态,然而万一这个接口接入的是交换机很可能造成环路。BPDU Guard 可以使得 portfast 接口一旦接收到 BPDU,就关闭该接口。

9.2 实验 1:STP、PVST

1. 实验目的

通过本实验,可以掌握如下技能:

(1) 理解 STP 的工作原理。

(2) 掌握 STP 树的控制。

(3) 利用 PVST 进行负载平衡。

2. 实验拓扑

实验拓扑如图 9-1 所示。

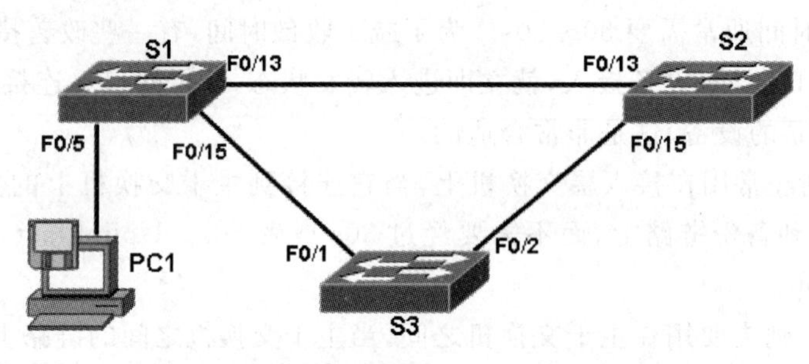

图 9-1 实验 1、实验 2、实验 4 拓扑图

在图 9-1 中,S1 和 S2 模拟为核心层的交换机,而 S3 为接入的交换机。S1 和 S2 实际上是三层交换机,这里并不利用其三层功能,所以它们也采用二层交换机的图标。

3. 实验步骤

要在网络中配置两个 VLAN,不同 VLAN 的 STP 具有不同的根桥,实现负载平衡。

步骤 1:利用 VTP 在交换机上创建 VLAN2,在 S1 和 S2 之间的链路配置 Trunk。

```
S1(config)# vtp domain VTP-TEST
Changing VTP domain name from NULL to VTP-TEST
S1(config)# vlan 2
//在 S1 上配置 VTP 的域名,并创建 VLAN 2。由于默认时 S2 和 S3 的 VTP 域名为空,它们将自动学习
//到 S1 的 VTP 域名,同时 S2、S3 也将自动学习到 VLAN 2,请确认是否成功

S1(config)# int f0/14
S1(config-if)# shutdown
//关闭该接口,以免影响我们的实验
```

```
S1(config)# int f0/13
S1(config-if)# switchport Trunk encapsulation dot1q
S1(config-if)# switchport mode Trunk
//S1 的 f0/13 改为 negotiate 后,由于默认时 S2 的 f0/13 为 auto 模式,S1 和 S2 将自动协商成功
//Trunk。而默认时 S3 的以太网接口就是 desirable 模式,所以 S3 和 S1、S2 的链路也自动协商成功
//Trunk.请确认三条链路的 Trunk 是否成功
```

步骤 2:检查初始的 STP 树。

```
S1# show spanning-tree
VLAN0001
  Spanning tree enabled protocol ieee
//以上表明运行的 STP 协议是 IEEE 的 802.1D
Root ID     Priority     32768
            Address      0009.b7a4.b181
            Cost         19
            Port         17 (FastEthernet0/15)
            Hello Time   2 sec Max Age 20 sec Forward Delay 15 sec
//以上显示 VLAN 1 的 STP 树的根桥信息,通过根桥的 MAC 地址可以确定 S3 是根桥。这是因为 S3 是
//较早的交换机,具有较低的 MAC 地址。由于 S3 是一台低端的交换机,成为根桥显然是不合理的
//Bridge IDPriority      32769 (priority 32768 sys-id-ext 1)
            Address      0018.ba11.f500
            Hello Time   2 sec Max Age 20 sec Forward Delay 15 sec
            Aging Time 300
//以上显示该交换机的桥 ID
Interface        Role   Sts  Cost         Prio.Nbr  Type
---------------- ------ ---- ------------ --------- --------
Fa0/13           Altn   BLK  19           128.15    P2p
Fa0/15           Root   FWD  19           128.17    P2p
//以上显示该交换机各个接口的状态,f0/13 为阻断状态,f0/15 为根口

VLAN0002
  Spanning tree enabled protocol ieee
  Root ID     Priority     32768
              Address      0009.b7a4.b182
              Cost         19
              Port         17 (FastEthernet0/15)
              Hello Time   2 sec Max Age 20 sec Forward Delay 15 sec

    Bridge ID Priority     32770 (priority 32768 sys-id-ext 2)
              Address      0018.ba11.f500
              Hello Time   2 sec Max Age 20 sec Forward Delay 15 sec
              Aging Time 300

Interface        Role   Sts  Cost         Prio.Nbr  Type
---------------- ------ ---- ------------ --------- --------
Fa0/13           Altn   BLK  19           128.15    P2p
Fa0/15           Root   FWD  19           128.17    P2p
//以上是 VLAN 2 的 STP 树情况,VLAN 2 的 STP 树和 VLAN 1 的类似。默认时,Cisco 交换机会为每个
//VLAN 都生成一个单独的 STP 树,称为 PVST(Per VLAN Spanning Tree)
```

【技术要点】 需要仔细分析为什么 STP 会是目前这种情况。三个交换机的默认优先级都是 32 768,而 S3 的 MAC 较低,所以成为了根桥,则 S3 上的 f0/1 和 f0/2 是指定口,处于 Forword 状态。S1 有两个接口可以到达 S3:一个接口是 f0/13,到达 S3 的 Cost 为 19+19=38;另一个接口是 f0/15,到达 S1 的 Cost 为 19,因此 f0/15 是根口,处于 Forword 状态。同样,在 S2 上,f0/15 也是根口,处于 Forword 状态。在 S1 和 S2 之间的链路上,要选举出一个指定口。根据选举的要素,根桥的 ID 是一样的,不能决出胜负;到达根桥的 Cost 值也是一样的,都为 19,不能决出胜负;但是发送者桥 ID 不一样,S1 的 MAC 地址高,S2 的 MAC 地址低,S2 获胜,所以 S2 的 f0/13 是指定口,处于 Forward 状态,S1 的 f0/13 就处于 Block 状态了。

步骤 3:控制 S1 为 VLAN1 的根桥,S2 为 VLAN2 的根桥。

```
S1(config)#spanning-tree vlan 1 priority 4096
S2(config)#spanning-tree vlan 2 priority 4096
//对于 VLAN 1 来说,S1 的优先级为 4096,而 S2 和 S3 保持默认值 32768,这样 S1 就成为了 VLAN 1
//的根桥。同样我们控制 S2 成为了 VLAN 2 的根桥。优先级通常要是 4096 的倍数
S1#show spanning-tree
VLAN0001
  Spanning tree enabled protocol ieee
  Root ID     Priority     4097
              Address      0018.ba11.f500
              This bridge is the root
              Hello Time   2 sec Max Age 20 sec Forward Delay 15 sec
//S1 成为了 VLAN 1 的根桥
  Bridge ID   Priority     4097 (priority 4096 sys-id-ext 1)
              Address      0018.ba11.f500
              Hello Time   2 sec Max Age 20 sec Forward Delay 15 sec
              Aging Time 15
Interface          Role   Sts  Cost          Prio.Nbr  Type
----------------- ------ ---- ------------ --------- --------
Fa0/13             Desg   FWD  19            128.15    P2p
Fa0/15             Desg   FWD  19            128.17    P2p
//对于 VLAN 1 来说,f0/13 和 f0/15 是指定口,都处于转发状态了

VLAN0002
  Spanning tree enabled protocol ieee
  Root ID     Priority     4098
              Address      0018.ba11.eb80
              Cost         19
              Port         15 (FastEthernet0/13)
              Hello Time   2 sec Max Age 20 sec Forward Delay 15 sec
//S2 成为了 VLAN 2 的根桥
  Bridge ID   Priority     32770 (priority 32768 sys-id-ext 2)
              Address      0018.ba11.f500
              Hello Time   2 sec Max Age 20 sec Forward Delay 15 sec
              Aging Time 15
```

```
Interface           Role  Sts  Cost       Prio.Nbr  Type
---------------- ------ ---- ------------ --------- --------
Fa0/13              Root  FWD  19         128.15    P2p
Fa0/15              Altn  BLK  19         128.17    P2p
//对于 VLAN 2 来说,f0/13 是根口,处于转发状态,而 f0/15 却是阻断状态

S3 # show spanning - tree brief
VLAN1
   Spanning tree enabled protocol ieee
  Root ID    Priority    4097
             Address     0018.ba11.f500
             Cost        19
             Port        1 (FastEthernet0/1)
             Hello Time  2 sec Max Age 20 sec Forward Delay 15 sec
  Bridge ID  Priority    32768
             Address     0009.b7a4.b181
             Hello Time  2 sec Max Age 20 sec Forward Delay 15 sec
             Aging Time 300
Interface                                       Designated
Name                     Port ID Prio  Cost  Sts  Cost  Bridge ID             Port ID
------------------------ ------- ----- ----- ---- ----- --------------------- --------
FastEthernet0/1          128.1   128     19  FWD     0  4097 0018.ba11.f500   128.17
FastEthernet0/2          128.2   128     19  FWD    19  32768 0009.b7a4.b181  128.2
//在 S3 上,对于 VLAN1,S3 的 f0/1 和 f0/2 都处于转发状态
VLAN2
  Spanning tree enabled protocol ieee
  Root ID    Priority    4098
             Address     0018.ba11.eb80
             Cost        19
             Port        2 (FastEthernet0/2)
             Hello Time  2 sec Max Age 20 sec Forward Delay 15 sec

  Bridge ID  Priority    32768
             Address     0009.b7a4.b182
             Hello Time  2 sec Max Age 20 sec Forward Delay 15 sec
             Aging Time 300

Interface                                       Designated
Name                     Port ID Prio  Cost  Sts  Cost  Bridge ID             Port ID
------------------------ ------- ----- ----- ---- ----- --------------------- --------
FastEthernet0/1          128.1   128     19  FWD    19  32768 0009.b7a4.b182  128.1
FastEthernet0/2          128.2   128     19  FWD     0   4098 0018.ba11.eb80  128.17
//S3 上,对于 VLAN2,S3 的 f0/1 和 f0/2 也都处于转发状态
```

步骤 4：控制指定口

在步骤 3 中可以看到对于 VLAN 1,S1 成为了根桥,S1 的 f0/13 和 f0/15 处于转发状态；S2 的 f0/13 是根口,也处于转发状态；S3 的 f0/1 是根口,也处于转发状态；然而 S2 和 S3 之间的链路上,却是低端交换机 S3 的 f0/2 在转发数据,原因在于 S2 和 S3 在竞争指定口时,由于 S3 的 MAC 较低而获胜了,这是不合理的。VLAN 2 的情况类似。

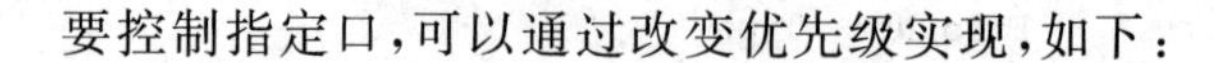

要控制指定口，可以通过改变优先级实现，如下：

```
S2(config)# spanning-tree vlan 1 priority 8192
S1(config)# spanning-tree vlan 2 priority 8192
//对于 VLAN 1 来说，S2 的优先级为 8192，比 S1 的 4096 低，不至于成为根桥，但是比 S3 的 32768 低，
//所以在竞争指定口时会获胜。VLAN 2 的情况类似

S3# show spanning-tree brief
VLAN1
(此处省略)
Interface                                       Designated
Name                 Port ID Prio  Cost  Sts   Cost  Bridge ID              Port ID
-------------------- ------- ----- ----- ----  ----- ---------------------- --------
FastEthernet0/1      128.1   128     19  FWD      0  4097 0018.ba11.f500    128.17
FastEthernet0/2      128.2   128     19  BLK     19  8193 0018.ba11.eb80    128.17
//S3 上，对于 VLAN1，S3 的 f0/1 处于转发状态，而 f0/2 处于阻断状态

VLAN2
  (此处省略)
Interface                                       Designated
Name                 Port ID Prio  Cost  Sts   Cost  Bridge ID              Port ID
-------------------- ------- ----- ----- ----  ----- ---------------------- --------
FastEthernet0/1      128.1   128     19  BLK     19  8194 0018.ba11.f500    128.17
FastEthernet0/2      128.2   128     19  FWD      0  4098 0018.ba11.eb80    128.17
// S3 上，对于 VLAN 2，S3 的 f0/1 处于阻断状态，而 f0/2 处于转发状态，这样起到了负载平衡的
//作用
```

9.3 实验 2：portfast、uplinkfast、backbonefast

1. 实验目的

通过本实验，可以掌握如下技能：

(1) 理解 portfast 的工作场合和配置。

(2) 理解 uplinkfast 的工作场合和配置。

(3) 理解 backbonefast 的工作场合和配置。

2. 实验拓扑

实验拓扑如图 9-1 所示。

3. 实验步骤

在实验 1 的基础上继续本实验，这里将只关心 VLAN 1 的 STP 树。

步骤 1：配置 portfast。

图 9-1 中，S1 的 f0/5 是用于接入计算机。当计算机接入时，f0/5 接口立即进入监听状态，随后经过学习，最后才成为转发状态，这需要 30s 的时间。这对于有些场合是不可忍受的，可以配置 portfast 特性，使得计算机一接入，接口立即进入转发状态。

```
S1(config)# int f0/5
S1(config-if)# spanning-tree portfast
 % Warning: portfast should only be enabled on ports connected to a single
```

```
host. Connecting hubs, concentrators, switches, bridges, etc... to this
interface when portfast is enabled, can cause temporary bridging loops.
Use with CAUTION

% Portfast has been configured on FastEthernet0/5 but will only
have effect when the interface is in a non-Trunking mode.
//交换机会警告该接口只能用于接入计算机或者路由器,不要接入其他的交换机
```

步骤 2：配置 uplinkfast。

先确认实验 1 的 STP 树正确。在图 9-1 中的 S1 上，关闭 f0/15 接口，在 S3 上反复执行"show spanning-tree vlan 1 brief"观察 f0/2 接口的状态变化：

```
FastEthernet0/2   128.2   128   3019 LIS   19   8193 0018.ba11.eb80 128.17
```

大约 15s 后变为：

```
FastEthernet0/2   128.2   128   3019 LRN   19   8193 0018.ba11.eb80 128.17
```

大约 15s 后变为：

```
FastEthernet0/2   128.2   128   3019 FWD   19   8193 0018.ba11.eb80 128.17
```

合计大约 15+15=30s，f0/2 变为转发状态。

```
S3(config)#spanning-tree uplinkfast
S1(config)#int f0/15
S1(config-if)#no shutdown
S1(config-if)#shutdown                    //等 STP 重新稳定后,才执行该语句
```

在 S3 上重复执行"show spanning-tree vlan 1 brief"，可以看到 f0/2 很快就进入了转发状态。

【技术要点】 在没有配置 uplinkfast 时，交换机 S3 如果能直接检测到 f0/1 接口上的链路故障，f0/2 会立即进入监听状态，这样 30s 就能进入转发状态。然而如果 S1 和 S3 之间存在一个 Hub，S1 上的 f0/15 接口故障了，S3 将无法直接检测到故障，S3 只能等待 10 个周期没有收到 S1 的 BPDU（每个周期 2s），20s 后，S3 的 f0/2 才进入监听状态，这样总共 50s 就能进入转发状态。所以 STP 重新收敛的时间通常需要 30～50s。

步骤 3：配置 backbonefast。

打开 S1 上 f0/15 接口，确认 STP 树已经正确。在图 9-1 中的 S1 上，关闭 f0/13 接口，在 S3 上反复执行"show spanning-tree vlan 1 brief"观察 f0/2 接口的状态变化：

```
FastEthernet0/2   128.2   128   3019 BLK   19   8193 0018.ba11.eb80 128.17
```

大约 20s 后变为：

```
FastEthernet0/2   128.2   128   3019 LIS   19   8193 0018.ba11.eb80 128.17
```

大约 15s 后变为：

```
FastEthernet0/2   128.2   128   3019 LRN   19   8193 0018.ba11.eb80 128.17
```

大约 15s 后变为：

```
FastEthernet0/2  128.2  128  3019 FWD  19  8193 0018.ba11.eb80 128.17
```

合计大约 20+15+15=50s,f0/2 变为转发状态。

```
S1(config)#spanning-tree backbonefast
S2(config)#spanning-tree backbonefast
S3(config)#spanning-tree backbonefast
S1(config)#int f0/13
S1(config-if)#no shutdown
S1(config-if)#shutdown                    //等 STP 重新稳定后,才执行该语句
```

在 S3 上重复执行"show spanning-tree vlan 1 brief",可以看到 f0/2 很快就进入了 Listening 状态,合计大约 15+15=30s 后,f0/2 就变为转发状态,比之前的 50s 少了 20s。

【提示】 uplinkfast 命令只需要在 S3 配置即可,而 backbonefast 命令需要在 S1、S2、S3 三台交换机上都配置。

9.4 实验 3:RSTP

1. 实验目的

通过本实验,可以掌握如下技能:

熟悉 RSTP 的配置。

2. 实验拓扑

实验拓扑如图 9-2 所示。

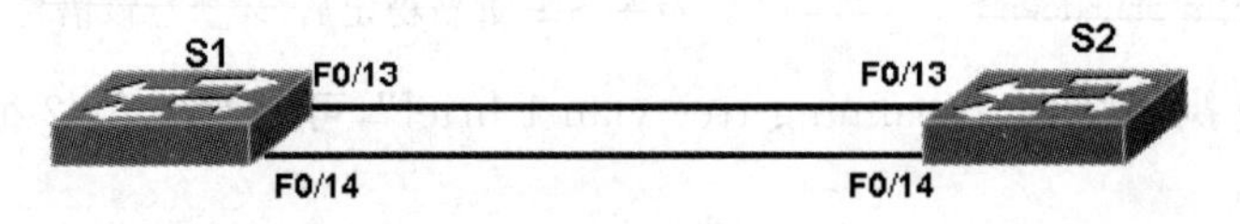

图 9-2 实验 3 拓扑图

3. 实验步骤

步骤 1:请把两台交换机的配置清除干净,重启交换机。

```
S1#delete flash:vlan.dat
S1#erase startup-config
S1#reload
S2#delete flash:vlan.dat
S2#erase startup-config
S2#reload
```

步骤 2:配置 S1 和 S2 之间的 Trunk。

```
S1(config)#int f0/13
S1(config-if)#switchport Trunk encapsulation dot1q
S1(config-if)#switchport mode Trunk
S1(config)#int f0/14
S1(config-if)#switchport Trunk encapsulation dot1q
S1(config-if)#switchport mode Trunk
```

步骤 3：配置 S1 成为根桥。

```
S1(config)# spanning-tree vlan 1 priority 4096
```

在 S1 和 S2 上用"show spanning-tree"命令检查 STP 的情况，S2 的 f0/14 应该处于阻断状态。

【技术要点】 S1 是根桥，S2 要选举到达 S1 的根路径，有两条路径，Cost 都为 19。这时由于 S2 在 f0/13 接口上收到的 BPDU 中，发送者(S1)端口号为 13；在 f0/14 接口上收到的 BPDU 中，发送者端口号为 14。所以 f0/13 被选举为根口了，f0/14 则只能被阻断了。

步骤 4：在 S2 上关闭 f0/13 接口，观察 STP 树的重新生成在 S2 上关闭 f0/13 接口，重复执行"show spanning-tree"，可以看到 f0/14 经过 30s 后才进入了转发状态。

步骤 5：配置 RSTP。

```
S1(config)# spanning-tree mode rapid-pvst
S2(config)# spanning-tree mode rapid-pvst
```

步骤 6：在 S2 上关闭 f0/13 接口，观察 STP 树的重新生成。

在 S2 上重新打开 f0/13 接口，确认 STP 稳定后，在 S2 上关闭 f0/13 接口，重复执行"show spanning-tree"，可以看到 f0/14 立即进入了转发状态。说明 RSTP 的收敛比普通 STP 有了很大的改善。

步骤 7：配置链路类型。

```
S1(config)# int range f0/13 - 14
S1(config-if-range)# duplex full
S1(config-if-range)# spanning-tree link-type point-to-point
S2(config)# int range f0/13 - 14
S2(config-if-range)# duplex full
S2(config-if-range)# spanning-tree link-type point-to-point
//S1 和 S2 之间的链路是 Trunk 链路，自动协商为全双工，RSTP 会自动把它们的链路类型标识为点
//到点。我们这里强制配置了一遍
```

【技术要点】 RSTP 中接口分为边界接口(Edge Port)、点到点接口(Point-to-Point Port)、共享接口(Share Port)。如果接口上配置了启用快速端口，接口就为边界接口；如果接口是半双工，接口就为共享接口；如果接口是全双工，接口就为点到点接口。在接口上指明类型有利于 RSTP 的运行。

9.5 实验 4：MST

1. 实验目的

通过本实验，可以掌握如下技能：

(1) 理解 MST 的工作原理。

(2) 掌握 MST 的配置。

2. 实验拓扑

实验拓扑如图 9-1 所示。

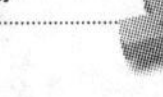

3. **实验步骤**

要在网络中创建 4 个 VLAN，VLAN 1 和 VLAN 2 使用 MST 实例 1，VLAN 3 和 VLAN 4 使用 MST 实例 2。

步骤 1：利用 VTP 在交换机上创建 VLAN，在 S1 和 S2 之间的链路配置 Trunk。

```
S1(config)#vtp domain VTP-TEST
Changing VTP domain name from NULL to VTP-TEST
S1(config)#vlan 2
S1(config)#vlan 3
S1(config)#vlan 4
S1(config)#int f0/14
S1(config-if)#shutdown
//关闭该接口,以免影响我们的实验
S1(config)#int f0/13
S1(config-if)#switchport Trunk encapsulation dot1q
S1(config-if)#switchport mode Trunk
S2(config)#int f0/13
S2(config-if)#switchport Trunk encapsulation dot1q
S2(config-if)#switchport mode Trunk
```

步骤 2：配置 MST。

只有 S1 和 S2 才能支持 MST。

```
S1(config)#spanning-tree mode mst
//以上把生成树的模式改为 MST,默认时是 PVST
S1(config)#spanning-tree mst configuration
//以上是进入 MST 的配置模式下
S1(config-mst)#name TEST-MST
//以上命名 MST 的名字
S1(config-mst)#revision 1
//以上配置 MST 的 revision 号,只有名字和 revision 号相同的交换机才是在同一个 MST 区域
S1(config-mst)#instance 1 vlan 1-2
//以上是把 VLAN 1 和 VLAN 2 的生成树映射到实例 1
S1(config-mst)#instance 2 vlan 3-4
//以上是把 VLAN 3 和 VLAN 4 的生成树映射到实例 2,我们这里一共有三个 MST 实例,实例 0 是系统
//要使用的
S1(config-mst)#exit
//要退出,配置才能生效
S1(config)#spanning-tree mst 1 priority 8192
S1(config)#spanning-tree mst 2 priority 12288
//以上配置 S1 为 MST 实例 1 的根桥

S2(config)#spanning-tree mode mst
S2(config)#spanning-tree mst configuration
S2(config-mst)#name TEST-MST
S2(config-mst)#revision 1
S2(config-mst)#instance 1 vlan 1-2
S2(config-mst)#instance 2 vlan 3-4
S2(config-mst)#exit
S2(config)#spanning-tree mst 1 priority 12288
```

```
S2(config)#spanning-tree mst 2 priority 8192
//以上配置 S2 为 MST 实例 2 的根桥
```

步骤 3：检查生成树。

```
S1#show spanning-tree MST00
  Spanning tree enabled protocol mstp
//以上表明运行的是 MST 协议
  Root ID     Priority     32768
              Address      0009.b7a4.b181
              Cost         200000
              Port         15 (FastEthernet0/13)
              Hello Time   2 sec Max Age 20 sec Forward Delay 15 sec
  Bridge ID   Priority     32768 (priority 32768 sys-id-ext 0)
              Address      0018.ba11.f500
              Hello Time   2 sec Max Age 20 sec Forward Delay 15 sec
Interface          Role  Sts  Cost        Prio.Nbr   Type
------------------ ----- ---- ----------- ---------- --------
Fa0/13             Root  FWD  200000      128.15     P2p
Fa0/15             Altn  BLK  200000      128.17     P2p Bound(PVST)
//以上的 MST00 是系统要使用的实例,BPDU 是通过它来发送的

MST01
  Spanning tree enabled protocol mstp
  Root ID     Priority     8193
              Address      0018.ba11.f500
              This bridge is the root
              Hello Time   2 sec Max Age 20 sec Forward Delay 15 sec
  Bridge ID   Priority     8193 (priority 8192 sys-id-ext 1)
              Address      0018.ba11.f500
              Hello Time   2 sec Max Age 20 sec Forward Delay 15 sec
Interface          Role  Sts  Cost        Prio.Nbr   Type
------------------ ----- ---- ----------- ---------- ------------------
Fa0/13             Desg  FWD  200000      128.15     P2p
Fa0/15             Boun  BLK  200000      128.17     P2p Bound(PVST)

MST02
  Spanning tree enabled protocol mstp
  Root ID     Priority     8194
              Address      0018.ba11.eb80
              Cost         200000
              Port         15 (FastEthernet0/13)
              Hello Time   2 sec Max Age 20 sec Forward Delay 15 sec
  Bridge ID   Priority     12290 (priority 12288 sys-id-ext 2)
              Address      0018.ba11.f500
              Hello Time   2 sec Max Age 20 sec Forward Delay 15 sec
Interface          Role  Sts  Cost        Prio.Nbr   Type
------------------ ----- ---- ----------- ---------- ------------------
Fa0/13             Root  FWD  200000      128.15     P2p
Fa0/15             Boun  BLK  200000      128.17     P2p Bound(PVST)
//以上显示的是 S1 上的 MST 实例情况

S3#show spanning-tree brie
VLAN1
```

```
 Spanning tree enabled protocol ieee

 Root ID     Priority     32768
             Address      0009.b7a4.b181
             This bridge is the root
             Hello Time   2 sec Max Age 20 sec Forward Delay 15 sec
Bridge ID    Priority 32768
             Address      0009.b7a4.b181
             Hello Time   2 sec Max Age 20 sec Forward Delay 15 sec
             Aging Time 15
Interface                                        Designated
Name                    Port ID Prio  Cost  Sts  Cost  Bridge ID            Port ID
----------------------- ------- ----- ----- ---- ----- -------------------- --------
FastEthernet0/1         128.1   128     19  FWD     0  32768 0009.b7a4.b181 128.1
FastEthernet0/2         128.2   128     19  FWD     0  32768 0009.b7a4.b181 128.2
(此处省略)
//以上表明 S3 成为了所有 VLAN 的根桥,f0/1 和 f0/2 都处于转发状态,这不是我们想要的
```

步骤 4：控制 S1 成为根桥

```
S1(config)# spanning-tree mst 0 priority 4096
//注意这里应该配置 MST 0 的优先级,只有 MST 0 才发送 BPDU

S3# show spanning-tree brief
VLAN1
  Spanning tree enabled protocol ieee
  Root ID     Priority     4096
              Address      0018.ba11.f500
              Cost         19
              Port         1 (FastEthernet0/1)
              Hello Time   2 sec Max Age 20 sec Forward Delay 15 sec
//以上表明 S1 是 VLAN 1 的根桥了
  Bridge ID   Priority     32768
              Address      0009.b7a4.b181
              Hello Time   2 sec Max Age 20 sec Forward Delay 15 sec
              Aging Time 300

Interface                                        Designated
Name                    Port ID Prio  Cost  Sts  Cost  Bridge ID            Port ID
----------------------- ------- ----- ----- ---- ----- -------------------- --------
FastEthernet0/1         128.1   128     19  FWD     0  4096 0018.ba11.f500  128.17
FastEthernet0/2         128.2   128     19  BLK     0 32768 0018.ba11.eb80  128.17
  (此处省略)
//对于 S3 上所有的 VLAN 来说,f0/2 都是阻断的,无法取得负载平衡
```

步骤 5：控制负载平衡。

```
S3(config)# int f0/2
S3(config-if)# spanning-tree vlan 3 cost 10
S3(config-if)# spanning-tree vlan 4 cost 10
//以上改变 VLAN 3 和 VLAN 4 在 f0/2 接口上的 Cost 值.这样对于 VLAN 3 和 VLAN 4,S3 的 f0/2 接口
//就处于转发状态了
```

9.6 实验5：STP保护

1. 实验目的

通过本实验，可以掌握如下技能：

(1) ROOT GUARD的使用。

(2) BPDU GUARD的使用。

2. 实验拓扑

实验拓扑如图9-3所示。

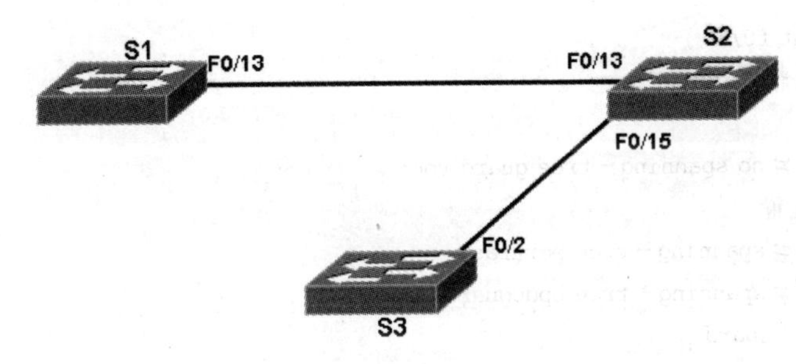

图9-3 实验5拓扑图

3. 实验步骤

步骤1：关闭不需要的接口，配置S1和S2之间的Trunk。

```
S1(config)#int f0/14
S1(config-if)#shutdown
S1(config)#int f0/15
S1(config-if)#shutdown
S1(config)#int f0/13
S1(config-if)#switchport Trunk encapsulation dot1q
S1(config-if)#switchport mode Trunk
```

步骤2：配置S1成为根桥。

```
S1(config)#spanning-tree vlan 1 priority 8192
```

步骤3：在S2的f0/15上配置guard root。

```
S2(config)#int f0/15
S2(config-if)#spanning-tree guard root
```

步骤4：把S3改为根桥，观察S2的动作。

```
S3(config)#spanning-tree vlan 1 priority 4096
S2#show spanning-tree inconsistentports
Name          Interface            Inconsistency
------------- -------------------- ------------------------
VLAN0001      FastEthernet0/15     Root Inconsistent
Number of inconsistent ports (segments) in the system : 1
```

```
//S2 将从 f0/15 收到 S3 发送的更优的 BPDU,然而由于该接口上配置 Root guard,S2 的接口进入阻
//断状态
S2#show spanning-tree
VLAN0001
(此处省略)
Interface          Role  Sts  Cost        Prio.Nbr   Type
------------------ ----- ---- ----------- ---------- ------------------
Fa0/13             Root  FWD   19         128.15     P2p
Fa0/15             Desg  BKN*  19         128.17     P2p *ROOT_Inc
```

步骤 5：配置 BPDU Guard。

```
S2(config)#int f0/15
S2(config-if)#shutdown
//关闭接口
S2(config-if)#no spanning-tree guard root
//去掉之前的配置
S2(config-if)#spanning-tree portfast
S2(config-if)#spanning-tree bpduguard enable
//以上配置 BPDU Guard
S2(config)#int f0/15
S2(config-if)#no shutdown
0:28:49: %SPANTREE-2-BLOCK_BPDUGUARD: Received BPDU on port FastEthernet0/15 with BPDU
Guard enabled. Disabling port.
00:28:49: %PM-4-ERR_DISABLE: bpduguard error detected on Fa0/15, putting Fa0/15 in err-
disable state
00:28:50: %LINEPROTO-5-UPDOWN: Line protocol on Interface FastEthernet0/15, changed state
to down
//交换机从 f0/15 接口收到 S3 的 BPDU,f0/15 被 disable 了

S2#show interfaces f0/15
FastEthernet0/15 is down, line protocol is down (err-disabled)
//可以看到 f0/15 接口关闭了。要重新开启,请先移除 BPDU 源,在接口下执行"shutdown"、"no
//shutdown"命令
```

9.7 本章小结

本章首先介绍了 STP 的作用和基本工作原理,交换机通过 STP 协议有选择性地阻断了某些接口,从而构建无环路的转发路径,STP 需要选取根桥、根口、指定口。802.1D 的 STP 需要较长时间才收敛,通常为 30～50s。本章还介绍减少 STP 收敛的措施：uplinkfast、backbonefast 和 RSTP 协议。默认时 Cisco 交换机为每个 VLAN 构建一棵树,这样方便控制 STP 树,但导致 STP 树数量太多。MST 则可以为多个 VLAN 共同构建一棵树。本章最后介绍了保护 STP 树的两个简单措施：Root Guard 和 BPDU Guard。

表 9-1 是本章出现的命令。

表 9-1 本章命令汇总

命 令	作 用
show spanning-tree	查看 STP 树信息
spanning-tree vlan 1 priority 4096	配置 VLAN1 的桥优先级
spanning-tree portfast	配置接口为 portfast,当有设备接入时立即进入转发状态
spanning-tree uplinkfast	配置 uplinkfast 特性
spanning-tree backbonefast	配置 backbonefast 特性
spanning-tree mode rapid-pvst	把 STP 的运行模式设为 RSTP+PVST
spanning-tree link-type point-to-point	把接口的链路类型改为点对点
spanning-tree mode mst	把生成树的模式改为 MST
spanning-tree mst configuration	进入 MST 的配置模式
name TEST-MST	命名 MST 的名字
revision 1	配置 MST 的 revision 号
instance 1 vlan 1-2	把 VLAN 1 和 VLAN 2 的生成树映射到实例 1
spanning-tree guard root	在接口上配置 root guard 特性
spanning-tree bpduguard enable	在接口上配置 bpduguard 特性

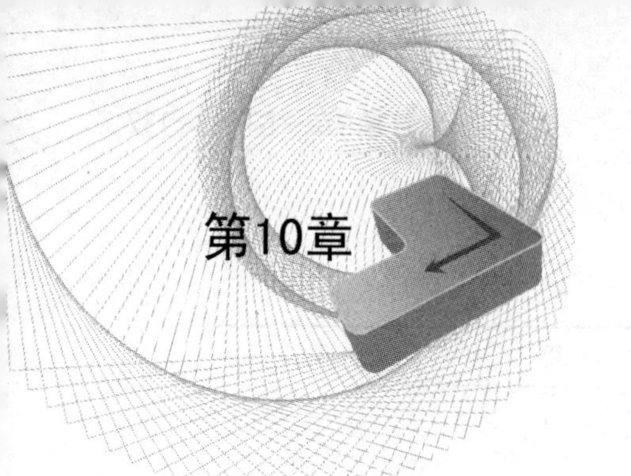

chapter 10

VLAN间路由

在交换机上划分 VLAN 后,VLAN 间的计算机就无法通信了。VLAN 间的通信需要借助第三层设备,我们可以使用路由器来实现这个功能,如果使用路由器通常会采用单臂路由模式。在实践中,VLAN 间的路由大多是通过三层交换机实现的,三层交换机可以看成是路由器加交换机,然而因为采用了特殊的技术,其数据处理能力比路由器要大得多。本章将分别介绍两种方法的具体配置。

10.1 VLAN 间路由简介

10.1.1 单臂路由

对于处于不同 VLAN 的计算机,即使它们是在同一交换机上,它们之间的通信也必须使用路由器。在每个 VLAN 上都有一个以太网口和路由器连接。采用这种方法,如果要实现 N 个 VLAN 间的通信,则路由器需要 N 个以太网接口,同时也会占用了 N 个交换上的以太网接口。单臂路由提供另外一种解决方案。路由器只需要一个以太网接口和交换机连接,交换机的这个接口设置为 Trunk 接口。在路由器上创建多个子接口和不同的 VLAN 连接,子接口是路由器物理接口上的逻辑接口。其工作原理如图 10-1 所示,当交换机收到 VLAN1 的计算机发送的数据帧后,从它的 Trunk 接口发送数据给路由器,由于该链路是 Trunk 链路,帧中带有 VLAN1 的标签,帧到了路由器后,如果数据要转发到 VLAN2 上,那么路由器将把数据帧的 VLAN1 标签去掉,重新用 VLAN2 的标签进行封装,通过 Trunk 链路发送到交换机上的 Trunk 接口;交换机收到该帧,去掉 VLAN2 标签,发送给 VLAN2 上的计算机,从而实现了 VLAN 间的通信。

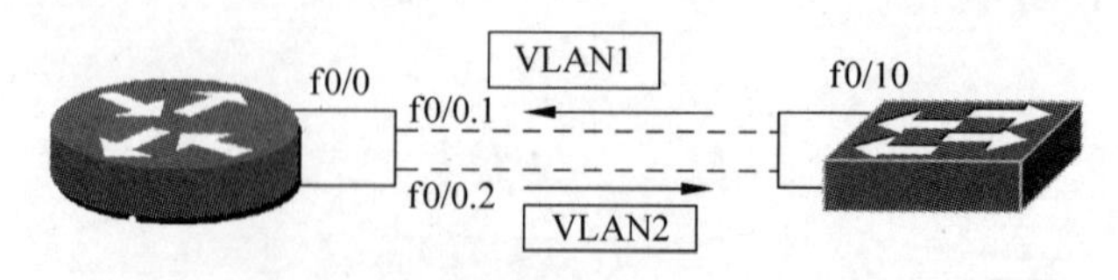

图 10-1 路由器的子接口工作原理

10.1.2 三层交换图

单臂路由实现 VLAN 间的路由时转发速率较慢，实际上在局域网内部多采用三层交换。三层交换机通常采用硬件来实现，其路由数据包的速率是普通路由器的几十倍。从使用者的角度可以把三层交换机看成是二层交换机和路由器的组合，如图 10-2 所示，这个虚拟的路由器和每个 VLAN 都有一个接口进行连接，不过这个接口是 VLAN1 或 VLAN2 接口。Cisco 早些年采用基于 NetFlow 的三层交换技术；现在 Cisco 主要采用 CEF 技术。在 CEF 技术中，交换机利用路由表形成转发信息库(Forward Information Base，FIB)，FIB 和路由表是同步的，关键是其查询是硬件化的，查询速度快得多。除了 FIB，还有邻接表(Adjacency Table)，该表和 ARP 表有些类似，主要放置了第二层的封装信息。FIB 和邻接表都是在数据转发之前就已经建立准备好了，这样一有数据要转发，交换机就能直接利用它们进行数据转发和封装，不需要查询路由表和发送 ARP 请求，所以 VLAN 间的路由速率大大提高。

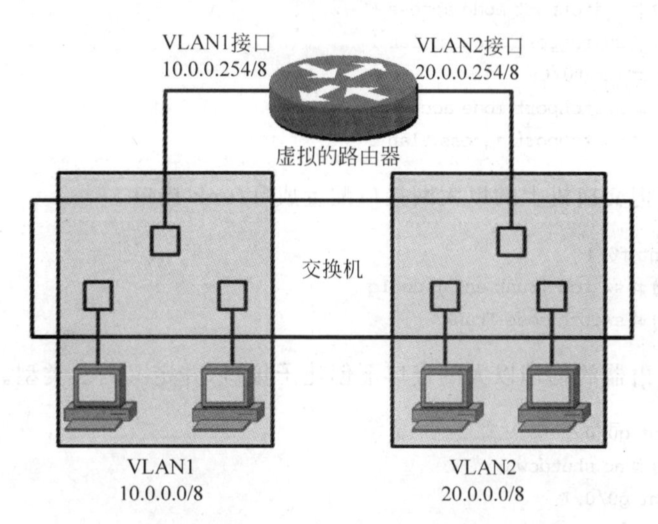

图 10-2 三层交换机原理示意图

10.2 实验 1：单臂路由实现 VLAN 间路由

1. 实验目的

通过本实验，可以掌握如下技能：

(1) 路由器以太网接口上的子接口。

(2) 单臂路由实现 VLAN 间路由的配置。

2. 实验拓扑

实验拓扑如图 10-3 所示。

3. 实验步骤

我们要用 R1 来实现分别处于 VLAN1 和 VLAN2 的 PC1 和 PC2 间的通信。

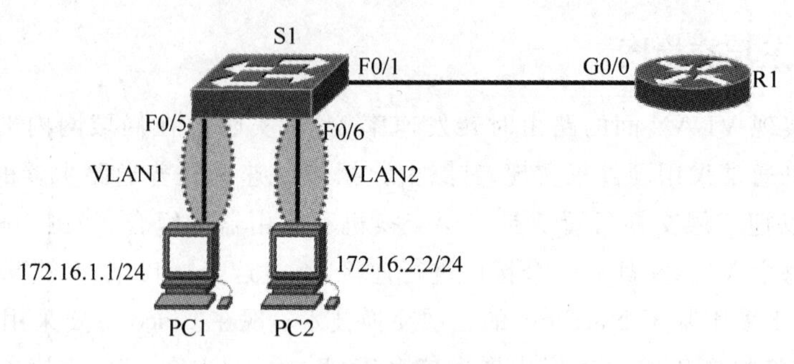

图 10-3 实验 1 拓扑图

步骤 1：在 S1 上划分 VLAN。

```
S1(config)#vlan 2
S1(config-vlan)#exit
S1(config)#int f0/5
S1(config-if)#switchport mode access
S1(config-if)#switchport access vlan 1
S1(config-if)#int f0/6
S1(config-if)#switchport mode access
S1(config-if)#switchport access vlan 2
```

步骤 2：要先把交换机上的以太网接口配置成 Trunk 接口。

```
S1(config)#int f0/1
S1(config-if)#switch Trunk encap dot1q
S1(config-if)#switch mode Trunk
```

步骤 3：在路由器的物理以太网接口下创建子接口，并定义封装类型。

```
R1(config)#int g0/0
R1(config-if)#no shutdown
R1(config)#int g0/0.1
R1(config-subif)#encapture dot1q 1 native
//以上是定义该子接口承载哪个 VLAN 流量，由于交换机上的 native vlan 是 VLAN 1，所以我们这里
//也要指明该 VLAN 就是 native vlan.实际上默认时 native vlan 就是 vlan 1
R1 (config-subif)#ip address 172.16.1.254 255.255.255.0
//在子接口上配置 IP 地址，这个地址就是 VLAN 1 的网关了

R1(config)#int g0/0.2
R1(config-subif)#encapture dot1q 2
R1 (config-subif)#ip address 172.16.2.254 255.255.255.0
```

4. 实验调试

在 PC1 和 PC2 上配置 IP 地址和网关，PC1 的网关指向 17.16.1.254，PC1 的网关指向 17.16.2.254。测试 PC1 和 PC2 的通信。注意：如果计算机有两个网卡，请去掉另一网卡上设置的网关。

【提示】 S1 实际上是 catalyst 3560 交换机，该交换机具有三层功能，这里把它当作二层交换机使用了，有点大材小用。

10.3 实验2：三层交换实现VLAN间路由

1. 实验目的

通过本实验，可以掌握如下技能：

(1) 理解三层交换的概念。

(2) 配置三层交换。

2. 实验拓扑

实验拓扑如图10-4所示。

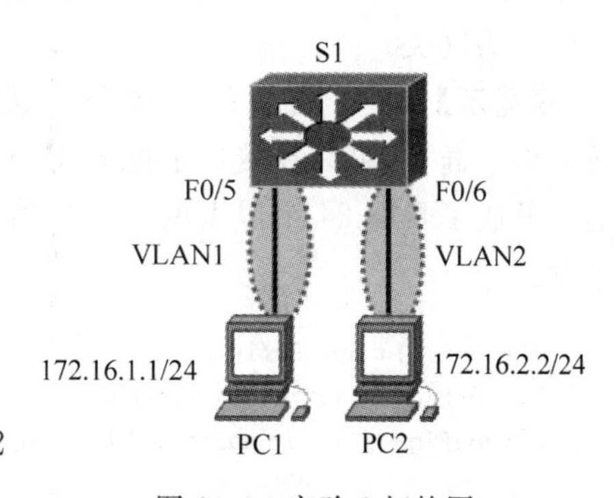

图10-4 实验2拓扑图

3. 实验步骤

我们要用S1来实现分别处于VLAN1和VLAN2的PC1和PC2间的通信。

步骤1：在S1上划分VLAN。

```
S1(config)#vlan 2
S1(config-vlan)#exit
S1(config)#int f0/5
S1(config-if)#switchport mode access
S1(config-if)#switchport access vlan 1
S1(config-if)#int f0/6
S1(config-if)#switchport mode access
S1(config-if)#switchport access vlan 2
```

步骤2：配置三层交换功能。

```
S1(config)#ip routing
//以上开启 S1 的路由功能,这时 S1 就启用了三层功能
S1(config)#int vlan 1
S1(config-if)#no shutdown
S1(config-if)#ip address 172.16.1.254 255.255.255.0
S1(config)#int vlan 2
S1(config-if)#no shutdown
S1(config-if)#ip address 172.16.2.254 255.255.255.0
//在 vlan 接口上配置 IP 地址即可,VLAN 1 接口上的地址就是 PC1 的网关了,VLAN 2 接口上的地址
//就是 PC2 的网关了
```

【提示】 要在三层交换机上启用路由功能，还需要启用CEF(命令为ip cef)，不过这是默认值。和路由器一样，在三层交换机上同样可以运行路由协议。

4. 实验调试

(1) 检查S1上的路由表。

```
S1#show ip route
(此处省略)
     172.16.0.0/24 is subnetted, 2 subnets
C       172.16.1.0 is directly connected, Vlan1
C       172.16.2.0 is directly connected, Vlan2
//和路由器一样,三层交换机上也有路由表
```

(2) 测试 PC1 和 PC2 间的通信。

在 PC1 和 PC2 上配置 IP 地址和网关，PC1 的网关指向 17.16.1.254，PC2 的网关指向 17.16.2.254。测试 PC1 和 PC2 的通信。注意：如果计算机有两个网卡，请去掉另一网卡上设置的网关。

【提示】 也可以把 f0/5 和 f0/6 接口作为路由接口使用，这时它们就和路由器的以太网接口一样了，可以在接口上配置 IP 地址。如果 S1 上的全部以太网都这样设置，那么 S1 实际上成了具有 24 个以太网接口的路由器，我们不建议这样做，这样太浪费接口了。配置示例：

```
S1(config)#int f0/10
S1(config-if)#no switchport             //该接口不再是交换接口了，成为了路由接口
S1(config-if)#ip address 10.0.0.254 255.255.255.0
```

10.4 本章小结

本章介绍了实现不同 VLAN 间的计算机通信方法。可以使用单臂路由方法，在路由器的以太网接口上创建子接口。然而通常采用的是三层交换机来实现 VLAN 间的路由，三层交换机可以看成是交换机和路由器的集成，配置三层交换非常简单。表 10-1 是本章出现的命令。

表 10-1 本章命令汇总

命 令	作 用
int g0/0.1	创建子接口
encapture dot1q 1 native	指明子接口承载哪个 VLAN 的流量以及封装类型，同时该 VLAN 是本征 VLAN
ip routing	打开路由功能
no switchport	接口不作为交换机接口
ip cef	开启 CEF 功能

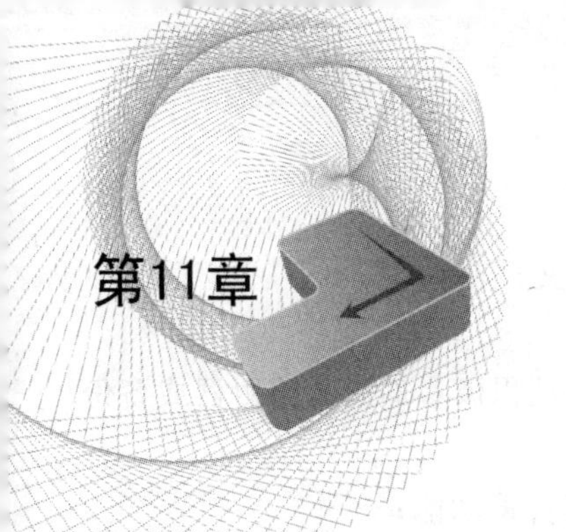

第11章

chapter 11

网关冗余和负载平衡

为了减少交换机故障的影响，交换机上有 STP 技术。然而作为网关的路由器出现故障了，又有什么解决办法？HSRP 和 VRRP 是最常用的网关冗余技术，HSRP 和 VRRP 类似，由多个路由器共同组成一个组，虚拟出一个网关，其中的一台路由器处于活动状态，当它出现故障时由备份路由器接替它的工作，从而实现对用户透明的切换。然而我们希望在冗余的同时，能同时实现负载平衡，以充分利用设备的能力，GLBP 同时提供了冗余和负载平衡的能力。本章将介绍它们的具体配置。

11.1 网关冗余和负载平衡简介

11.1.1 HSRP

HSRP(Hot Standby Router Protocol)是 Cisco 的专有协议。HSRP 把多台路由器组成一个“热备份组”，形成一个虚拟路由器。这个组内只有一个路由器是活动的(Active)，并由它来转发数据包，如果活动路由器发生了故障，那么备份路由器将成为活动路由器。从网络内的主机来看，网关并没有改变。

HSRP 路由器利用 Hello 包来互相监听各自的存在。当路由器长时间没有接收到 Hello 包，就认为活动路由器故障，备份路由器就会成为活动路由器。HSRP 协议利用优先级决定哪个路由器成为活动路由器。如果一个路由器的优先级比其他路由器的优先级高，则该路由器成为活动路由器。路由器的默认优先级是 100。在一个组中，最多有一个活动路由器和一个备份路由器。

HSRP 路由器发送的多播消息有以下 3 种。

(1) Hello：Hello 消息通知其他路由器发送路由器的 HSRP 优先级和状态信息，HSRP 路由器默认为每 3 秒钟发送一个 Hello 消息；

(2) Coup：当一个备用路由器变为一个活动路由器时发送一个 Coup 消息；

(3) Resign：当活动路由器要宕机或者当有优先级更高的路由器发送 Hello 消息时，主动发送一个 Resign 消息。

HSRP 路由器有以下 6 种状态：

(1) Initial：HSRP 启动时的状态，HSRP 还没有运行，一般是在改变配置或接口刚刚启动时进入该状态；

(2) Learn：路由器已经得到了虚拟 IP 地址，但是它既不是活动路由器也不是备份路由

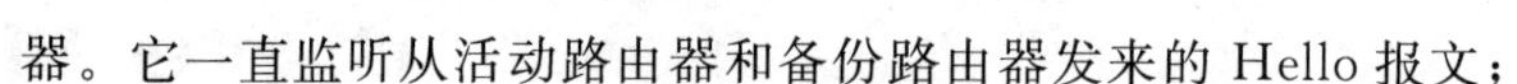

器。它一直监听从活动路由器和备份路由器发来的 Hello 报文；

(3) Listen：路由器正在监听 Hello 消息；

(4) Speak：在该状态下，路由器定期发送 Hello 报文，并且积极参加活动路由器或备份路由器的选举；

(5) Standby：当活动路由器失效时路由器准备接管数据传输功能；

(6) Active：路由器执行数据传输功能。

11.1.2 VRRP

VRRP 的工作原理和 HSRP 非常类似，不过 VRRP 是国际上的标准，允许在不同厂商的设备之间运行。VRRP 中虚拟网关的地址可以和接口上的地址相同，VRRP 中接口只有 3 个状态：初始状态(Initialize)、主状态(Master)、备份状态(Backup)。VRRP 有一种报文。

11.1.3 GLBP

HSRP 和 VRRP 能实现网关的冗余，然而如果要实现负载平衡，需要创建多个组，并让客户端指向不同的网关。GLBP(Gateway Load Balance Protocol)也是 Cisco 的专有协议，不仅提供冗余网关功能，还在各网关之间提供负载均衡。GLBP 也是由多个路由器组成一个组，虚拟一个网关出来。GLBP 选举出一个 AVG(Active Virtual Gateway)，AVG 不是负责转发数据的。AVG 最多分配 4 个 MAC 地址给一个虚拟网关，并在计算机进行 ARP 请求时，用不同的 MAC 进行响应，这样计算机实际就把数据发送给不同的路由器了，从而实现负载平衡。在 GLBP 中，真正负责转发数据的是 AVF(Active Virtual Forwarder)，GLBP 会控制 GLBP 组中哪个路由器是哪个 MAC 地址的活动路由器。

AVG 的选举和 HRSP 中活动路由器的选举非常类似，优先级最高的路由器成为 AVG，次之的为备份 AVG，其余的为监听状态。一个 GLBP 组只能有一个 AVG 和一个备份 AVG，主的 AVG 失败，备份 AVG 顶上。一台路由器可以同时是 AVG 和 AVF。AVF 是某些 MAC 的活动路由器，也就是说，如果计算机把数据发往这个 MAC，它将接收。当某一 MAC 的活动路由器出现故障，那么其他 AVF 将成为这一 MAC 的新的活动路由器，从而实现冗余功能。

GLBP 的负载平衡策略可以是根据不同主机、简单的轮询或者根据路由器的权重平衡，默认是轮询方式。

11.2 实验 1：HSRP

1. 实验目的

通过本实验，可以掌握如下技能：

(1) 理解 HSRP 的工作原理。

(2) 掌握 HSRP 的配置。

2. 实验拓扑

实验拓扑如图 11-1 所示。

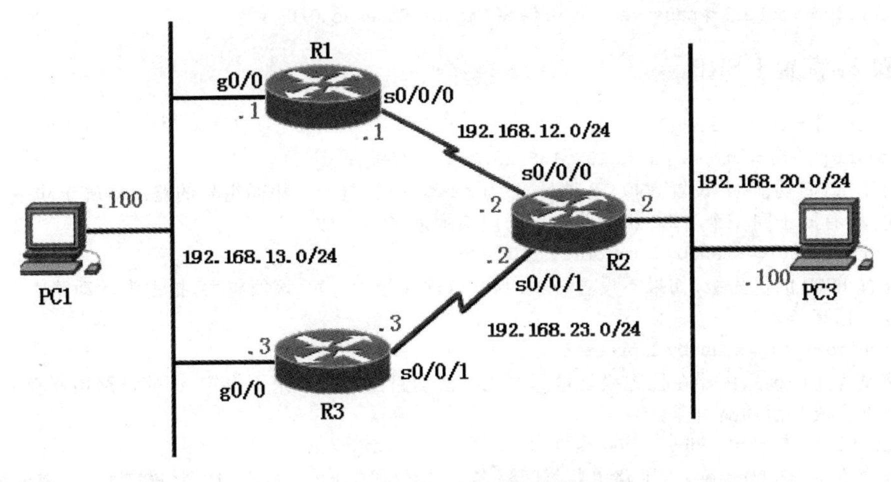

图 11-1　实验 1、实验 2 拓扑图

3. 实验步骤

步骤 1：配置 IP 地址、路由协议等。

```
R1(config)#interface GigabitEthernet0/0
R1(config-if)#ip address 192.168.13.1 255.255.255.0
R1(config)#interface Serial0/0/0
R1(config-if)#ip address 192.168.12.1 255.255.255.0
R1(config)#router rip
R1(config-router)#network 192.168.12.0
R1(config-router)#network 192.168.13.0
R1(config-router)#passive-interface GigabitEthernet0/0
//之所以把 g0/0 接口设为被动接口,是防止从该接口发送 RIP 信息给 R3

R2(config)#interface GigabitEthernet0/0
R2(config-if)#ip address 192.168.20.2 255.255.255.0
R2(config)#interface Serial0/0/0
R2(config-if)#clock rate 128000
R2(config-if)#ip address 192.168.12.2 255.255.255.0
R2(config)#interface Serial0/0/1
R2(config-if)#clock rate 128000
R2(config-if)#ip address 192.168.23.2 255.255.255.0
R2(config)#router rip
R2(config-router)#network 192.168.12.0
R2(config-router)#network 192.168.23.0
R2(config-router)#network 192.168.20.0
R2(config-router)#passive-interface GigabitEthernet0/0

R3(config)#interface GigabitEthernet0/0
R3(config-if)#ip address 192.168.13.3 255.255.255.0
R3(config)#interface Serial0/0/1
R3(config-if)#ip address 192.168.23.3 255.255.255.0
R3(config)#router rip
R3(config-router)#network 192.168.23.0
R3(config-router)#network 192.168.13.0
```

```
R3(config-router)#passive-interface GigabitEthernet0/0
```

步骤 2：配置 HSRP。

```
R1(config)#interface g0/0
R1(config-if)#standby 1 ip 192.168.13.254
//启用 HSRP 功能,并设置虚拟 IP 地址,1 为 standby 的组号。相同组号的路由器属于同一个 HSRP
//组,所有属于同一个 HSRP 组的路由器的虚拟地址必须一致
R1(config-if)#standby 1 priority 120
//配置 HSRP 的优先级,如果不设置该项,则默认优先级为 100,该值越大,抢占为活动路由器的优先
//权就越高
R1(config-if)#standby 1 preempt
//该设置允许该路由器在优先级是最高时成为活动路由器。如果不设置,即使该路由器权值再高
//也不会成为活动路由器
R1(config-if)#standby 1 timers 3 10
//其中 3 为 HELLO time,表示路由器每间隔多长时间发送 Hello 信息.10 为 HOLD time,表示在多长时
//间内同组的其他路由器没有收到活动路由器的信息,则认为活动路由器出现故障.该设置的默认值
//分别为 3 秒和 10 秒.如果要更改默认值,所有同 HSRP 组的路由器的该项设置必须一致
R1(config-if)#standby 1 authentication md5 key-string cisco
//以上是配置认证密码,防止非法设备加入到 HSRP 组中,同一个组的密码必须一致

R2(config)#interface g0/0
R2(config-if)#standby 1 ip 192.168.13.254
R2(config-if)#standby 1 preempt
R2(config-if)#standby 1 timers 3 10
R2(config-if)#standby 1 authentication md5 key-string cisco
//在 R2 上没有配置优先级,默认为 100
```

步骤 3：检查、测试 HSRP。

```
R1#show standby brief
P indicates configured to preempt.
Interface Grp Pri P State    Active     Standby      Virtual IP Gi0/0      1      120 P Active
local      192.168.13.3     192.168.13.254
 //以上表明 R1 就是活动路由器,备份路由器为 192.168.13.3
 R3#show standby brief
P indicates configured to preempt.
 Interface Grp   Pri P State    Active          Standby          Virtual IP
 Gi0/0      1     100 P Standby  192.168.13.1    local            192.168.13.254
//以上表明 R3 是备份路由器,活动路由器为 192.168.13.1
//在 PC1 上配置 IP 地址 192.168.13.100/24,网关指向 192.168.13.254; 在 PC3 上配置 IP 地址
//192.168.20.100/24,网关指向 192.168.20.254。注意去掉另一网卡的网关
//在 PC1 上连续 ping PC3 上,在 R1 上关闭 g0/0 接口,观察 PC1 上 ping 的结果。如下
C:\>ping -t 192.168.20.100
 Reply from 192.168.20.100: bytes=32 time=9ms TTL=254
 Reply from 192.168.20.100: bytes=32 time=9ms TTL=254
 Reply from 192.168.20.100: bytes=32 time=9ms TTL=254
 Request timed out.
 Reply from 192.168.20.100: bytes=32 time=9ms TTL=254
 Reply from 192.168.20.100: bytes=32 time=9ms TTL=254
 Reply from 192.168.20.100: bytes=32 time=11ms TTL=254
 Reply from 192.168.20.100: bytes=32 time=9ms TTL=254
```

```
//可以看到,R1 故障时,R3 很快就替代了 R1,计算机的通信只受到短暂的影响

R3#show standby  brief
                     P indicates configured to preempt.
                     |
Interface Grp  Pri P State   Active     Standby     Virtual IP
Gi0/0     1    100 P Active  local      unknown     192.168.13.254
//以上表明 R3 成为了活动路由器了
```

步骤 4：配置端口跟踪。

在图 11-1 中,按照以上步骤的配置,如果 R1 的 s0/0/0 接口出现问题,R1 将没有到达 PC3 所在网段的路由。然而 R1 和 R3 之间的以太网仍然没有问题,HSRP 的 Hello 包正常发送和接收。因此 R1 仍然是虚拟网关 192.168.13.254 的活动路由器,PC1 的数据会发送给 R1,这样会造成 PC1 无法 ping 通 PC3。可以配置端口跟踪解决这个问题,端口跟踪使得 R1 发现 s0/0/0 上的链路出现问题后,就把自己的优先级(这里设为了 120)减去一个数字(例如 30),成为了 90。由于 R3 的优先级为默认值 100,R3 就成为了活动路由器。配置如下：

```
R1(config)#int g0/0
R1(config-if)#standby 1 track s0/0/0 30
//以上表明跟踪的是 s0/0/0 接口,如果该接口故障,优先级降低 30。降低的值应该选取合适的值
//使得其他路由器能成为活动路由器。按照步骤 3 测试 HSRP 的端口跟踪是否生效
```

步骤 5：配置多个 HSRP 组。

之前的步骤已经虚拟了 192.168.13.254 网关,对于这个网关只能有一个活动路由器,于是这个路由器将承担全部的数据流量。我们可以又创建一个 HSRP 组,虚拟出另一个网关 192.168.13.253,这时 R3 是活动路由器,让一部分计算机指向这个网关。这样就能做到负载平衡。以下是有两个 HSRP 组的完整配置。

R1 上：

```
interface GigabitEthernet0/0
    standby 1 ip 192.168.13.254
    standby 1 priority 120
    standby 1 preempt
    standby 1 authentication md5 key-string cisco
    standby 1 track Serial0/0/0 30
    standby 2 ip 192.168.13.253
    standby 2 preempt
    standby 2 authentication md5 key-string cisco
```

R3 上：

```
interface GigabitEthernet0/0
    standby 1 ip 192.168.13.254
    standby 1 preempt
    standby 1 authentication md5 key-string cisco
    standby 2 ip 192.168.13.253
    standby 2 priority 120
    standby 2 preempt
```

```
standby 2 authentication md5 key - string cisco
standby 2 track Serial0/0/0 30
```

【技术要点】 这里创建了两个 HSRP 组：第一个组的 IP 为 192.168.13.254，活动路由器为 R1，一部分计算机的网关指向 192.168.13.254；第二个组的 IP 为 192.168.13.253，活动路由器为 R2，另一部分计算机的网关指向 192.168.13.253。这样，如果网络全部正常时，则一部分数据是 R1 转发的，另一部分数据是 R2 转发，实现了负载平衡。如果一个路由器出现问题，则另一个路由器就成为两个 HSRP 组的活动路由器，承担全部的数据转发功能。

通过这种方式实现负载平衡，需要计算机在设置网关时有所不同，如果计算机的 IP 是 DHCP 分配的，就不太方便了。

【技术要点】 HSRP 实际上在局域网用得较多，由于局域网内大多使用三层交换机，所以这时 HSRP 是在交换机上配置的。

11.3 实验 2：VRRP

1. 实验目的

通过本实验，可以掌握如下技能：

(1) 理解 VRRP 的工作原理。

(2) 掌握 VRRP 的配置。

2. 实验拓扑

实验拓扑如图 11-1 所示。

3. 实验步骤

VRRP 的配置和 HSRP 的配置非常类似，下面不再赘述重复的步骤。

步骤 1：配置 IP 地址、路由协议等，参见实验 1。

步骤 2：配置多个 VRRP 组，并跟踪接口 R1 上。

```
R1(config)#track 100 interface Serial0/0/0 line - protocol
R1(config)#interface GigabitEthernet0/0
R1(config - if)#vrrp 1 ip 192.168.13.254
R1(config - if)#vrrp 1 priority 120
R1(config - if)#vrrp 1 preempt
R1(config - if)#vrrp 1 authentication md5 key - string cisco
R1(config - if)#vrrp 1 track 100 decrement 30
R1(config - if)#vrrp 2 ip 192.168.13.253
R1(config - if)#vrrp 2 preempt
R1(config - if)#vrrp 2 authentication md5 key - string cisco
R3(config)#track interface Serial0/0/0 line - protocol
R3(config)#interface GigabitEthernet0/0
R3(config - if)#vrrp 2 authentication md5 key - string cisco
R3(config - if)#vrrp 2 track 100 decrement 30

R1#show vrrp brief
Interface     Grp  Pri  Time  Own Pre State    Master addr     Group addr
```

```
Gi0/0          1    120  3531        Y  Master    192.168.13.1  192.168.13.254
Gi0/0          2    100  3609        Y  Backup    192.168.13.3  192.168.13.253
//以上表明 R1 是 192.168.13.254 虚拟网关的主路由器,是 192.168.13.253 虚拟网关的备份路由器

R3#show vrrp brief
Interface      Grp  Pri  Time  Own Pre State     Master addr   Group addr
Gi0/0          1    100  3609        Y  Backup    192.168.13.1  192.168.13.254
Gi0/0          2    120  3531        Y  Master    192.168.13.3  192.168.13.253
//以上表明 R3 是 192.168.13.253 虚拟网关的主路由器,是 192.168.13.254 虚拟网关的备份路
//由器
```

步骤 3：检查、测试 HSRP,请参见实验 1。

11.4 实验 3：GLBP

1. 实验目的

通过本实验,可以掌握如下技能：

(1) 理解 GLBP 的工作原理。

(2) 掌握 GLBP 的配置。

2. 实验拓扑

实验拓扑如图 11-2 所示。

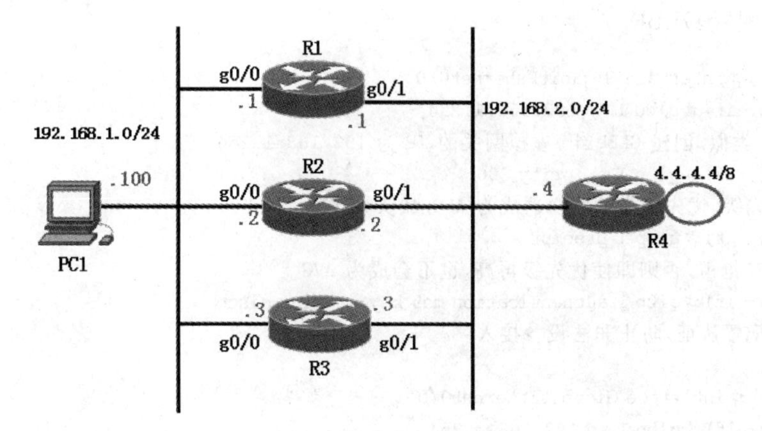

图 11-2 实验 3 拓扑

3. 实验步骤

步骤 1：配置 IP 地址、路由协议等。

```
R1(config)#interface GigabitEthernet0/0
R1(config-if)#ip address 192.168.1.1 255.255.255.0
R1(config)#interface GigabitEthernet0/1
R1(config-if)#ip address 192.168.2.1 255.255.255.0
R1(config)#router rip
R1(config-router)#network 192.168.1.0
R1(config-router)#network 192.168.2.0
R1(config-router)#passive-interface GigabitEthernet0/0
```

```
R2(config)#interface GigabitEthernet0/0
R2(config-if)#ip address 192.168.1.2 255.255.255.0
R2(config)#interface GigabitEthernet0/1
R2(config-if)#ip address 192.168.2.2 255.255.255.0
R2(config)#router rip
R2(config-router)#network 192.168.1.0
R2(config-router)#network 192.168.2.0
R2(config-router)#passive-interface GigabitEthernet0/0
R3(config)#interface GigabitEthernet0/0
R3(config-if)#ip address 192.168.1.3 255.255.255.0
R3(config)#interface GigabitEthernet0/1
R3(config-if)#ip address 192.168.2.3 255.255.255.0
R3(config)#router rip
R3(config-router)#network 192.168.1.0
R3(config-router)#network 192.168.2.0
R3(config-router)#passive-interface GigabitEthernet0/0
R4(config)#interface Loopback0
R4(config-if)#ip address 4.4.4.4 255.0.0.0
R4(config)#interface GigabitEthernet0/1
R4(config-if)#ip address 192.168.2.4 255.255.255.0
R4(config)#router rip
R4(config-router)#network 4.0.0.0
R4(config-router)#network 192.168.2.0
```

步骤 2：配置 GLBP。

```
R1(config)#interface GigabitEthernet0/0
R1(config-if)#glbp 1 ip 192.168.1.254
//和 HSRP 类似,创建 GLBP 组,虚拟网关的 IP 为 192.168.1.254
R1(config-if)#glbp 1 priority 200
//配置优先级,优先级高的路由器成为 AVG,默认为 100
R1(config-if)#glbp 1 preempt
//配置 AVG 抢占,否则即使优先级再高,也不会成为 AVG
R1(config-if)#glbp 1 authentication md5 key-string cisco
//以上是配置认证,防止非法设备接入

R2(config)#interface GigabitEthernet0/0
R2(config-if)#glbp 1 ip 192.168.1.254
R2(config-if)#glbp 1 priority 180
R2(config-if)#glbp 1 preempt
R2(config-if)#glbp 1 authentication md5 key-string cisco
R3(config)#interface GigabitEthernet0/0
R3(config-if)#glbp 1 ip 192.168.1.254
R3(config-if)#glbp 1 priority 160
R3(config-if)#glbp 1 preempt
R3(config-if)#glbp 1 authentication md5 key-string cisco
```

步骤 3：查看 GLBP 信息。

```
R1#show glbp
GigabitEthernet0/0 - Group 1
  State is Active
```

```
    4 state changes, last state change 00:18:16
  Virtual IP address is 192.168.1.254
//以上是虚拟的网关 IP 地址
  HELLO time 3 sec, hold time 10 sec
    Next HELLO sent in 1.896 secs
  Redirect time 600 sec, forwarder time - out 14400 sec
  Authentication MD5, key - string "cisco"
  Preemption enabled, min delay 0 sec
  Active is local
//以上说明 R1 是活动 AVG
  Standby is 192.168.1.2, priority 180 (expires in 9.892 sec)
//以上说明 R2 是备份 AVG
  Priority 200 (configured)
  Weighting 100 (default 100), thresholds: lower 1, upper 100
  Load balancing: round - robin
  Group members:
    0019.5535.b548 (192.168.1.3) authenticated
    0019.5535.b828 (192.168.1.1) local
    0019.5566.6320 (192.168.1.2) authenticated
//以上显示 GLBP 组中的成员
  There are 3 forwarders (1 active)
  Forwarder 1
    State is Listen
      4 state changes, last state change 00:17:08
    MAC address is 0007.b400.0101 (learnt)
//这是虚拟网关的其中一个 MAC
    Owner ID is 0019.5535.b548
    Redirection enabled, 599.984 sec remaining (maximum 600 sec)
    Time to live: 14399.984 sec (maximum 14400 sec)
    Preemption enabled, min delay 30 sec
    Active is 192.168.1.3 (primary), weighting 100 (expires in 9.984 sec)
    Client selection count: 1
  Forwarder 2
    State is Active
      3 state changes, last state change 00:18:28
    MAC address is 0007.b400.0102 (default)
//以上说明 R1 是 0007.b400.0102 的活动路由器,也就是说,如果计算机把数据发往 0007.b400.
//0102,将由 R1 接收数据,再进行转发
    Owner ID is 0019.5535.b828
    Redirection enabled
    Preemption enabled, min delay 30 sec
    Active is local, weighting 100
    Client selection count: 1
  Forwarder 3
    State is Listen
      2 state changes, last state change 00:18:06
    MAC address is 0007.b400.0103 (learnt)
    Owner ID is 0019.5566.6320
    Redirection enabled, 597.980 sec remaining (maximum 600 sec)
    Time to live: 14397.980 sec (maximum 14400 sec)
    Preemption enabled, min delay 30 sec
    Active is 192.168.1.2 (primary), weighting 100 (expires in 7.980 sec)
```

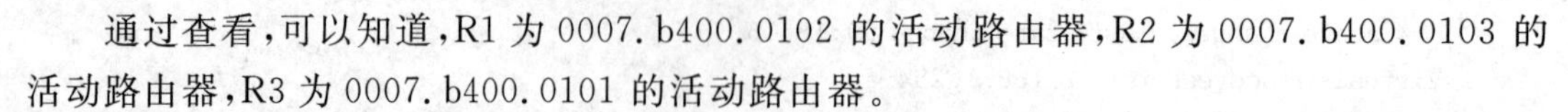

通过查看，可以知道，R1 为 0007.b400.0102 的活动路由器，R2 为 0007.b400.0103 的活动路由器，R3 为 0007.b400.0101 的活动路由器。

步骤 4：检查 GLBP 的负载平衡功能。

在 PC1 上配置 IP 地址，网关指向 192.168.1.254，并进行如下操作：

```
C:\> ping 4.4.4.4
C:\> arp -a
Interface: 192.168.1.100 --- 0x10006
  Internet Address      Physical Address      Type
  192.168.1.254         00-07-b4-00-01-01     dynamic
//以上表明 PC1 的 ARP 请求获得网关(192.168.1.254)的 MAC 为 00-07-b4-00-01-01
C:\> arp -d
//以上是删除 ARP 缓冲表
C:\> ping 4.4.4.4
C:\> arp -a
Interface: 192.168.1.100 --- 0x10006
  Internet Address      Physical Address      Type
  192.168.1.254         00-07-b4-00-01-02     dynamic
```

以上表明 PC1 的再次 ARP 请求获得网关(192.168.1.254)的 MAC 为 00-07-b4-00-01-02 了，也就是说，GLBP 响应 ARP 请求时，每次会用不同的 MAC 响应，从而实现负载平衡。

【提示】 默认时 GLBP 的负载平衡策略是轮询方式，可以在接口下使用“glbp 1 load-balancing”命令修改，有以下选项：

- host-dependent——根据不同主机的源 MAC 地址进行平衡。
- round-robin——轮询方式，即每响应一次 ARP 请求，轮换一个地址。
- weighted——根据路由器的权重分配，权重高的被分配的可能性越大。

步骤 5：检查 GLBP 的冗余功能。

首先在 PC1 上用“arp -a”命令确认 192.168.1.254 的 MAC 地址是什么，从而确定出当前究竟是哪个路由器在实际转发数据。这里 192.168.1.254 的 MAC 地址为 00-07-b4-00-01-02，从步骤 3 得知是 R1 在转发数据。

在 PC1 上连续 ping 4.4.4.4，并在 R1 上关闭 g0/0 接口，观察 PC1 的通信情况：

```
C:\ > ping -t 4.4.4.4
Reply from 4.4.4.4: bytes = 32 time < 1ms TTL = 254
Reply from 4.4.4.4: bytes = 32 time < 1ms TTL = 254
Request timed out.
Request timed out.
Reply from 4.4.4.4: bytes = 32 time < 1ms TTL = 254
Reply from 4.4.4.4: bytes = 32 time < 1ms TTL = 254
```

可以看到在 R1 故障后，其他路由器很快接替了它的工作，计算机的通信只受到短暂的影响。因此 GLBP 不仅有负载平衡的能力，也有冗余的能力。可以使用“show glbp”命令查看一下谁是 00-07-b4-00-01-02 这个 MAC 的新的活动路由器。

11.5　本章小结

本章介绍了 HSRP 和 VRRP 的目的和基本工作原理。HSRP 和 VRRP 都是为了实现网关的冗余，它们把多个路由器组成一个小组，选出活动路由器，当它故障时，其他路由器接

替它的工作。GLBP 则不仅具有网络冗余功能，还可以提供负载平衡的功能。本章详细介绍了它们的配置。表 11-1 是本章出现的命令。

表 11-1　本章命令汇总

命　令	作　用
standby 1 ip 192.168.13.254	启用 HSRP 功能，并设置虚拟 IP 地址
standby 1 priority 120	配置本路由器的 HSRP 优先级
standby 1 preempt	配置 HSRP 抢占
standby 1 timers 3 10	设置 HSRP 的 HELLO time 和 HOLD time
standby 1 authentication md5 key-string cisco	配置 HSRP 认证密码，认证方式为 MD5
show standby brief	查看 HSRP 的简要情况
standby 1 track Serial0/0/0 30	跟踪 s0/0/0 接口，当接口故障时，HSRP 优先级降低 30
vrrp 1 ip 192.168.13.254	启用 VRRP 功能，并设置虚拟 IP 地址
vrrp 1 priority 120	配置本路由器的 VRRP 优先级
vrrp 1 preempt	配置 VRRP 抢占
vrrp 1 authentication md5 key-string cisco	配置 VRRP 认证密码，认证方式为 MD5
track 100 interface Serial0/0/0 line-protocol	定义一个跟踪目标号，被跟踪对象为 s0/0/0 接口
vrrp 1 track 100 decrement 30	跟踪目标 100，当目标故障时，优先级降低 30
show vrrp brief	查看 VRRP 的简要情况
glbp 1 ip 192.168.1.254	启用 GLBP 功能，并设置虚拟 IP 地址
glbp 1 priority 200	配置本路由器的 GLBP 优先级
glbp 1 preempt	配置 GLBP 抢占
glbp 1 authentication md5 key-string cisco	配置 GLBP 认证密码，认证方式为 MD5
show glbp	查看 GLBP 情况

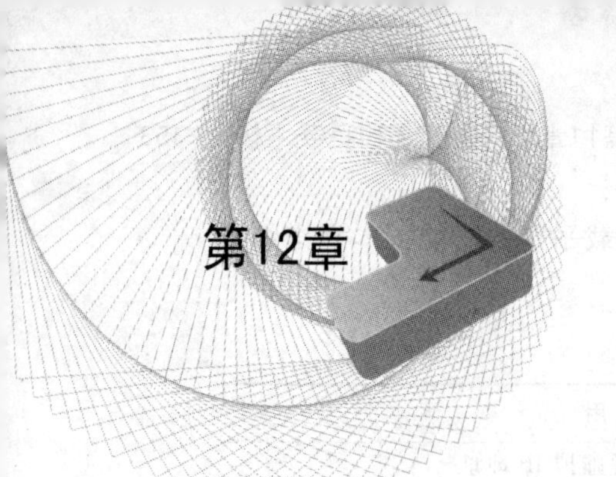

chapter 12

路由重分布

当许多运行多路由的网络要集成到一起时，必须在这些不同的路由选择协议之间共享路由信息。在路由选择协议之间交换路由信息的过程被称为路由重分布（Route Redistribution）。

12.1 路由重分布概述

路由重分布为在同一个互联网络中高效地支持多种路由协议提供了可能，执行路由重分布的路由器被称为边界路由器，因为它们位于两个或多个自治系统的边界上。

路由重分布时计量单位和管理距离是必须要考虑的。每一种路由协议都有自己度量标准，所以在进行重分布时必须转换度量标准，使得它们兼容。种子度量值（seed metric）是定义在路由重分布里的，它是一条从外部重分布进来的路由的初始度量值。路由协议默认的种子度量值如表 12-1 所示。

表 12-1 路由协议默认的种子度量值

路由协议	默认种子度量值
RIP	无限大
EIGRP	无限大
OSPF	BGP 为 1，其他为 20
IS-IS	0
BGP	IGP 的度量值

路由重分布应该考虑到如下的一些问题：

（1）路由环路。路由器有可能从一个自治系统学到的路由信息发送回该自治系统，特别是在做双向重分布的时候，一定要注意；

（2）路由信息的兼容问题。每一种路由协议的度量标准不同，所以路由器通过重分布所选择的路径可能并非最佳路径；

（3）不一致的收敛时间。因为不同的路由协议收敛的时间不同。

12.2 实验 1：RIP、EIGRP 和 OSPF 重分布

1. 实验目的

通过本实验，可以掌握：

（1）种子度量值的配置。

（2）路由重分布参数的配置。

（3）静态路由重分布。

(4) RIP 和 EIGRP 的重分布。
(5) EIGRP 和 OSPF 的重分布。
(6) 重分布路由的查看和调试。

2. 拓扑结构

实验拓扑如图 12-1 所示。

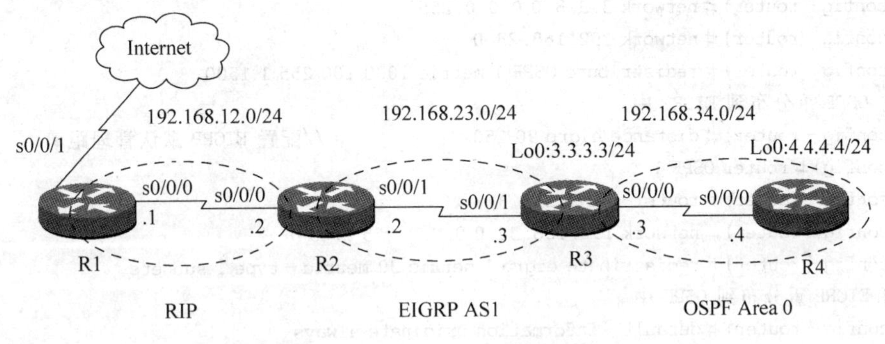

图 12-1 RIP、EIGRP 和 OSPF 重分布

3. 实验步骤

步骤 1：配置路由器 R1。

```
R1(config)#router rip
R1(config-router)#version 2
R1(config-router)#no auto-summary
R1(config-router)#network 192.168.12.0
R1(config-router)#redistribute static metric 3          //重分布静态路由
R1(config)#ip route 0.0.0.0 0.0.0.0 Serial0/0/1
```

【注意】 在向 RIP 区域重分布路由的时候，必须指定度量值，或者通过“default-metric”命令设置默认的种子度量值，因为 RIP 默认种子度量值为无限大，但是只有重分布静态特殊，所以可以不指定种子度量值。

步骤 2：配置路由器 R2。

```
R2(config)#router eigrp 1
R2(config-router)#no auto-summary
R2(config-router)#network 192.168.23.0
R2(config-router)#redistribute rip metric 1000 100 255 1 1500
//将 RIP 重分布到 EIGRP 中
```

【提示】 因为 EIGRP 的度量相对复杂，所以重分布时需要分别指定带宽、延迟、可靠性、负载以及 MTU 参数的值。

```
R2(config)#router rip
R2(config-router)#version 2
R2(config-router)#no auto-summary
R2(config-router)#network 192.168.12.0
R2(config-router)#redistribute eigrp 1                  //将 EIGRP 重分布到 RIP 中
R2(config-router)#default-metric 4                      //配置默认种子度量值
```

【注意】 在“redistribute”命令中用参数“metric”指定的种子度量值优先于路由模式下使用“default-metric”命令设定的默认的种子度量值。

步骤 3：配置路由器 R3。

```
R3(config)#router eigrp 1
R3(config-router)#no auto-summary
R3(config-router)#network 3.3.3.0 0.0.0.255
R3(config-router)#network 192.168.23.0
R3(config-router)#redistribute OSPF 1 metric 1000 100 255 1 1500
//将 OSPF 重分布到 EIGRP 中
R3(config-router)#distance eigrp 90 150                //配置 EIGRP 默认管理距离
R3(config)#router OSPF 1
R3(config-router)#router-id 3.3.3.3
R3(config-router)#network 192.168.34.0 0.0.0.255 area 0
R3(config-router)#redistribute eigrp 1 metric 30 metric-type 1 subnets
//将 EIGRP 重分布到 OSPF 中
R3(config-router)#default-information originate always
```

步骤 4：配置路由器 R4。

```
R4(config)#router OSPF 1
R4(config-router)#router-id 4.4.4.4
R4(config-router)#network 4.4.4.0 0.0.0.255 area 0
R4(config-router)#network 192.168.34.0 0.0.0.255 area 0
```

4. 实验调试

(1) 在 R1 上查看路由表：

```
R1#show ip route
Codes: C - connected, S - static, R - RIP, M - mobile, B - BGP
       D - EIGRP, EX - EIGRP external, O - OSPF, IA - OSPF inter area
       N1 - OSPF NSSA external type 1, N2 - OSPF NSSA external type 2
       E1 - OSPF external type 1, E2 - OSPF external type 2
       i - IS-IS, L1 - IS-IS level-1, L2 - IS-IS level-2, ia - IS-IS inter area
       * - candidate default, U - per-user static route, o - ODR
       P - periodic downloaded static route
Gateway of last resort is 0.0.0.0 to network 0.0.0.0
C      192.168.12.0/24 is directly connected, Serial0/0/0
       3.0.0.0/24 is subnetted, 1 subnets
R         3.3.3.0 [120/4] via 192.168.12.2, 00:00:08, Serial0/0/0
       4.0.0.0/32 is subnetted, 1 subnets
R         4.4.4.4 [120/4] via 192.168.12.2, 00:00:08, Serial0/0/0
C      202.96.134.0/24 is directly connected, Serial0/0/1
R      192.168.23.0/24 [120/4] via 192.168.12.2, 00:00:08, Serial0/0/0
R      192.168.34.0/24 [120/4] via 192.168.12.2, 00:00:08, Serial0/0/0
S*     0.0.0.0/0 is directly connected, Serial0/0/1
```

以上输出表明，路由器 R1 通过 RIPv2 学到从路由器 R2 重分布进 RIP 的路由。

(2) 在 R2 上查看路由表：

```
R2#show ip route
```

```
Codes: C - connected, S - static, R - RIP, M - mobile, B - BGP
       D - EIGRP, EX - EIGRP external, O - OSPF, IA - OSPF inter area
       N1 - OSPF NSSA external type 1, N2 - OSPF NSSA external type 2
       E1 - OSPF external type 1, E2 - OSPF external type 2
       i - IS-IS, L1 - IS-IS level-1, L2 - IS-IS level-2, ia - IS-IS inter area
       * - candidate default, U - per-user static route, o - ODR
       P - periodic downloaded static route

Gateway of last resort is 192.168.12.1 to network 0.0.0.0

C     192.168.12.0/24 is directly connected, Serial0/0/0
      3.0.0.0/24 is subnetted, 1 subnets
D        3.3.3.0 [90/2297856] via 192.168.23.3, 00:00:21, Serial0/0/1
      4.0.0.0/32 is subnetted, 1 subnets
D EX     4.4.4.4 [170/3097600] via 192.168.23.3, 00:00:21, Serial0/0/1
C     192.168.23.0/24 is directly connected, Serial0/0/1
D EX 192.168.34.0/24 [170/3097600] via 192.168.23.3, 00:00:21, Serial0/0/1
R*    0.0.0.0/0 [120/3] via 192.168.12.1, 00:00:05, Serial0/0/0
```

以上输出表明，从路由器 R1 上重分布进 RIP 的默认路由被路由器 R2 学习到，路由代码为"R *"；在路由器 R3 上重分布进来的 OSPF 路由也被路由器 R2 学习到，路由代码为"D EX"，这也说明 EIGRP 能够识别内部路由和外部路由，默认情况下，内部路由的管理距离是 90，外部路由的管理距离是 170。

(3) 在 R3 上查看路由表：

```
R3#show ip route
Codes: C - connected, S - static, R - RIP, M - mobile, B - BGP
       D - EIGRP, EX - EIGRP external, O - OSPF, IA - OSPF inter area
       N1 - OSPF NSSA external type 1, N2 - OSPF NSSA external type 2
       E1 - OSPF external type 1, E2 - OSPF external type 2
       i - IS-IS, L1 - IS-IS level-1, L2 - IS-IS level-2, ia - IS-IS inter area
       * - candidate default, U - per-user static route, o -
       ODR P - periodic downloaded static route

Gateway of last resort is 192.168.23.2 to network 0.0.0.0

D EX 192.168.12.0/24 [150/3097600] via 192.168.23.2, 00:13:43, Serial0/0/1
       3.0.0.0/24 is subnetted, 1 subnets
C         3.3.3.0 is directly connected, Loopback0
       4.0.0.0/32 is subnetted, 1 subnets
O         4.4.4.4 [110/65] via 192.168.34.4, 00:13:43, Serial0/0/0
C      192.168.23.0/24 is directly connected, Serial0/0/1
C      192.168.34.0/24 is directly connected, Serial0/0/0
D*EX 0.0.0.0/0 [150/3097600] via 192.168.23.2, 00:06:08, Serial0/0/1
```

以上输出表明，从路由器 R2 上重分布进 EIGRP 的路由被路由器 R3 学习到，路由代码为"D * EX"，同时 EIGRP 外部路由的管理距离被修改成 150。

(4) 在 R4 上查看路由表：

```
R4#show ip route
```

```
Codes: C - connected, S - static, R - RIP, M - mobile, B - BGP
       D - EIGRP, EX - EIGRP external, O - OSPF, IA - OSPF inter area
       N1 - OSPF NSSA external type 1, N2 - OSPF NSSA external type 2
       E1 - OSPF external type 1, E2 - OSPF external type 2
       i - IS-IS, L1 - IS-IS level-1, L2 - IS-IS level-2, ia - IS-IS inter area
       * - candidate default, U - per-user static route, o - ODR
       P - periodic downloaded static route

Gateway of last resort is 192.168.34.3 to network 0.0.0.0

O E1 192.168.12.0/24 [110/94] via 192.168.34.3, 00:25:26, Serial0/0/0
     3.0.0.0/24 is subnetted, 1 subnets
O E1    3.3.3.0 [110/94] via 192.168.34.3, 00:25:26, Serial0/0/0
     4.0.0.0/24 is subnetted, 1 subnets
C       4.4.4.0 is directly connected, Loopback0
O E1 192.168.23.0/24 [110/94] via 192.168.34.3, 00:25:26, Serial0/0/0
C    192.168.34.0/24 is directly connected, Serial0/0/0
O*E2 0.0.0.0/0 [110/1] via 192.168.34.3, 00:25:26, Serial0/0/0
```

以上输出表明，从路由器 R3 上重分布进 OSPF 的路由被路由器 R4 学习到，路由代码为“O E1”；同时学到由 R3 注入的路由代码为“O E2”的默认路由。

(5) show ip protocols。

```
R3#show ip protocols
Routing Protocol is "eigrp 1"                             //运行 AS 为 1 的 EIGRP 进程
  Outgoing update filter list for all interfaces is not set
  Incoming update filter list for all interfaces is not set
  Default networks flagged in outgoing updates
  Default networks accepted from incoming updates
  EIGRP metric weight K1 = 1, K2 = 0, K3 = 1, K4 = 0, K5 = 0
  EIGRP maximum hopcount 100
  EIGRP maximum metric variance 1
  Redistributing: eigrp 1, OSPF 1 (internal, external 1 & 2, nssa-external 1 & 2)
  //将 OSPF 进程 1 重分布 EIGRP 中
  EIGRP NSF-aware route hold timer is 240s
  Automatic network summarization is not in effect
  Maximum path: 4
  Routing for Networks:
    3.3.3.0/24
    192.168.23.0
  Routing Information Sources:
    Gateway         Distance      Last Update
    192.168.23.2          90      00:51:05
  Distance: internal 90 external 150
Routing Protocol is "OSPF 1"                              //运行 OSPF 进程，进程号为 1
  Outgoing update filter list for all interfaces is not set
  Incoming update filter list for all interfaces is not set
  Router ID 3.3.3.3
  It is an autonomous system boundary router              //自治系统边界路由器(ASBR)
  Redistributing External Routes from,
    eigrp 1 with metric mapped to 30, includes subnets in redistribution
```

```
//将 EIGRP1 重分布 OSPF 中
  Number of areas in this router is 1. 1 normal 0 stub 0 nssa
  Maximum path: 4
  Routing for Networks:
    192.168.34.0 0.0.0.255 area 0
  Routing Information Sources:
    Gateway          Distance        Last Update
    4.4.4.4               110        00:58:42
    3.3.3.3               110        00:58:42
  Distance: (default is 110)
```

以上输出表明，路由器 R3 运行 EIGRP 和 OSPF 两种路由协议，而且实现了双向重分布。

12.3 实验 2：ISIS 和 OSPF 重分布

1. 实验目的

通过本实验，可以掌握：

(1) 直连路由的重分布。

(2) IS-IS 和 OSPF 的重分布。

(3) 重分布路由的查看和调试。

2. 拓扑结构

实验拓扑如图 12-2 所示。

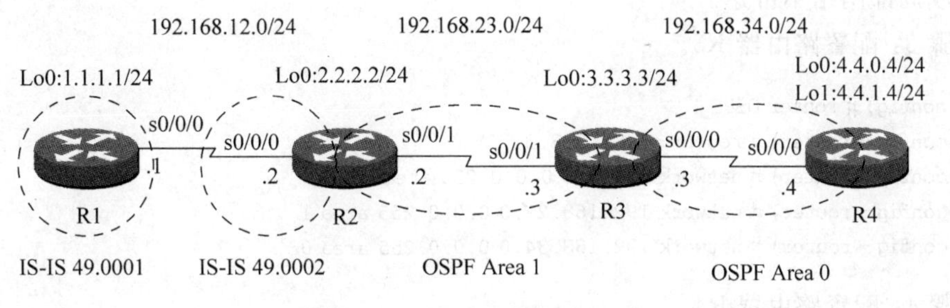

图 12-2 ISIS 和 OSPF 重分布

3. 实验步骤

步骤 1：配置路由器 R1。

```
R1(config)#router isis
R1(config-router)#net 49.0001.1111.1111.1111.00
R1(config-router)#is-type level-2-only
R1(config)#interface Loopback0
R1(config-if)#ip address 1.1.1.1 255.255.255.0
R1(config-if)#ip router isis
R1(config)#interface Serial0/0/0
R1(config-if)#ip address 192.168.12.1 255.255.255.0
R1(config-if)#ip router isis
R1(config-if)#no shutdown
```

步骤 2：配置路由器 R2。

```
R2(config)#router isis
R2(config-router)#net 49.0002.2222.2222.2222.00
R2(config-router)#is-type level-2-only
R2(config-router)#redistribute OSPF 1 metric 20        //将 OSPF 重分布到 IS-IS 中
R2(config)#interface Loopback0
R2(config-if)#ip address 2.2.2.2 255.255.255.0
R2(config-if)#ip router isis
R2(config)#interface Serial0/0/0
R2(config-if)#ip address 192.168.12.2 255.255.255.0
R2(config-if)#clockrate 128000
R2(config-if)#ip router isis
R2(config-if)#no shutdown
R2(config)#router OSPF 1
R2(config-router)#router-id 2.2.2.2
R2(config-router)#network 192.168.23.0 0.0.0.255 area 1
R2(config-router)#redistribute isis level-2 metric 50 subnets
//将 IS-IS 重分布到 OSPF 中
R2(config-router)#redistribute connected subnets
//将直连重分布到 OSPF 中
```

【技术要点】 在重分布 IS-IS 路由协议的时候，只能将 L1 和 L2 的路由重分布进来，而运行 IS-IS 路由协议的本地接口是不能被重分布进来的，要通过重分布直连才可以。在本实验中，如果不重分布直连，那么 R3 和 R4 的路由表中将没有"192.168.12.0"的路由条目，从而造成局部网络不可达。

步骤 3：配置路由器 R3。

```
R3(config)#router OSPF 1
R3(config-router)#router-id 3.3.3.3
R3(config-router)#network 3.3.3.0 0.0.0.255 area 0
R3(config-router)#network 192.168.23.0 0.0.0.255 area 1
R3(config-router)#network 192.168.34.0 0.0.0.255 area 0
```

步骤 4：配置路由器 R4。

```
R4(config)#ip prefix-list 1 seq 5 permit 4.4.0.0/24          //定义前缀列表
R4(config)#ip prefix-list 2 seq 5 permit 4.4.1.0/24
R4(config)#route-map conn permit 10                          //定义策略
R4(config-route-map)#match ip address prefix-list 1          //匹配条件
R4(config-route-map)#set metric 50                           //执行行为
R4(config-route-map)#set metric-type type-1
R4(config)#route-map conn permit 20
R4(config-route-map)#match ip address prefix-list 2
R4(config-route-map)#set metric 100
R4(config)#router OSPF 1
R4(config-router)#router-id 4.4.4.4
R4(config-router)#network 192.168.34.0 0.0.0.255 area 0
R4(config-router)#redistribute connected subnets route-map conn
//将直连重分布到 OSPF 中
```

【说明】

(1) 路由器 R4 重分布直连的环回接口时，对“4.4.0.0”做的控制是种子度量值设为 50，度量值的类型为 1，而对“4.4.1.0”做的控制是种子度量值设为 100，度量值的类型采用默认，即类型 2；

(2) 由于要重分布直连接口，所以一定不能在 OSPF 的路由进程中通告“4.4.0.0”和“4.4.1.0”；

(3) 前缀列表(prefix-list)在路由过滤和路由控制中使用非常的广泛，它比访问控制列表具有更大的灵活性、匹配更加精确。

4. 实验调试

(1) 在 R1 上查看路由表：

```
R1#show ip route
Codes: C - connected, S - static, R - RIP, M - mobile, B - BGP
       D - EIGRP, EX - EIGRP external, O - OSPF, IA - OSPF inter area
       N1 - OSPF NSSA external type 1, N2 - OSPF NSSA external type 2
       E1 - OSPF external type 1, E2 - OSPF external type 2
       i - IS-IS, L1 - IS-IS level-1, L2 - IS-IS level-2, ia - IS-IS inter area
       * - candidate default, U - per-user static route, o - ODR
       P - periodic downloaded static route
Gateway of last resort is not set
C     192.168.12.0/24 is directly connected, Serial0/0/0
      1.0.0.0/24 is subnetted, 1 subnets
C        1.1.1.0 is directly connected, Loopback0
      2.0.0.0/24 is subnetted, 1 subnets
i L2     2.2.2.0 [115/20] via 192.168.12.2, Serial0/0/0
      3.0.0.0/32 is subnetted, 1 subnets
i L2     3.3.3.3 [115/30] via 192.168.12.2, Serial0/0/0
      4.0.0.0/24 is subnetted, 2 subnets
i L2     4.4.0.0 [115/30] via 192.168.12.2,
Serial0/0/0 i L2 4.4.1.0 [115/30] via 192.168.12.2,
Serial0/0/0
i L2 192.168.23.0/24 [115/30] via 192.168.12.2,
Serial0/0/0 i L2 192.168.34.0/24 [115/30] via 192.168.12.2,
Serial0/0/0
```

以上输出表明，路由器 R1 学到整个网络的路由信息，其中路由条目“2.2.2.0”是 IS-IS 内部路由，而其他的“i L2”路由条目全部是通过路由器 R2 重分布进来的。

(2) 在 R2 上查看路由表：

```
R2#show ip route
Codes: C - connected, S - static, R - RIP, M - mobile, B - BGP
       D - EIGRP, EX - EIGRP external, O - OSPF, IA - OSPF inter area
       N1 - OSPF NSSA external type 1, N2 - OSPF NSSA external type 2
       E1 - OSPF external type 1, E2 - OSPF external type 2
       i - IS-IS, L1 - IS-IS level-1, L2 - IS-IS level-2, ia - IS-IS inter area
       * - candidate default, U - per-user static route, o -
       ODR P - periodic downloaded static route
Gateway of last resort is not set
```

```
C      192.168.12.0/24 is directly connected, Serial0/0/0
       1.0.0.0/24 is subnetted, 1 subnets
i L2      1.1.1.0 [115/20] via 192.168.12.1, Serial0/0/0
       2.0.0.0/24 is subnetted, 1 subnets
C         2.2.2.0 is directly connected, Loopback0
       3.0.0.0/32 is subnetted, 1 subnets
O IA      3.3.3.3 [110/65] via 192.168.23.3, 00:00:27, Serial0/0/1
       4.0.0.0/24 is subnetted, 2 subnets
O E1      4.4.0.0 [110/178] via 192.168.23.3, 00:00:27, Serial0/0/1
O E2      4.4.1.0 [110/100] via 192.168.23.3, 00:00:27, Serial0/0/1
C      192.168.23.0/24 is directly connected, Serial0/0/1
O IA 192.168.34.0/24 [110/128] via 192.168.23.3, 00:00:27, Serial0/0/1
```

以上输出表明，路由器 R2 既学到了“i L2”的路由，又学到 OSPF 的“O IA”的路由，还学到了从 R4 重分布进来的“O E1”和“O E2”路由。特别是对于 R4 两个环回接口的路由条目，确实达到了预期的控制要求。

(3) 在 R3 上查看路由表：

```
R3# show ip route
Codes: C - connected, S - static, R - RIP, M - mobile, B - BGP
       D - EIGRP, EX - EIGRP external, O - OSPF, IA - OSPF inter area
       N1 - OSPF NSSA external type 1, N2 - OSPF NSSA external type 2
       E1 - OSPF external type 1, E2 - OSPF external type 2
       i - IS-IS, L1 - IS-IS level-1, L2 - IS-IS level-2, ia - IS-IS inter area
       * - candidate default, U - per-user static route, o -
       ODR P - periodic downloaded static route
Gateway of last resort is not set
O E2 192.168.12.0/24 [110/20] via 192.168.23.2, 00:01:27, Serial0/0/1
      1.0.0.0/24 is subnetted, 1 subnets
O E2     1.1.1.0 [110/50] via 192.168.23.2, 00:01:23, Serial0/0/1
      2.0.0.0/24 is subnetted, 1 subnets
O E2     2.2.2.0 [110/20] via 192.168.23.2, 00:01:27, Serial0/0/1
      3.0.0.0/24 is subnetted, 1 subnets
C        3.3.3.0 is directly connected, Loopback0
      4.0.0.0/24 is subnetted, 2 subnets
O E1     4.4.0.0 [110/114] via 192.168.34.4, 00:01:28, Serial0/0/0
O E2     4.4.1.0 [110/100] via 192.168.34.4, 00:01:28, Serial0/0/0
C     192.168.23.0/24 is directly connected, Serial0/0/1
C     192.168.34.0/24 is directly connected, Serial0/0/0
```

根据以上输出，值得注意的是路由条目“192.168.12.0”和“2.2.2.0”，如果在路由器 R2 上 OSPF 重分布的时候，没有将直连接口重分布进来，那么路由器 R3 是不能收到这些路由条目的。

(4) 在 R4 上查看路由表：

```
R4# show ip route
Codes: C - connected, S - static, R - RIP, M - mobile, B - BGP
       D - EIGRP, EX - EIGRP external, O - OSPF, IA - OSPF inter area
       N1 - OSPF NSSA external type 1, N2 - OSPF NSSA external type 2
       E1 - OSPF external type 1, E2 - OSPF external type 2
```

```
       i - IS-IS, L1 - IS-IS level-1, L2 - IS-IS level-2, ia - IS-IS inter area
       * - candidate default, U - per-user static route, o - ODR
       P - periodic downloaded static route
Gateway of last resort is not set
O E2 192.168.12.0/24 [110/20] via 192.168.34.3, 00:01:42, Serial0/0/0
      1.0.0.0/24 is subnetted, 1 subnets
O E2     1.1.1.0 [110/50] via 192.168.34.3, 00:01:41, Serial0/0/0
     2.0.0.0/24 is subnetted, 1 subnets
O E2     2.2.2.0 [110/20] via 192.168.34.3, 00:01:42, Serial0/0/0
     3.0.0.0/32 is subnetted, 1 subnets
O        3.3.3.3 [110/65] via 192.168.34.3, 00:01:42, Serial0/0/0
     4.0.0.0/24 is subnetted, 2 subnets
C         4.4.0.0 is directly connected, Loopback0
C         4.4.1.0 is directly connected, Loopback1
O IA 192.168.23.0/24 [110/128] via 192.168.34.3, 00:01:42, Serial0/0/0
C    192.168.34.0/24 is directly connected, Serial0/0/0
```

以上输出表明，路由器 R4 既学到了 OSPF 的“O”和“O IA”的路由，也学到了从 R2 重分布进来的“O E2”路由。

12.4 路由重分布命令汇总

表 12-2 列出了本章涉及的主要命令。

表 12-2 本章命令汇总

命 令	作 用
show ip route	查看路由表
show ip protocols	查看和路由协议相关的信息
redistribute	配置路由协议重分布
default-metric	配置默认种子度量值
ip prefix-list	定义前缀列表
distance eigrp	配置 EIGRP 默认管理距离

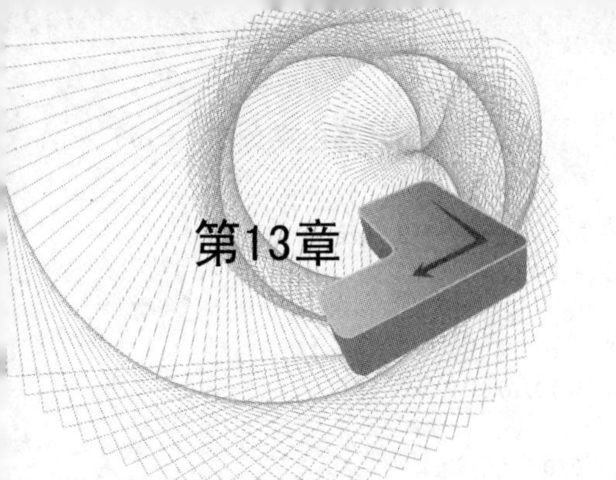

QoS

网络带宽的发展永远跟不上需求，那么当网络出现堵塞时如何保证网络的正常工作呢？QoS（服务质量）是一个解决方法，QoS 的基本思想就是把数据分类，放在不同的队列中。根据不同类数据的要求保证它的优先传输或者为它保证一定的带宽。QoS 是在网络发生堵塞才起作用的措施，因此 QoS 并不能代替带宽的升级。本章将介绍简单的 QoS 配置，实际上 Cisco 路由器现在推荐是模块化的 QoS 配置（Module QoS Config，MQC）。大量的 QoS 知识无法在本书中一一介绍。

13.1 QoS 简介

13.1.1 QoS

QoS 有三种模型：尽最大努力服务、综合服务、区分服务。尽最大努力服务实际上就是没有服务，先到的数据先转发。综合服务的典型就是预留资源，在通信之前所有的路由器先协商好，为该数据流预先保留带宽出来。区分服务是比较现实的模型，该服务包含了一系列分类工具和排队机制，为某些数据流提供比其他数据流优先级更高的服务。下面介绍典型的区分服务。

13.1.2 优先级队列

优先级队列（Priority Queue，PQ）中，有高、中、普通、低优先级四个队列。数据包根据事先的定义放在不同的队列中，路由器按照高、中、普通、低顺序服务，只有高优先级的队列为空后才为中优先级的队列服务，以此类推。这样能保证高优先级数据包一定是优先服务，然而如果高优先级队列长期不空，则低优先级的队列永远不会被服务。我们可以为每个队列设置一个长度，队列满后，数据包将被丢弃。

13.1.3 自定义队列

自定义队列（Custom Queue，CQ）和 PQ 不一样，在 CQ 中有 16 个队列。数据包根据事先的定义放在不同的队列中，路由器将为第一个队列服务一定包数量或者字节数的数据包后，就转为为第二个队列服务。我们可以定义不同队列中的深度，这样可以保证某个队列被服务的数据包数量较多，但不至于使得某个队列永远不会被服务。CQ 中的队列 0 比较特殊，只有队列 0 为空了，才能为其他队列服务。

13.1.4 加权公平队列

加权公平队列(Weight Fair Queue,WFQ)是低速链路(2.048Mbps 以下)上的默认设置。WFQ 将数据包区分为不同的流,例如在 IP 中利用 IP 地址和端口号可以区分不同的 TCP 流或者 UDP 流。WFQ 为不同的流根据权重分配不同的带宽,权因子是 IP 数据包中的优先级字段。例如有 3 个流,两个流的优先级为 0,第三个为 5,总权为(1+1+6)=8,则前两个流每个得到带宽的 1/8,第三个流得到 6/8。

13.1.5 基于类的加权公平队列

基于类的加权公平队列(Class Based Weight Fair Queue,CBWFQ)允许用户自定义类别,并对这些类别的带宽进行控制。这在实际中很有用,例如可以控制网络访问 Internet 时的 Web 流量的带宽。可以根据数据包的协议类型、ACL、IP 优先级或者输入接口等条件事先定义好流量的类型,为不同类别的流量配置最大带宽、占用接口带宽的百分比等。CBWFQ 可以和 NBAR、WRED 等一起使用。

13.1.6 低延迟队列

低延迟队列(Low Latency Queue,LLQ)的配置和 CBWFQ 很类似。有的数据包,例如 VOIP 的数据包,对数据的延迟非常敏感。LLQ 允许用户自定义数据类别,并优先传输这些类别的数据,在这些数据没有传输完之前不会传输其他类别的数据。

13.1.7 加权随机早期检测

加权随机早期检测(Weight Random Early Detect,WRED)是 RED 的 Cisco 实现。当多个 TCP 连接在传输数据时,全部连接都按照最大能力传输数据,很快造成队列满,队列满后的全部数据被丢失;这时所有的发送者立即同时以最小能力传输数据,带宽开始空闲。接着全部发送者开始慢慢加大速度,于是又同时达到最大速率,又出现堵塞,如此反复。这样网络时空时堵,带宽的利用率不高。RED 则随机地丢弃 TCP 的数据包,保证链路的整体利用率。WRED 是对 RED 的改进,数据包根据 IP 优先级分成不同队列,每个队列有最小阈值、最大阈值,当平均长度小于最小阈值时,数据包不会被丢弃;随着平均队列的长度增加,丢弃的概率也增加;当平均长度大于最大阈值时,数据包按照设定的比例丢弃数据包。

13.1.8 CAR

承诺访问速率(Committed Access Rate,CAR)是一种流量策略的分类和标记的方法,它基于 IP 优先级、DSCP 值、MAC 地址或者访问控制列表来限制 IP 流量的速率。标记则可以改变 IP 优先级或者 DSCP。

CAR 使用令牌桶的机制,检查令牌桶中是否有足够的令牌。如果一个接口有可用的令牌,令牌可以从令牌桶中挪走,数据包被转发,当这个时间间隔过去后,令牌会重新添加到令牌桶中。如果接口没有可用的令牌,那么 CAR 可以定义对数据包采取的行为。CAR 使用 3 种速率定义来定义流量的速率。

(1) Normal rate(正常的速率):令牌被添加到令牌桶中的平均速率,就是数据包的平均传输速率。

(2) Normal burst(正常的突发)：正常的突发是在时间间隔内允许正常流量速率的流量。

(3) Excess burst(过量突发)：超过正常突发的流量。当配置过量突发时,会借令牌并且将它添加到令牌桶中来允许某种程度的流量突发。当被借的令牌已经使用后在这个接口上收到的任何超出的流量会被扔掉。流量突发只会发生在短时间内,直到令牌桶中没有令牌存在才停止传输。通常建议正常的流量速率配置为等于在一段时间内的平均流量速率。正常的突发速率应当等于正常速率的1.5倍。过量速率是正常突发速率的2倍。

13.1.9 基于网络的应用识别

基于网络的应用识别(Network Based Application Recognition,NBAR)实际上是一个分类引擎,它查看数据包,对数据包包含的信息进行分析。NBAR使得路由器不仅要做转发数据的工作,还要对数据包进行检查,这样会大大增加负载。NBAR可以检查应用层的内容,例如可以检查URL是否有".java"字样。NBAR可以和许多QoS配合使用。

13.2 实验1：PQ

1. 实验目的

通过本实验,可以掌握如下技能：

(1) 理解PQ的工作原理。

(2) 掌握PQ的配置。

2. 实验拓扑

实验拓扑如图13-1所示。

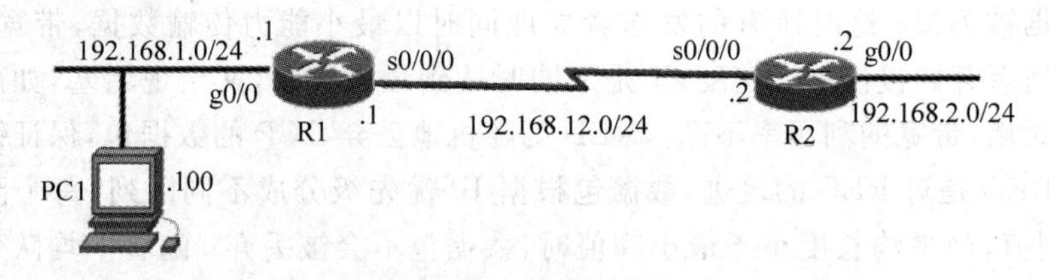

图13-1 实验1～实验8拓扑图

3. 实验步骤

步骤1：配置IP地址、配置路由协议。

步骤2：配置PQ。

```
R1(config)#priority-list 1 protocol ip high tcp telnet
//创建1个优先级队列,标号为1。把telnet流量放在高优先级队列中
R1(config)#priority-list 1 protocol ip high list 101
//以上把ACL 101定义的流量也放在高优先级队列中
R1(config)#priority-list 1 protocol ip medium gt 1000
//以上把数据包大小大于1000字节的流量放在中优先级队列中
R1(config)#priority-list 1 interface GigabitEthernet0/0 normal
//以上把从g0/0接口接收到流量放在普通优先级队列中
```

```
R1(config)#priority-list 1 default low
//以上把其他的流量放在低优先级队列中
R1(config)#access-list 101 permit ip host 10.1.1.1 any
//以上定义 ACL 101
R1(config)#priority-list 1 queue-limit 20 30 40 50
//以上定义优先级队列高、中、普通、低队列中的长度,如果队列超过这些长度,数据包将被丢弃
R1(config)#int s0/0/0
R1(config-if)#priority-group 1
//以上把定义好的优先级队列应用在 s0/0/0 接口上
```

4. 实验调试

(1) 检查接口上的队列。

```
R1#show interfaces s0/0/0
Serial0/0/0 is up, line protocol is up
  Hardware is GT96K Serial
  Internet address is 192.168.12.1/24
  MTU 1500 bytes, BW 128 Kbit, DLY 20000 usec,
    reliability 255/255, txload 1/255, rxload 1/255
  Encapsulation HDLC, loopback not set
  Keepalive set (10 sec)
  Last input 00:00:04, output 00:00:03, output hang never
  Last clearing of "show interface" counters never
  Input queue: 0/75/0/0 (size/max/drops/flushes); Total output drops: 0
  Queueing strategy: priority-list 1
//接口上的队列策略是优先级队列,标号为 1
(此处省略)
```

(2) 查看队列的配置。

```
R1#show queueing priority
Current DLCI priority queue configuration:
Current priority queue configuration:
List   Queue     Args
1      low       default
1      high      protocol ip         tcp port telnet
1      high      protocol ip         list 101
1      medium    protocol ip         gt 1000
1      normal interface GigabitEthernet0/0
```

(3) 测试队列是否生效。

先从 PC1 ping R2 上的 192.168.2.2,然后:

```
R1#debug priority
```

从 PC1 ping R2 的 g0/0 接口,R1 上有信息,如下:

```
*Feb 28 02:59:57.299: PQ: Serial0/0/0 output (Pk size/Q 24/0)
*Feb 28 03:00:07.299: PQ: Serial0/0/0 output (Pk size/Q 24/0)
*Feb 28 03:00:08.679: PQ: Serial0/0/0: ip (defaulting) -> low
*Feb 28 03:00:08.679: PQ: Serial0/0/0 output (Pk size/Q 56/3)
*Feb 28 03:00:14.755: PQ: Serial0/0/0: cdp (defaulting) -> low
*Feb 28 03:00:14.755: PQ: Serial0/0/0 output (Pk size/Q 326/3)
*Feb 28 03:00:17.299: PQ: Serial0/0/0 output (Pk size/Q 24/0)
```

13.3 实验 2：CQ

1. 实验目的

通过本实验,可以掌握如下技能：

(1) 理解 CQ 的工作原理。

(2) 掌握 CQ 的配置。

2. 实验拓扑

实验拓扑如图 13-1 所示。

3. 实验步骤

步骤 1：配置 IP 地址、配置路由协议。

步骤 2：配置 CQ。

```
R1(config)#queue-list 1 protocol ip 1 tcp telnet
//创建 1 个自定义队列,标号为 1。把 telnet 流量放在队列 1 中
R1(config)#queue-list 1 protocol ip 2 list 101
//以上把 ACL 101 定义的流量放在队列 2 中
R1(config)#queue-list 1 protocol ip 3 gt 1000
//以上把数据包大小大于 1000 字节的流量放在队列 3 中
R1(config)#queue-list 1 interface GigabitEthernet0/0 5
//以上把从 g0/0 接口接收到流量放在普通优先级队列 5 中
R1(config)#queue-list 1 default 6
//以上把其他的流量放在队列 6 中
R1(config)#access-list 101 permit ip host 10.1.1.1 any
//以上定义 ACL 101
R1(config)#queue-list 1 queue 1 limit 40
//以上定义队列 1 的深度为 40,也就是说路由器将为队列 1 服务 40 个数据包后,转向队列 2 的服务
R1(config)#queue-list 1 queue 2 limit 35
R1(config)#queue-list 1 queue 3 limit 30
R1(config)#queue-list 1 queue 5 limit 25

R1(config)#int s0/0/0
R1(config-if)#custom-queue-list 1
//以上把定义好的自定义队列应用在 s0/0/0 接口上
```

4. 实验调试

(1) 检查接口上的队列。

```
R1#show interfaces s0/0/0
Serial0/0/0 is up, line protocol is up
  Hardware is GT96K Serial
  Internet address is 192.168.12.1/24
  MTU 1500 bytes, BW 128 Kbit, DLY 20000 usec,
     reliability 255/255, txload 1/255, rxload 1/255
  Encapsulation HDLC, loopback not set
  Keepalive set (10 sec)
  Last input 00:00:05, output 00:00:04, output hang never
  Last clearing of "show interface" counters never
```

```
Input queue: 0/75/0/0 (size/max/drops/flushes); Total output drops: 0
Queueing strategy: custom - list 1
Output queues: (queue # : size/max/drops)
    0: 0/20/0 1: 0/40/0 2: 0/35/0 3: 0/30/0 4: 0/20/0
    5: 0/25/0 6: 0/20/0 7: 0/20/0 8: 0/20/0 9: 0/20/0
    10: 0/20/0 11: 0/20/0 12: 0/20/0 13: 0/20/0 14: 0/20/0
    15: 0/20/0 16: 0/20/0
//接口上的队列策略是自定义队列,标号为 1,可以看到每个队列的深度
(此处省略)
```

(2) 查看队列配置情况

```
R1# show
queueing priority Current custom
queue configuration:
List  Queue     Args
1     6         default
1     1         protocol ip           tcp port telnet
1     2         protocol ip           list 101
1     3         protocol ip           gt 1000
1     5         interface GigabitEthernet0/0
1     1         limit 40
1     2         limit 35
1     3         limit 30
1     5         limit 25
```

(3) 测试队列是否生效。

```
R1#debug custom - queue
```

13.4 实验 3：WFQ

1. 实验目的

通过本实验,可以掌握如下技能：

(1) 理解 WFQ 的工作原理。

(2) 掌握 WFQ 的配置。

2. 实验拓扑

实验拓扑如图 13-1 所示。

3. 实验步骤

步骤 1：配置 IP 地址、配置路由协议。

步骤 2：配置 WFQ。

```
R1(config)# int s0/0/0
R1(config - if)# fair - queue 512 1024 10
```

以上是在接口上启用 WFQ,实际上在 E1 速(2.048Mbps)或者更低速率的链路上,WFQ 是默认启用的。512 是丢弃值,当队列达到 512 数据包时,数据将被丢弃；1024 是最大的会话数；10 是 RSVP 可预留队列。

4. **实验调试**

```
R1#show interfaces s0/0/0
Serial0/0/0 is up, line protocol is up
  Hardware is GT96K Serial
  Internet address is 192.168.12.1/24
  MTU 1500 bytes, BW 128 Kbit, DLY 20000 usec,
     reliability 255/255, txload 1/255, rxload 1/255
  Encapsulation HDLC, loopback not set
  Keepalive set (10 sec)
  Last input 00:00:09, output 00:00:08, output hang never
  Last clearing of "show interface" counters never
  Input queue: 0/75/0/0 (size/max/drops/flushes); Total output drops: 0
  Queueing strategy: weighted fair
  Output queue: 0/1000/512/0 (size/max total/threshold/drops)
     Conversations 0/0/1024 (active/max active/max total)
     Reserved Conversations 0/0 (allocated/max allocated)
     Available Bandwidth 96 kilobits/sec
```

13.5 实验 4：CBWFQ

1. **实验目的**

通过本实验，可以掌握如下技能：

(1) 理解 CBWFQ 的工作原理。

(2) 掌握 CBWFQ 的配置。

2. **实验拓扑**

实验拓扑如图 13-1 所示。

3. **实验步骤**

步骤 1：配置 IP 地址、配置路由协议。

步骤 2：定义 class-map。

```
R1(config)#class-map match-any CLASS-MAP1
//以上定义了一个 class-map,名为 CLASS-MAP1,class-map 命令参见下文"技术要点"解释
R1(config-cmap)#match protocol http
R1(config-cmap)#match protocol ftp
//以上定义只要是 http 或者 ftp 流量就属于 CLASS-MAP1
R1(config)#class-map match-all CLASS-MAP2
R1(config-cmap)#match protocol telnet
//以上定义只要是 telnet 流量就属于 CLASS-MAP1。系统有一个默认的 class-map,名为 class-
//default,凡是没有定义的流量就属于这个 class-map
```

【技术要点】 class-map 命令格式为“class-map [match-all | match-any] name”。

match-all：指明下面的条件必须全部满足，才可以执行，此为默认值；

match-any：表示匹配任何一个条件就可以执行。

在 class-map 模式下，可以设置各种匹配条件，例如：

匹配一种协议类型：match protocol protocol-name。协议类型包括 EGP、ICMP、

EIGRP、DNS、HTTP、Telnet 等上百种具体协议。

匹配访问列表：match access-group{ number|name acl_name }。可以匹配基于号码的列表和基于名称的访问列表。

匹配 CoS（Class of Servie）：match cos cos-value。匹配 IP 包中的 CoS 值。匹配 IP 优先级（IP Precedence）：match ip precedence precedence-value。匹配 IP 包中的 IP 优先级值。

匹配 DSCP 值（Differentiated Services Code Point）：match ip dscp dscp_value。匹配 IP 包中的 DSCP 值。

匹配入接口：match input-interface type number。匹配 IP 包的进入接口。

步骤 3：定义 Policy-map。

```
R1(config)#policy-map MY-POLICY
//以上是定义 policy-map。
```

步骤 4：配置带宽。

```
R1(config-pmap)#class CLASS-MAP1
R1(config-pmap-c)#bandwidth 60
R1(config-pmap)#class CLASS-MAP2
R1(config-pmap-c)#bandwidth 10
//以上配置 CLASS-MAP1 流量的带宽为 60Kbps,CLASS-MAP2 流量的带宽为 10Kbps。该接口的总带
//宽为 128Kbps。该格式为: "bandwidth { bandwidth_value | percent percent_value }。
//可以指定具体带宽: 单位为 K。
//也可以指明百分比: percent 关键字指定接口可用带宽百分比,可以 0～100 取值,默认情况下接口
//可用最大带宽为物理带宽的 75%(其余 25%留给系统自己用),所以 percent 值是物理带宽的 75%,
//而不是物理带宽的全部,可以在接口下使用"max-reserved-bandwidth precent"命令更改最大可
//用带宽
```

步骤 5：将 policy-map 应用到接口上。

```
R1(config)#int s0/0/0
R1(config-if)#service-policy output MY-POLICY
```

以上把定义的策略应用在接口的 output 方向上，CBWFQ 只能在 output 方向。这样就在接口上限制了 http、ftp 和 telnet 流量的带宽。

4. 实验调试

(1) 检查 class-map 和 policy-map。

```
R1#show interfaces s0/0/0
R1#show class-map
  Class Map match-all CLASS-MAP2 (id 2)
    Match protocol telnet
  Class Map match-any CLASS-MAP1 (id 1)
    Match protocol http
    Match protocol telnet
  Class Map match-any class-default (id 0)
    Match any
R1#show policy-map
```

```
Policy Map MY - POLICY
  Class CLASS - MAP1
    Bandwidth 60 (kbps) Max Threshold 64 (packets)
  Class CLASS - MAP2
    Bandwidth 10 (kbps) Max Threshold 64 (packets)
```

(2) 检查策略在接口上的运用情况。

```
R1#show policy - map interface s0/0/0
```

13.6 实验 5：LLQ

1. 实验目的

通过本实验，可以掌握如下技能：

(1) 理解 LLQ 的工作原理。

(2) 掌握 LLQ 的配置。

2. 实验拓扑

实验拓扑如图 13-1 所示。

3. 实验步骤

在实验 4 的基础上继续本实验。

步骤 1：定义 class-map3，把 IP 优先级为 critical 的 IP 流量包含进来。

```
R1(config)#class - map match-any CLASS - MAP3
R1(config - cmap)#match ip precedence critical
```

步骤 2：配置 LLQ。

```
R1(config)#policy - map MY - POLICY
R1(config - pmap)#class CLASS - MAP3
R1(config - pmap - c)#priority 15
```

LLQ 的配置和 CQWFQ 配置很类似，不过使用了 priority 命令，这里限制它的带宽为 15kbps，超过这个带宽的数据包将被丢弃。这样 CLASS-MAP3 的流量将优先被发送，然后才发送 CLASS-MAP1 和 CLASS-MAP2 等流量。

4. 实验调试

(1) 检查 policy-map。

```
R1#show policy - map
 Policy Map MY - POLICY1
   Class CLASS - MAP1
 Policy Map MY - POLICY
   Class CLASS - MAP1
    Bandwidth 60 (kbps) Max Threshold 64 (packets)
   Class CLASS - MAP2
    Bandwidth 10 (kbps) Max Threshold 64 (packets)
   Class CLASS - MAP3
     Strict Priority
    Bandwidth 15 (kbps) Burst 375 (Bytes)
```

（2）检查策略在接口上的应用情况。

```
R1＃show policy－map interface s0/0/0
R1＃show policy－map interface s0/0/0
 Serial0/0/0
 （此处省略）
   Class－map：CLASS－MAP3（match－all）
     0 packets, 0 bytes
     5 minute offered rate 0 bps, drop rate 0 bps
     Match：ip precedence 5
     Queueing
       Strict Priority
       Output Queue：Conversation 40
       Bandwidth 15（kbps）Burst 375（Bytes）
       （pkts matched/bytes matched）0/0
       （total drops/bytes drops）0/0
 （此处省略）
```

13.7 实验6：WRED

1．实验目的

通过本实验，可以掌握如下技能：

（1）理解WRED的工作原理。

（2）掌握WRED的配置。

2．实验拓扑

实验拓扑如图13-1所示。

3．实验步骤

步骤1：配置IP地址、路由协议。

步骤2：配置WRED。

```
R1(config)＃int s0/0/0
R1(config－if)＃random－detect
//以上在接口上启用WRED
R1(config－if)＃random－detect precedence 0 18 42 12
```

以上配置IP优先级为0的队列，最低阈值为18，平均队列长度小于18时，数据包不会被丢弃；当平均队列长度大于18时，开始丢弃数据包，平均队列长度越大，丢弃的数据包越多；最大阈值为42，平均队列长度小于42时，数据包按照1/12的比例丢弃。

4．实验调试

```
R1＃show queueing random－detect
Current random－detect configuration:
  Serial0/0/0
    Queueing strategy：random early detection（WRED）
    Random－detect not active on the dialer
    Exp－weight－constant：9（1/512）
```

```
  Mean queue depth: 0
 class          Random drop          Tail drop          Minimum Maximum Mark
                 pkts/bytes          pkts/bytes          thresh thresh prob
   0      0/0             0/0               18       42     1/12
   1      0/0             0/0               22       40     1/10
   2      0/0             0/0               24       40     1/10
   3      0/0             0/0               26       40     1/10
   4      0/0             0/0               28       40     1/10
   5      0/0             0/0               31       40     1/10
   6      0/0             0/0               33       40     1/10
   7      0/0             0/0               35       40     1/10
rsvp      0/0             0/0               37       40     1/10
//以上显示 WRED 的配置情况,默认时不同 IP 优先级的队列的最低有所不同,此处更改了 IP 优先级
//为 0 的队列
```

13.8 实验 7：CAR

1. 实验目的

通过本实验,可以掌握如下技能：

(1) 理解 CAR 的工作原理。

(2) 掌握 CAR 的配置。

2. 实验拓扑

实验拓扑如图 13-1 所示。

3. 实验步骤

步骤 1：配置 IP 地址、路由协议。

步骤 2：配置 WRED。

```
R1(config)#int s0/0/0
R1(config-if)#rate-limit output access-group 101 64000 12000 16000 conform-action set-
prec-transmit 3 exceed-action set-prec-transmit 0
//以上在接口上启用 CAR,对于符合 ACL 101 的流量,平均速率为 64 000 bps,正常突发量为 12 000
bps,过量突发量为 12 000 bps.
R1(config-if)#rate-limit output access-group 102 16000 8000 9000 conform-action set-
prec-transmit 2 exceed-action drop
R1(config-if)#rate-limit output 48000 8000 10000 conform-action set-prec-transmit
0 exceed-action drop
R1(config)#access-list 101 permit tcp any any eq www
R1(config)#access-list 102 permit tcp any any eq smtp
```

【技术要点】 rate-limit 的命令格式为：

```
rate-limit { output | input } { CIR BC BE } conform-action { action } exceed-action
{ action }
```

- CIR 单位是 bps；而 BC 和 BE 的单位是 Bbs。
- conform-action 的条件是指当要发的数据小于正常突发(BC)的时候。
- exceed-action 是指要发的数据大于普通突发,小于最大突发(BE)的时候。

- action 的选项共有如下这些：

  continue：继续执行下一条 CAR 语句。

  drop：丢弃数据包。

  tranmsit：转发数据包。

  set-prec-continue { precedence }：设置 IP 优先级并继续执行下一条 CAR 语句。

  set-prec-transmit { precedence }：设置 IP 优先级并转发数据包。

  set-dscp-continue { dscp }：设置 dscp 值并继续执行下一条 CAR 语句。

  set-dscp-transmit { dscp }：设置 dscp 值并转发数据包。

4. 实验调试

```
R1#show interfaces rate-limit
Serial1/1
  Output
    matches: access-group 101
      params: 64000 bps, 12000 limit, 16000 extended limit
      conformed 0 packets, 0 bytes; action: set-prec-transmit 3
      exceeded 0 packets, 0 bytes; action: set-prec-transmit 0
      last packet: 9703244ms ago, current burst: 0 bytes
      last cleared 00:03:49 ago, conformed 0 bps, exceeded 0 bps
    matches: access-group 102
      params: 16000 bps, 8000 limit, 9000 extended limit
      conformed 0 packets, 0 bytes; action: set-prec-transmit 2
      exceeded 0 packets, 0 bytes; action: drop
      last packet: 9703256ms ago, current burst: 0 bytes
      last cleared 00:03:41 ago, conformed 0 bps, exceeded 0 bps
    matches: all traffic
      params: 48000 bps, 8000 limit, 10000 extended limit
      conformed 0 packets, 0 bytes; action: set-prec-transmit 0
      exceeded 0 packets, 0 bytes; action: drop
      last packet: 9703272ms ago, current burst: 0 bytes
      last cleared 00:03:33 ago, conformed 0 bps, exceeded 0 bps
```

13.9 实验 8：NBAR

1. 实验目的

通过本实验，可以掌握如下技能：

(1) 理解 NBAR 的工作原理。

(2) 掌握 NBAR 的配置。

2. 实验拓扑

实验拓扑如图 13-1 所示。

3. 实验步骤

NABR 的配置和 CBWFQ 没什么差别，因为 NBAR 实际上只是一个分类技术。这里将利用 NBAR 来禁止 BT 和 edonkey 下载。如下：

```
R1(config)#class-map match-any BT
R1(config-cmap)#match protocol
```

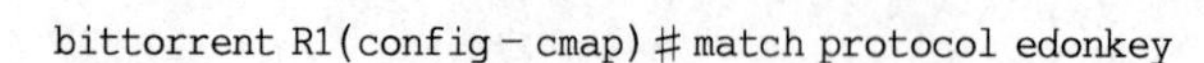

```
bittorrent R1(config-cmap)#match protocol edonkey
//定义流量,匹配 bittorrent 和 edonkey
R1(config)#policy-map DENY-BT
R1(config-pmap)#class BT
R1(config-pmap-c)#drop
//定义策略,匹配 bittorrent 和 edonkey 的流量被丢弃
R1(config)#int s0/0/0
R1(config-if)#service-policy output DNEY-BT
```

【提示】 在旧的IOS中,在class-map模式下不能使用"match protocol bittorrent"等命令,要先从Cisco网站下载bittorrent.pdlm等文件,上传到路由器上的Flash中,并使用命令"ip nbar pdlm flash: bittorrent.pdlm"后,才能在class-map模式下使用"match protocol bittorrent"命令。

【提示】 NBAR需要路由器启用CEF,默认时CEF是开启的,如果没有开启,可以使用"ip cef"命令。

13.10 本章小结

本章介绍了QoS的目的和基本工作原理,QoS的各种概念显得杂乱无章。QoS有各种拥塞避免技术:FIFO、PQ、CQ、WFQ和CBWFQ。它们的共同特点就是把数据流进行分类,放入不同的队列中,不同的队列有不同的处理方式。本章一一介绍以上这些技术的配置。CAR和NBAR是高级的QoS应用,可以用来限速,甚至禁止BT下载等。表13-1是本章的命令汇总。

表13-1 本章命令汇总

命 令	作 用
priority-list 1 protocol ip high tcp telnet	创建优先级队列,标号为1。把telnet流量放在高优先级队列中
priority-list 1 queue-limit 20 30 40 50	定义优先级队列高、中、普通、低队列中的长度
priority-group 1	把定义好的优先级队列应用在接口上
show queueing priority	查看优先级队列情况
debug priority	调试优先级队列
queue-list 1 protocol ip 1 tcp telnet	创建自定义队列,标号为1。把telnet流量放在队列1中
queue-list 1 queue 1 limit 40	定义队列1的深度为40,
custom-queue-list 1	把定义好的自定义队列应用在接口上
fair-queue 512 1024 10	在接口上启用WFQ,512是丢弃值,1024是最大的会话数,10是RSVP可预留队列
class-map match-any CLASS-MAP1	定义class-map,名为CLASS-MAP1
match protocol http	匹配http协议
bandwidth 10	配置CLASS-MAP流量的带宽为60Kbps
service-policy outputMY-POLICY	把定义好的策略应用在接口的output方向上
show class-map	显示class-map信息
show policy-map	显示policy-map信息

续表

命　令	作　用
show policy-map interface s0/0/0	显示接口 s0/0/0 上的 policy-map 配置
priority 15	配置 LLQ,带宽为 15k
random-detect	在接口上启用 WRED
random-detect precedence 0 18 42 12	配置 WRED,对于 IP 优先级为 0 的队列,最低阈值为 18,最大阈值为 42,按照 1/12 的最大比例丢弃数据包
show queueing random-detect	显示 WRED 的配置情况
rate-limit output access-group 101 64000 12000 16000 conform-action set-prec-transmit 3 exceed-action set-prec-transmit 0	在接口上启用 CAR,限制符合 ACL 101 的流量
show interfaces rate-limit	显示各接口上 CAR 的情况
drop	丢弃数据包

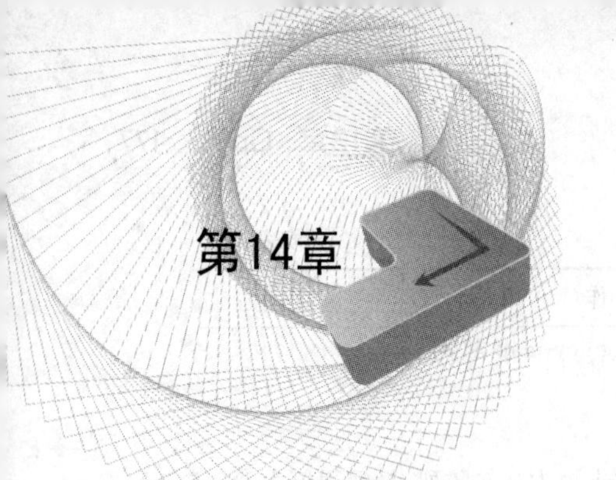

chapter 14

IPv6

无论是 NAT，还是 CIDR 等都是缓解 IP 地址短缺的手段，而 IPv6 才是解决地址短缺的最终方法。IPv6 是由 IETF 设计的下一代互联网协议，目的是取代现有的互联网协议 IPv4。

14.1 IPv6 概述

14.1.1 IPv6 优点

IPv4 的设计思想成功地造就了目前的国际互联网，其核心价值体现在简单、灵活和开放性上。但随着新应用的不断涌现，传统的 IPv4 协议已经难以支持互联网的进一步扩张和新业务的特性，比如实时应用和服务质量保证等。IPv6 能够解决 IPv4 存在的许多问题，如地址短缺、服务质量保证等。同时，IPv6 还对 IPv4 做了大量的改进，包括路由和网络自动配置等。IPv6 和 IPv4 将在过渡期内共存几年，并由 IPv6 渐渐取代 IPv4。IPv6 的特点如下：

(1) 128 比特的地址方案，为将来数十年提供了足够的地址空间；

(2) 充足的地址空间将极大地满足那些伴随着网络智能设备的出现而对地址增长的需求，例如个人数据助理、移动电话、家庭网络接入设备等；

(3) 多等级编址层次有助于路由聚合，提高了路由选择的效率和可扩展性；

(4) 自动配置使得在 Internet 上大规模布置新设备成为可能；

(5) ARP 广播被本地链路多播代替；

(6) IPv6 对数据包头做了简化，以减少处理器开销并节省网络带宽；

(7) IPv6 中流标签字段可以提供流量区分；

(8) IPv6 的组播可以区分永久性与临时性地址，更有利于组播功能的实现；

(9) IPv6 地址本身的分层体系更加支持了域名解析体系中的地址集聚和地址更改；

(10) IPv6 协议内置安全机制，并已经标准化；

(11) IPv6 协议更好地支持移动性；

(12) IPv6 提供了更加优秀的 QoS 保障；

(13) IPv6 中没有广播地址，它的功能正在被组播地址所代替。

14.1.2 IPv6 地址

IPv4 地址表示为点分十进制格式，而 IPv6 采用冒号分十六进制格式。例如：

2007:00D3:0000:2F3B:02BB:00FF:FE28:2000 是一个完整的 IPv6 地址。

【提示】

(1) IPv6 地址中每个 16 位分组中的前导零位可以去除做简化表示;

(2) 可以将冒号十六进制格式中相邻的连续零位合并,用双冒号"::"表示;

(3) 要在一个 URL 中使用文本 IPv6 地址,文本地址应该用符号"["和"]"来封闭。

IPv6 地址有三种类型:单播、任意播和组播,在每种地址中又有一种或者多种类型的地址,如单播有本地链路地址、本地站点地址、可聚合全球地址、回环地址和未指定地址;任意播有本地链路地址、本地站点地址和可聚合全球地址;多播有指定地址和请求节点地址。

下面主要介绍几个常用地址类型:

1) 本地链路地址

在一个节点上启用 IPv6 协议栈,启动时节点的每个接口自动配置一个本地链路地址,前缀为 FE80::/10。

2) 本地站点地址

本地站点地址与 RFC1918 所定义的私有 IPv4 地址空间类似,因此本地站点地址不能在全球 IPv6 因特网上路由,前缀为 FEC0::/10。

3) 可聚合全球单播地址

IANA 分配 IPv6 寻址空间中的一个 IPv6 地址前缀作为可聚合全球单播地址。

4) IPv4 兼容地址

IPv4 兼容的 IPv6 地址是由过渡机制使用的特殊单播 IPv6 地址,目的是在主机和路由器上自动创建 IPv4 隧道以在 IPv4 网络上传送 IPv6 数据包。

5) 回环地址

单播地址 0:0:0:0:0:0:0:1 称为回环地址。节点用它来向自身发送 IPv6 包。它不能分配给任何物理接口。

6) 不确定地址

单播地址 0:0:0:0:0:0:0:0 称为不确定地址。它不能分配给任何节点。

7) 多播指定地址

RFC2373 在多播范围内为 IPv6 协议的操作定义和保留了几个 IPv6 地址,这些保留地址称为多播指定地址。

8) 请求节点地址

对于节点或路由器的接口上配置的每个单播和任意播地址,都自动启动一个对应的被请求节点地址。被请求节点地址受限于本地链路。

14.2 IPv6 路由

14.2.1 实验 1:IPv6 静态路由

1. 实验目的

通过本实验,可以掌握:

(1) 启用 IPv6 流量转发。

(2) 配置 IPv6 地址。

(3) IPv6 静态路由配置和调试。

(4) IPv6 默认路由配置和调试。

2. 拓扑结构

实验拓扑如图 14-1 所示。

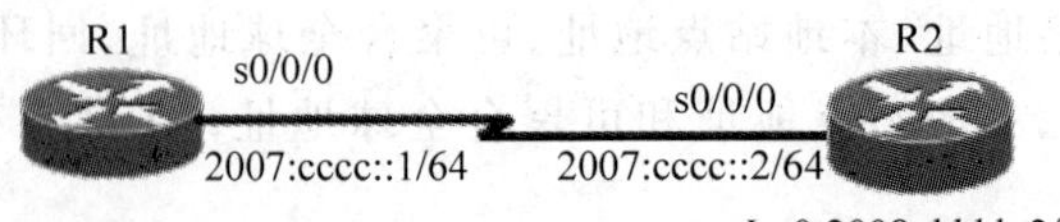

图 14-1 IPv6 静态路由

3. 实验步骤

步骤 1：配置路由器 R1。

```
R1(config)#ipv6 unicast-routing                              //启用 IPv6 流量转发
R1(config)#interface Loopback0
R1(config-if)#ipv6 address 2006:AAAA::1/64                   //配置 IPv6 地址
R1(config)#interface Loopback1
R1(config-if)#ipv6 address 2006:BBBB::1/64
R1(config)#interface Serial0/0/0
R1(config-if)#ipv6 address 2007:CCCC::1/64
R1(config-if)#no shutdown
R1(config)#ipv6 route 2008:DDDD::/64 Serial0/0/0             //配置 IPv6 静态路由
```

步骤 2：配置路由器 R2。

```
R2(config)#ipv6 unicast-routing
R2(config)#interface Loopback0
R2(config-if)#ipv6 address 2008:DDDD::2/64
R2(config)#interface Serial0/0/0
R2(config-if)#ipv6 address 2007:CCCC::2/64
R2(config-if)#clockrate 128000
R2(config-if)#no shutdown
R2(config)#ipv6 route ::/0 Serial0/0/0                       //配置 IPv6 默认路由
```

4. 实验调试

(1) show ipv6 interface：该命令用来查看 IPv6 的接口信息。

```
R1#show ipv6 interface s0/0/0
Serial0/0/0 is up, line protocol is up
  IPv6 is enabled, link-local address is FE80::C800:BFF:FE80:0
//本接口启用 IPv6,本地链路地址自动配置
  Global unicast address(es):
    2007:CCCC::1, subnet is 2007:CCCC::/64
//全球聚合地址
  Joined group address(es):
```

```
  FF02::1
//表示本地链路上的所有节点和路由器
  FF02::2
//表示本地链路上的所有路由器
  FF02::1:FF00:1
//用于替换 ARP 机制的被请求节点的多播地址
  FF02::1:FF80:0
//与单播地址 2007:CCCC::1 相关的被请求节点多播地址
  MTU is 1500 bytes
  ICMP error messages limited to one every 100 milliseconds
  ICMP redirects are enabled
//启用 ICMP 重定向
  ND DAD is enabled, number of DAD attempts: 1
//邻居发现和重复地址检测启动
  ND reachable time is 30000 milliseconds
//ND 可达时间
  Hosts use stateless autoconfig for addresses.
//使用无状态自动配置地址
```

(2) show ipv6 route：该命令用来查看 IPv6 路由表。

```
R1#show ipv6 route
IPv6 Routing Table - 9 entries
Codes: C - Connected, L - Local, S - Static, R - RIP, B - BGP
       U - Per-user Static route, M - MIPv6
       I1 - ISIS L1, I2 - ISIS L2, IA - ISIS interarea, IS - ISIS summary
       O - OSPF intra, OI - OSPF inter, OE1 - OSPF ext 1, OE2 - OSPF ext 2
       ON1 - OSPF NSSA ext 1, ON2 - OSPF NSSA ext 2
       D - EIGRP, EX - EIGRP external
C    2006:AAAA::/64 [0/0]
     via ::, Loopback0
L    2006:AAAA::1/128 [0/0]
     via ::, Loopback0
C    2006:BBBB::/64 [0/0]
     via ::, Loopback1
L    2006:BBBB::1/128 [0/0]
     via ::, Loopback1
C    2007:CCCC::/64 [0/0]
     via ::, Serial0/0/0
L    2007:CCCC::1/128 [0/0]
     via ::, Serial0/0/0
S    2008:DDDD::/64 [1/0]
     via ::, Serial0/0/0
L    FE80::/10 [0/0]
     via ::, Null0
L    FF00::/8 [0/0]
     via ::, Null0
R2#show ipv6 route
IPv6 Routing Table - 7 entries
Codes: C - Connected, L - Local, S - Static, R - RIP, B - BGP
```

```
       U - Per-user Static route, M - MIPv6
       I1 - ISIS L1, I2 - ISIS L2, IA - ISIS interarea, IS - ISIS summary
       O - OSPF intra, OI - OSPF inter, OE1 - OSPF ext 1, OE2 - OSPF ext 2
       ON1 - OSPF NSSA ext 1, ON2 - OSPF NSSA ext 2
       D - EIGRP, EX - EIGRP external
S    ::/0 [1/0]
     via ::, Serial0/0/0
C    2007:CCCC::/64 [0/0]
     via ::, Serial0/0/0
L    2007:CCCC::2/128 [0/0]
     via ::, Serial0/0/0
C    2008:DDDD::/64 [0/0]
     via ::, Loopback0
L    2008:DDDD::2/128 [0/0]
     via ::, Loopback0
L    FE80::/10 [0/0]
     via ::, Null0
L    FF00::/8 [0/0]
     via ::, Null0
```

以上输出表明路由器 R1 上有一条 IPv6 的静态路由，R2 上有一条 IPv6 的默认路由，IPv6 中的默认路由是没有“*”的。

(3) ping。

```
R2#ping ipv6 2006:AAAA::1
Type escape sequence to abort.
Sending 5, 100-byte ICMP Echos to 2006:AAAA::1, timeout is 2 seconds:
!!!!!
Success rate is 100 percent (5/5), round-trip min/avg/max = 24/72/124 ms
```

14.2.2 实验 2：IPv6 RIPng

1. 实验目的

通过本实验，可以掌握：

(1) 启用 IPv6 流量转发。

(2) 向 RIPng 网络注入默认路由。

(3) RIPng 配置和调试。

2. 拓扑结构

实验拓扑如图 14-2 所示。

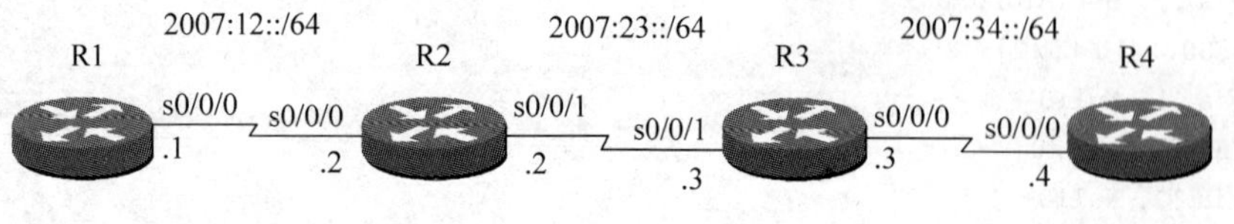

图 14-2 IPv6 RIPng 配置

3. 实验步骤

步骤 1：配置路由器 R1。

```
R1(config)# ipv6 unicast-routing
R1(config)# ipv6 router rip cisco                //启动 IPv6 RIPng 进程
R1(config-rtr)# split-horizon                    //启用水平分割
R1(config-rtr)# poison-reverse                   //启用毒化反转
R1(config)# interface Loopback0
R1(config-if)# ipv6 address 2006:1111::1/64
R1(config-if)# ipv6 rip cisco enable             //在接口上启用 RIPng
R1(config)# interface Serial0/0/0
R1(config-if)# ipv6 address 2007:12::1/64
R1(config-if)# ipv6 rip cisco enable
R1(config-if)# ipv6 rip cisco default-information originate
//向 IPv6 RIPng 区域注入一条默认路由(::/0)
R1(config-if)# no shutdown
R1(config)# ipv6 route ::/0 Loopback0             //配置默认路由
```

【提示】 "ipv6 rip cisco default-information only"命令也可以向 IPv6 RIPng 区域注入一条默认路由，但是该命令只从该接口发送默认的 IPv6 路由，而该接口其他的 IPv6 的 RIPng 路由都被抑制。

步骤 2：配置路由器 R2。

```
R2(config)# ipv6 unicast-routing
R2(config)# ipv6 router rip cisco
R2(config-rtr)# split-horizon
R2(config-rtr)# poison-reverse
R2(config)# interface Serial0/0/0
R2(config-if)# ipv6 address 2007:12::2/64
R2(config-if)# ipv6 rip cisco enable
R2(config-if)# clock rate 128000
R2(config-if)# no shutdown
R2(config)# interface Serial0/0/1
R2(config-if)# ipv6 address 2007:23::2/64
R2(config-if)# ipv6 rip cisco enable
R2(config-if)# clock rate 128000
R2(config-if)# no shutdown
```

步骤 3：配置路由器 R3。

```
R3(config)# ipv6 unicast-routing
R3(config)# ipv6 router rip cisco
R3(config-rtr)# split-horizon
R3(config-rtr)# poison-reverse
R3(config)# interface Serial0/0/0
R3(config-if)# ipv6 address 2007:34::3/64
R3(config-if)# ipv6 rip cisco enable
R3(config-if)# clockrate 128000
R3(config-if)# no shutdown
R3(config)# interface Serial0/0/1
R3(config-if)# ipv6 address 2007:23::3/64
```

```
R3(config-if)#ipv6 rip cisco enable
R3(config-if)#no shutdown
```

步骤4：配置路由器R4。

```
R4(config)#ipv6 unicast-routing
R4(config)#ipv6 router rip cisco
R4(config-rtr)#split-horizon
R4(config-rtr)#poison-reverse
R4(config)#interface Loopback0
R4(config-if)#ipv6 address 2008:4444::4/64
R4(config-if)#ipv6 rip cisco enable
R4(config)#interface Serial0/0/0
R4(config-if)#ipv6 address 2007:34::4/64
R4(config-if)#ipv6 rip cisco enable
R4(config-if)#no shutdown
```

4. 实验调试

(1) show ipv6 route。

```
R2#show ipv6 route
IPv6 Routing Table - 10 entries
Codes: C - Connected, L - Local, S - Static, R - RIP, B - BGP
       U - Per-user Static route, M - MIPv6
       I1 - ISIS L1, I2 - ISIS L2, IA - ISIS interarea, IS - ISIS summary
       O - OSPF intra, OI - OSPF inter, OE1 - OSPF ext 1, OE2 - OSPF ext 2
       ON1 - OSPF NSSA ext 1, ON2 - OSPF NSSA ext 2
       D - EIGRP, EX - EIGRP external
R    ::/0 [120/2]
     via FE80::C800:AFF:FE90:0, Serial0/0/0
R    2006:1111::/64 [120/2]
     via FE80::C800:AFF:FE90:0, Serial0/0/0
C    2007:12::/64 [0/0]
     via ::, Serial0/0/0
L    2007:12::2/128 [0/0]
     via ::, Serial0/0/0
C    2007:23::/64 [0/0]
     via ::, Serial0/0/1
L    2007:23::2/128 [0/0]
     via ::, Serial0/0/1
R    2007:34::/64 [120/2]
     via FE80::C802:AFF:FE90:0, Serial0/0/1
R    2008:4444::/64 [120/3]
     via FE80::C802:AFF:FE90:0, Serial0/0/1
L    FE80::/10 [0/0]
     via ::, Null0
L    FF00::/8 [0/0]
     via ::, Null0
```

以上输出表明R1确实向IPv6 RIPng网络注入一条IPv6的默认路由，同时收到3条IPv6 RIPng路由条目，而且所有IPv6 RIPng路由条目的下一跳地址均为邻居路由器接口的"link-local"地址。可以通过"show ipv6 rip next-hops"命令查看RIPng的下一跳地址。

```
R2#show ipv6 rip next-hops
 RIP process "cisco", Next Hops
  FE80::C800:AFF:FE90:0/Serial0/0/0 [3 paths]
  FE80::C802:AFF:FE90:0/Serial0/0/1 [3 paths]
```

(2) show ip protocols。

```
R2#show ipv6 protocols
IPv6 Routing Protocol is "connected"
IPv6 Routing Protocol is "static"
IPv6 Routing Protocol is "rip cisco"
  Interfaces:
    Serial0/0/1
    Serial0/0/0
  Redistribution:
    None
```

以上输出表明启动的IPv6 RIPng进程为cisco,同时在Serial0/0/1和Serial0/0/0接口上起用RIPng。

(3) show ipv6 rip database：该命令用来查看RIPng的数据库。

```
R2#show ipv6 rip database
RIP process "cisco", local RIB
 2006:1111::/64, metric 2, installed
     Serial0/0/0/FE80::C800:AFF:FE90:0, expires in 178 secs
 2007:12::/64, metric 2
     Serial0/0/0/FE80::C800:AFF:FE90:0, expires in 178 secs
 2007:23::/64, metric 2
     Serial0/0/1/FE80::C802:AFF:FE90:0, expires in 168 secs
 2007:34::/64, metric 2, installed
     Serial0/0/1/FE80::C802:AFF:FE90:0, expires in 168 secs
 2008:4444::/64, metric 3, installed
     Serial0/0/1/FE80::C802:AFF:FE90:0, expires in 168 secs
 ::/0, metric 2, installed
     Serial0/0/0/FE80::C800:AFF:FE90:0, expires in 178 secs
```

以上输出显示了R2的RIPng的数据库。

(4) debug ipv6 rip：该命令用来动态查看RIPng的更新。

```
R2#debug ipv6
rip
RIP Routing Protocol debugging is on
R2#clear ipv6 route *
*Feb 15 14:17:34.851: RIPng: Sending multicast update on Serial0/0/1 for cisco
*Feb 15 14:17:34.851:        src = FE80::C801:AFF:FE90:0
*Feb 15 14:17:34.855:        dst = FF02::9 (Serial0/0/1)
*Feb 15 14:17:34.855:        sport = 521, dport = 521, length = 92
```

```
*Feb 15 14:17:34.859:          command=2, version=1, mbz=0, #rte=4
*Feb 15 14:17:34.859:          tag=0, metric=2, prefix=2006:1111::/64
*Feb 15 14:17:34.859:          tag=0, metric=1, prefix=2007:12::/64
*Feb 15 14:17:34.863:          tag=0, metric=1, prefix=2007:23::/64
*Feb 15 14:17:34.863:          tag=0, metric=2, prefix=::/0
*Feb 15 14:17:34.867: RIPng: Sending multicast update on Serial0/0/0 for cisco
*Feb 15 14:17:34.867:          src=FE80::C801:AFF:FE90:0
*Feb 15 14:17:34.871:          dst=FF02::9 (Serial0/0/0)
*Feb 15 14:17:34.871:          sport=521, dport=521, length=92
*Feb 15 14:17:34.871:          command=2, version=1, mbz=0, #rte=4
*Feb 15 14:17:34.875:          tag=0, metric=1, prefix=2007:12::/64
*Feb 15 14:17:34.875:          tag=0, metric=1, prefix=2007:23::/64
*Feb 15 14:17:34.879:          tag=0, metric=2, prefix=2007:34::/64
*Feb 15 14:17:34.879:          tag=0, metric=3, prefix=2008:4444::/64
*Feb 15 14:17:43.439: RIPng: response received from FE80::C800:AFF:FE90:0 on Serial0/0/0 for cisco
*Feb 15 14:17:43.443:          src=FE80::C800:AFF:FE90:0 (Serial0/0/0)
*Feb 15 14:17:43.443:          dst=FF02::9
*Feb 15 14:17:43.447:          sport=521, dport=521, length=72
*Feb 15 14:17:43.447:          command=2, version=1, mbz=0, #rte=3
*Feb 15 14:17:43.447:          tag=0, metric=1, prefix=2006:1111::/64
*Feb 15 14:17:43.451:          tag=0, metric=1, prefix=2007:12::/64
*Feb 15 14:17:43.451:          tag=0, metric=1, prefix=::/0
R2#
*Feb 15 14:17:57.815: RIPng: response received from FE80::C802:AFF:FE90:0 on Serial0/0/1 for cisco
*Feb 15 14:17:57.819:          src=FE80::C802:AFF:FE90:0 (Serial0/0/1)
*Feb 15 14:17:57.819:          dst=FF02::9
*Feb 15 14:17:57.823:          sport=521, dport=521, length=72
*Feb 15 14:17:57.823:          command=2, version=1, mbz=0, #rte=3
*Feb 15 14:17:57.823:          tag=0, metric=1, prefix=2007:23::/64
*Feb 15 14:17:57.827:          tag=0, metric=1, prefix=2007:34::/64
*Feb 15 14:17:57.827:          tag=0, metric=2, prefix=2008:4444::/64
```

以上输出显示路由器 R2 发送和接收 RIPng 的信息。

14.2.3 实验 3：OSPFv3

1. 实验目的

通过本实验，可以掌握：

(1) 启用 IPv6 流量转发。

(2) 向 OSPFv3 网络注入默认路由。

(3) OSPFv3 多区域配置和调试。

2. 拓扑结构

实验拓扑如图 14-3 所示。

3. 实验步骤

步骤 1：配置路由器 R1。

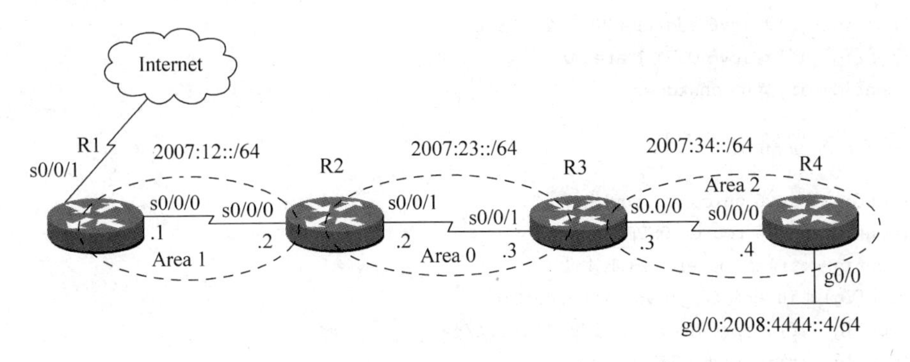

图 14-3 OSPFv3 配置

```
R1(config)#ipv6 unicast-routing
R1(config)#ipv6 router OSPF 1                   //启动 OSPFv3 路由进程
R1(config-rtr)#router-id 1.1.1.1                //定义路由器 ID
R1(config-rtr)#default-information originate metric 30 metric-type 2
//向 OSPFv3 网络注入一条默认路由
R1(config)#interface Serial0/0/0
R1(config-if)#ipv6 address 2007:12::1/64
R1(config-if)#ipv6 OSPF 1 area 1                //在接口上启用 OSPFv3,并声明接口所在区域
R1(config-if)#no shutdown
R1(config)#ipv6 route ::/0 s0/0/1               //配置默认路由
```

步骤 2：配置路由器 R2。

```
R2(config)#ipv6 unicast-routing
R2(config)#ipv6 router OSPF 1
R2(config-rtr)#router-id 2.2.2.2
R2(config)#interface Serial0/0/0
R2(config-if)#ipv6 address 2007:12::2/64
R2(config-if)#ipv6 OSPF 1 area 1
R2(config-if)#clock rate 128000
R2(config-if)#no shutdown
R2(config)#interface Serial0/0/1
R2(config-if)#ipv6 address 2007:23::2/64
R2(config-if)# ipv6 OSPF 1 area 0
R2(config-if)#clock rate 128000
R2(config-if)#no shutdown
```

步骤 3：配置路由器 R3。

```
R3(config)#ipv6 unicast-routing
R3(config)#ipv6 router OSPF 1
R3(config-rtr)#router-id 3.3.3.3
R3(config)#interface Serial0/0/0
R3(config-if)#ipv6 address 2007:34::3/64
R3(config-if)#ipv6 OSPF 1 area 2
R3(config-if)#clockrate 128000
R3(config-if)#no shutdown
R3(config)#interface Serial0/0/1
```

```
R3(config-if)#ipv6 address 2007:23::3/64
R3(config-if)#ipv6 OSPF 1 area 0
R3(config-if)#no shutdown
```

步骤 4：配置路由器 R4。

```
R4(config)#ipv6 unicast-routing
R4(config)#ipv6 router OSPF 1
R4(config-rtr)#router-id 4.4.4.4
R4(config)#interface gigabitEthernet0/0
R4(config-if)#ipv6 address 2008:4444::4/64
R4(config-if)# ipv6 OSPF 1 area 2
R4(config-if)#no shutdown
R4(config)#interface Serial0/0/0
R4(config-if)#ipv6 address 2007:34::4/64
R4(config-if)#ipv6 OSPF 1 area 2
R4(config-if)#no shutdown
```

4. 实验调试

(1) show ipv6 route。

```
R4#show ipv6 route
IPv6 Routing Table - 11 entries
Codes: C - Connected, L - Local, S - Static, R - RIP, B - BGP
       U - Per-user Static route, M - MIPv6
       I1 - ISIS L1, I2 - ISIS L2, IA - ISIS inter area, IS - ISIS summary
       O - OSPF intra, OI - OSPF inter, OE1 - OSPF ext 1, OE2 - OSPF ext 2
       ON1 - OSPF NSSA ext 1, ON2 - OSPF NSSA ext 2
       D - EIGRP, EX - EIGRP external
OE2  ::/0 [110/30], tag 1
      via FE80::C802:AFF:FE90:0, Serial0/0/0
OI  2007:12::/64 [110/192]
      via FE80::C802:AFF:FE90:0, Serial0/0/0
OI  2007:23::/64 [110/128]
      via FE80::C802:AFF:FE90:0, Serial0/0/0
C   2007:34::/64 [0/0]
      via ::, Serial0/0/0
L   2007:34::4/128 [0/0]
      via ::, Serial0/0/0
C   2008:4444::/64 [0/0]
      via ::, GigabitEthernet0/0
L   2008:4444::4/128 [0/0]
      via ::, GigabitEthernet0/0
L   FE80::/10 [0/0]
      via ::, Null0
L   FF00::/8 [0/0]
      via ::, Null0
```

以上输出表明 OSPFv3 的外部路由代码为“OE2”或“OE1”，区域间路由代码为“OI”，区域内路由代码为“O”。

（2）show ip protocols。

```
R2#show ipv6 protocols
IPv6 Routing Protocol is "connected"
IPv6 Routing Protocol is "static"
IPv6 Routing Protocol is "OSPF 1"
  Interfaces (Area 0):
    Serial0/0/1
  Interfaces (Area 1):
    Serial0/0/0
  Redistribution:
    None
```

以上输出表明启动的 OSPFv3 进程 ID 为 1，Serial0/0/1 和 Serial0/0/0 接口上启用 OSPFv3，Serial0/0/1 属于区域 0，Serial0/0/0 属于区域 1。

（3）show ipv6 OSPF database：该命令用来查看 OSPFv3 拓扑结构数据库。

```
R4#show ipv6 OSPF database

            OSPFv3 Router with ID (4.4.4.4) (Process ID 1)

                Router Link States (Area 2)

ADV Router        Age     Seq#         Fragment ID     Link count     Bits
3.3.3.3           418     0x80000002   0               1              B
4.4.4.4           375     0x80000004   0               1              None

                Inter Area Prefix Link States (Area 2)

ADV Router        Age     Seq#         Prefix
3.3.3.3           450     0x80000001   2007:23::/64
3.3.3.3           440     0x80000001   2007:12::/64

                Inter Area Router Link States (Area 2)

ADV Router        Age     Seq#         Link ID         Dest RtrID
3.3.3.3           440     0x80000001   16843009        1.1.1.1

                Link (Type-8) Link States (Area 2)

ADV Router        Age     Seq#         Link ID         Interface
4.4.4.4           415     0x80000001   3               Fa0/0
3.3.3.3           463     0x80000001   4               Se1/0
4.4.4.4           437     0x80000001   4               Se1/0

                Intra Area Prefix Link States (Area 2)

ADV Router        Age     Seq#         Link ID         Ref-lstype     Ref-LSID
3.3.3.3           463     0x80000001   0               0x2001         0
4.4.4.4           430     0x80000002   0               0x2001         0
```

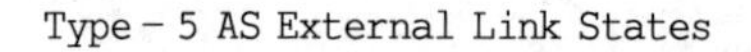

```
                    Type - 5 AS External Link States

ADV Router          Age        Seq#           Prefix
1.1.1.1             6          0x80000013     ::/0
```

以上输出显示了路由器 R4 的 OSPFv3 的拓扑结构数据库。

(4) show ipv6 OSPF neighbor。

```
R2#show ipv6 OSPF neighbor

Neighbor ID         Pri        State          Dead Time          Interface ID        Interface
3.3.3.3               1        FULL/ -        00:00:30           5                   Serial0/0/1
1.1.1.1               1        FULL/ -        00:00:37           4                   Serial0/0/0
```

以上输出表明路由器 R2 有两个 OSPFv3 的邻居。

(5) show ipv6 OSPF interface。

```
R2#show ipv6 OSPF interface s0/0/0
Serial0/0/0 is up, line protocol is up
  Link Local Address FE80::C801:AFF:FE90:0, Interface ID 4
  Area 1, Process ID 1, Instance ID 0, Router ID 2.2.2.2
  Network Type POINT_TO_POINT, Cost: 64
  Transmit Delay is 1 sec, State POINT_TO_POINT,
  Timer intervals configured, Hello 10, Dead 40, Wait 40, Retransmit 5
    Hello due in 00:00:04
  Index 1/1/1, flood queue length 0
  Next 0x0(0)/0x0(0)/0x0(0)
  Last flood scan length is 1, maximum is 1
  Last flood scan time is 0 msec, maximum is 0 msec
  Neighbor Count is 1, Adjacent neighbor count is 1
    Adjacent with neighbor 1.1.1.1
  Suppress hello for 0 neighbor(s)
```

以上输出是 OSPFv3 路由器接口的基本信息,和 OSPFv2 非常相似,包括路由器 ID、网络类型、计时器的值以及邻居的数量等信息。

14.2.4 实验 4:IPv6 EIGRP

1. 实验目的

通过本实验,可以掌握:

(1) 启用 IPv6 流量转发。

(2) IPv6 EIGRP 配置和调试。

2. 拓扑结构

实验拓扑如图 14-4 所示。

3. 实验步骤

步骤 1:配置路由器 R1。

```
R1(config)#ipv6 unicast-routing
```

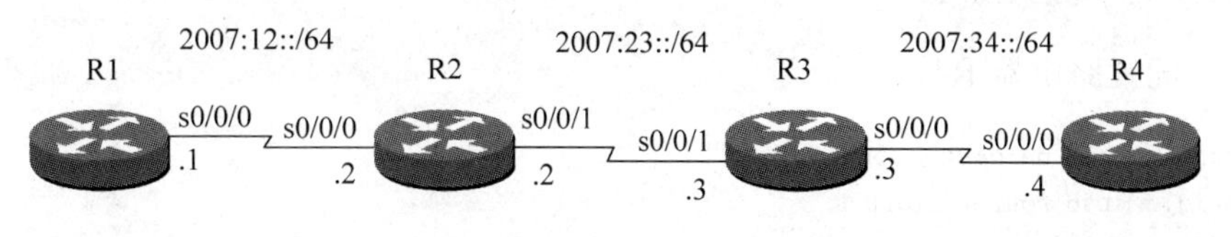

图 14-4 IPv6 EIGRP 配置

```
R1(config)#ipv6 router eigrp 1                    //配置 IPv6 EIGRP
R1(config-rtr)#router-id 1.1.1.1                  //配置路由器 ID
R1(config-rtr)#no shutdown                        //启动 IPv6 EIGRP 进程
R1(config-rtr)#redistribute connected metric 10000 100 255 1 1500
//将直连重分布到 IPv6 EIGRP 中
R1(config)#interface Loopback0
R1(config-if)#ipv6 address 2006:1111::1/64
R1(config)#interface Serial0/0/0
R1(config-if)#ipv6 address 2007:12::1/64
R1(config-if)#ipv6 eigrp 1                        //在接口上启用 IPv6 EIGRP
R1(config-if)#no shutdown
```

步骤 2：配置路由器 R2。

```
R2(config)#ipv6 unicast-routing
R2(config)#ipv6 router eigrp 1
R2(config-rtr)#router-id 2.2.2.2
R2(config-rtr)#no shutdown
R2(config)#interface Serial0/0/0
R2(config-if)#ipv6 address 2007:12::2/64
R2(config-if)#clock rate 128000
R2(config-if)#ipv6 eigrp 1
R2(config-if)#no shutdown
R2(config)#interface Serial0/0/1
R2(config-if)#ipv6 address 2007:23::2/64
R2(config-if)#clock rate 128000
R2(config-if)#ipv6 eigrp 1
R2(config-if)#no shutdown
```

步骤 3：配置路由器 R3。

```
R3(config)#ipv6 unicast-routing
R3(config)#ipv6 router eigrp 1
R3(config-rtr)# router-id 3.3.3.3
R3(config-rtr)#no shutdown
R3(config)#interface Serial0/0/0
R3(config-if)#ipv6 address 2007:34::3/64
R3(config-if)#clockrate 128000
R3(config-if)#ipv6 eigrp 1
R3(config-if)#no shutdown
R3(config)#interface Serial0/0/1
R3(config-if)#ipv6 address 2007:23::3/64
```

```
R3(config-if)#ipv6 eigrp 1
R3(config-if)#no shutdown
```

步骤 4：配置路由器 R4。

```
R4(config)#ipv6 unicast-routing
R4(config)#ipv6 router eigrp 1
R4(config-rtr)# router-id 4.4.4.4
R4(config-rtr)#no shutdown
R4(config)#interface Loopback0
R4(config-if)#ipv6 address 2008:4444::4/64
R4(config-if)#ipv6 eigrp 1
R4(config)#interface Serial0/0/0
R4(config-if)#ipv6 address 2007:34::4/64
R4(config-if)#ipv6 eigrp 1
R4(config-if)#no shutdown
```

4. **实验调试**

(1) show ipv6 route eigrp：该命令用来查看 IPv6 EIGRP 的路由。

```
R1#show ipv6 route eigrp
IPv6 Routing Table - 8 entries
Codes: C - Connected, L - Local, S - Static, R - RIP, B - BGP
       U - Per-user Static route, M - MIPv6
       I1 - ISIS L1, I2 - ISIS L2, IA - ISIS interarea, IS - ISIS summary
       O - OSPF intra, OI - OSPF inter, OE1 - OSPF ext 1, OE2 - OSPF ext 2
       ON1 - OSPF NSSA ext 1, ON2 - OSPF NSSA ext 2
       D - EIGRP, EX - EIGRP external
D   2007:23::/64 [90/21024000]
     via FE80::219:55FF:FE66:6320, Serial0/0/0
D   2007:34::/64 [90/21536000]
     via FE80::219:55FF:FE66:6320, Serial0/0/0
D   2008:4444::/64 [90/21664000]
     via FE80::219:55FF:FE66:6320, Serial0/0/0
R2#show ipv6 route eigrp
IPv6 Routing Table - 8 entries
Codes: C - Connected, L - Local, S - Static, R - RIP, B - BGP
       U - Per-user Static route, M - MIPv6
       I1 - ISIS L1, I2 - ISIS L2, IA - ISIS interarea, IS - ISIS summary
       O - OSPF intra, OI - OSPF inter, OE1 - OSPF ext 1, OE2 - OSPF ext 2
       ON1 - OSPF NSSA ext 1, ON2 - OSPF NSSA ext 2
       D - EIGRP, EX - EIGRP external
EX   2006:1111::/64 [170/20537600]
       via FE80::219:55FF:FE35:B828, Serial0/0/0
D    2007:34::/64 [90/21024000]
       via FE80::219:55FF:FE35:B548, Serial0/0/1
D    2008:4444::/64 [90/21152000]
       via FE80::219:55FF:FE35:B548, Serial0/0/1
```

以上输出说明路由表中的下一跳是对方的本地链路地址，同时 IPv6 EIGRP 也能够区分内部路由和外部路由，外部路由代码为“EX”。

(2) show ipv6 eigrp neighbors：该命令用来查看 IPv6 EIGRP 的邻居。

```
R2#show ipv6 eigrp neighbors
IPv6 - EIGRP neighbors for process 1
H Address                          Interface  Hold Uptime   SRTT  RTO   Q  Seq
                                              (sec)         (ms)        Cnt Num
1 Link - local address:            Se0/0/1    14 00:33:32  13    1140  0  24
   FE80::219:55FF:FE35:B548
0 Link - local address:            Se0/0/0    14 00:33:32  10    1140  0   9
   FE80::219:55FF:FE35:B828
```

以上输出表明路由器 R2 有两个 IPv6EIGRP 邻居，邻居的地址用对方的本地链路地址表示。

(3) show ipv6 eigrp topology：该命令用来查看 IPv6 EIGRP 的拓扑结构信息。

```
R2#show ipv6
eigrp topology
IPv6 - EIGRP Topology Table for AS(1)/ID(2.2.2.2)


Codes: P - Passive, A - Active, U - Update, Q - Query, R - Reply,
       r - reply Status, s - sia Status

P 2007:12::/64, 1 successors, FD is 20512000
        via Connected, Serial0/0/0
P 2006:1111::/64, 1 successors, FD is 20537600
        via FE80::219:55FF:FE35:B828 (20537600/281600), Serial0/0/0
P 2007:23::/64, 1 successors, FD is 20512000
        via Connected, Serial0/0/1
P 2007:34::/64, 1 successors, FD is 21024000
        via FE80::219:55FF:FE35:B548 (21024000/20512000), Serial0/0/1
P 2008:4444::/64, 1 successors, FD is 21152000
        via FE80::219:55FF:FE35:B548 (21152000/20640000), Serial0/0/1
```

(4) show ipv6 protocols。

```
R2#show ipv6 protocols
IPv6 Routing Protocol is "connected"
IPv6 Routing Protocol is "static"
IPv6 Routing Protocol is "eigrp 1"
// IPv6 EIGRP 进程
  EIGRP metric weight K1 = 1, K2 = 0, K3 = 1, K4 = 0, K5 = 0
//计算度量之的因子
  EIGRP maximum hopcount 100
//最大跳数
EIGRP maximum metric variance 1
// variance 值为 1,表示默认只支持等价路径负载均衡
  Interfaces:
    Serial0/0/0
    Serial0/0/1
//以上 3 行表示启用 IPv6 EIGRP 的接口
```

```
   Redistribution:
     None
   Maximum path: 16
//默认最大等价路径为 16 条,最多可以配置 64 条
   Distance: internal 90 external 170
//IPv6 EIGRP 的内部路由管理距离为 90,外部路由管理距离为 170
```

14.3　IPv6 命令汇总

表 14-1 列出了本章涉及的主要命令。

表 14-1　本章命令汇总

命　令	作　用
show ipv6 route	查看 IPv6 路由表
show ipv6 interface	查看 IPv6 接口信息
show ipv6 protocols	查看和 IPv6 路由协议相关的信息
show ipv6 rip next-hops debug ipv6 rip	查看 RIPng 的下一跳地址
show ipv6 rip database	查看 RIPng 的数据库
show ipv6 ospf neighbor	查看 OSPFv3 邻居的基本信息
show ipv6 ospf interface	查看 OSPFv3 路由器接口的信息
show ipv6 ospf database	查看 OSPFv3 拓扑结构数据库
show ipv6 ospf	查看 OSPFv3 进程及其细节
show ipv6 route eigrp	查看 IPv6 EIGRP 的路由
show ipv6 eigrp topology	查看 IPv6 EIGRP 的拓扑结构信息
show ipv6 eigrp neighbors	查看 IPv6 EIGRP 的邻居
debug ipv6 rip	动态查看 RIPng 的更新
ipv6 unicast-routing	启动 IPv6 流量转发
ipv6 address	在接口下配置 IPv6 地址
ipv6 route	配置 IPv6 静态路由
ipv6 router rip	启动 IPv6 RIPng 进程
split-horizon	启用水平分割
poison-reverse	启用毒化反转
ipv6 rip tag enable	在接口上启用 RIPng
ipv6 rip tag default-information originate	向 IPv6 RIPng 区域注入一条默认路由
ipv6 router ospf	启动 OSPFv3 路由进程
router-id	配置路由器 ID
default-information originate	向 OSPFv3 网络注入一条默认路由
ipv6 ospf process-id area area-id	接口上启用 OSPFv3,并声明接口所在区域
ipv6 router eigrp	配置 IPv6 EIGRP 路由协议
ipv6 eigrp	接口下启用 IPv6 EIGRP
maximum-paths	配置能支持的等价路径的条数
variance	配置 IPv6 EIGRP 非等价负载均衡

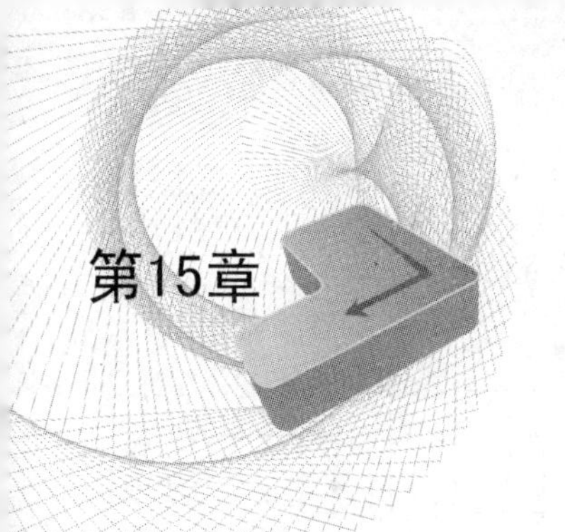

chapter 15

BGP

15.1 BGP 的概况

BGP 最新的版本是 BGP 第 4 版本(BGP4),它是在 RFC4271 中定义的；一个路由器只能属于一个 AS。AS 的范围为 1～65 535(64 512～65 535 是私有 AS 号),RFC1930 提供了 AS 号使用指南。

BGP 的主旨是提供一种域间路由选择系统,确保自主系统只能够无环路地交换路由选择信息,BGP 路由器交换有关前往目标网络的路径信息。

BGP 是一种基于策略的路由选择协议,BGP 在确定最佳路径时考虑的不是速度,而是让 AS 能够根据多种 BGP 属性来控制数据流的传输。

15.1.1 BGP 的特性

- BGP 将传输控制协议(TCP)用作其传输协议,是可靠传输,运行在 TCP 的 179 端口上(目的端口)。
- 由于传输是可靠的,所以 BGP0 使用增量更新,在可靠的链路上不需要使用定期更新,所以 BGP 使用触发更新。
- 类似于 OSPF 和 ISIS 路由协议的 Hello 报文,BGP 使用 keepalive 周期性地发送存活消息(60s)(维持邻居关系)。
- BGP 在接收更新分组的时候,TCP 使用滑动窗口,接收方在发送方窗口达到一半的时候进行确定,不同于 OSPF 等路由协议使用 1-to-1 窗口。
- 丰富的属性值。
- 可以组建可扩展的巨大的网络。

15.1.2 BGP 的三张表

1. 邻居关系表

- 所有 BGP 邻居。

2. 转发数据库

- 记录每个邻居的网络。

- 包含多条路径去往同一目的地，通过不同属性判断最好路径。
- 数据库包括 BGP 属性。

3. **路由表**

- 最佳路径放入路由表中。
- EBGP 路由（从外部 AS 获悉的 BGP 路由）的管理距离为 20。
- IBGP 路由（从 AS 系统获悉的路由）管理距离为 200。

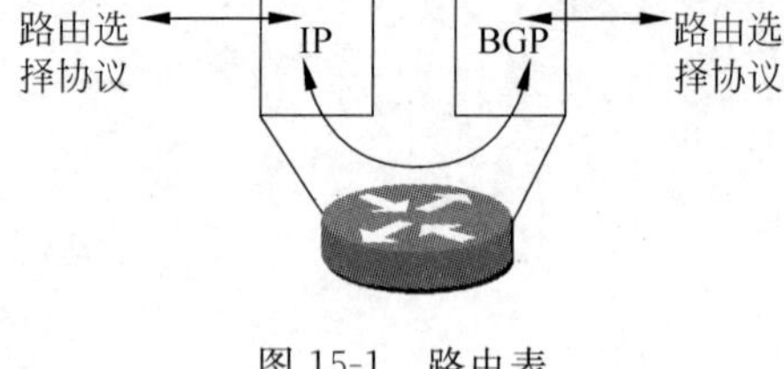

图 15-1　路由表

如图 15-1 所示。

邻居关系表，包含与之建立 BGP 连接的邻居。

使用命令 show ip bgp summary 可以查看到如下信息：

```
Router# sh ip bgp summary
BGP router identifier 11.1.1.1, local AS number 100
BGP table version is 8, main routing table version 8
5 network entries using 585 bytes of memory
6 path entries using 312 bytes of memory
4/3 BGP path/bestpath attribute entries using 496 bytes of memory
1 BGP AS - PATH entries using 24 bytes of memory
0 BGP route - map cache entries using 0 bytes of memory
0 BGP filter - list cache entries using 0 bytes of memory
BGP using 1417 total bytes of memory
BGP activity 5/0 prefixes, 6/0 paths, scan interval 60 secs
Neighbor      V    AS MsgRcvd MsgSent    TblVer  InQ OutQ Up/Down State/PfxRcd
10.1.1.1      4    100  14       18          8     0   0 00:09:32     2
11.1.1.2      4    200  12       16          8     0   0 00:07:03     1
```

转发数据表，从邻居那里获悉的所有路由都被加入到 BGP 转发表中。

使用命令 show ip bgp 可以查看如下信息：

```
Router# sh ip bgp
BGP table version is 8, local router ID is 11.1.1.1
Status codes: s suppressed, d damped, h history, * valid, > best, i - internal,
              r RIB - failure, S Stale
Origin codes: i - IGP, e - EGP, ? - incomplete
  Network            Next Hop         Metric LocPrf Weight Path
*> 10.1.1.0/24       0.0.0.0            0           32768 i
*  i                 10.1.1.1           0     100       0 i
*> 11.1.1.0/24       0.0.0.0            0           32768 i
*> i192.168.1.0      10.1.1.1           0     100       0 i
*> 192.168.2.0       0.0.0.0            0           32768 i
*> 192.168.3.0       11.1.1.2           0           0 200 i
```

路由表，BGP 路由选择进程从 BGP 转发表中选出前往每个网络的最佳路由，并加入到路由表中。

使用命令 show ip route bgp 可以查看如下信息：

```
Router# sh ip route bgp
B     192.168.1.0/24 [200/0] via 10.1.1.1, 00:13:11
```

```
B      192.168.3.0/24 [20/0] via 11.1.1.2, 00:11:19
```

15.1.3 BGP 消息类型

- open：用来建立最初的 BGP 连接(包含 hold-time、router-id)。
- Keepalive：对等体之间周期性地交换这些消息以保持会话有效(默认为 60s)。
- Update：对等体之间使用这些消息来交换网络层可达性信息。
- Notification：这些消息用来通知出错信息。所有的 BGP 分组共享同样的公有首部，在学习不同类型的分组之前，先讨论公共首部，如图 15-2 所示，这个首部的字段如下。

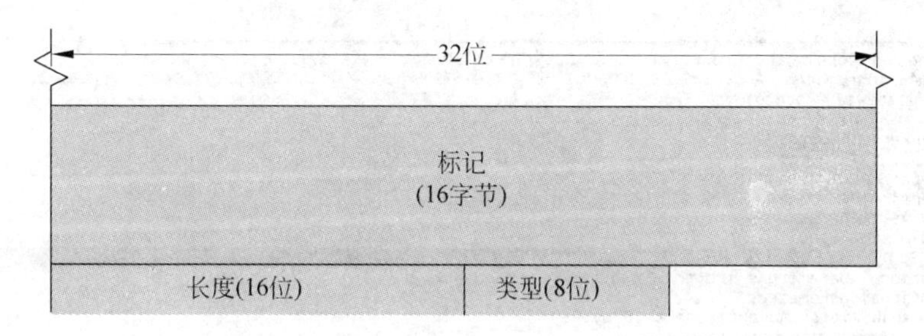

图 15-2 BGP 首部消息字段

- **标记**：这个 16 字节标记字段保留给鉴别用。
- **长度**：这个 2 字节字段定义包括首部在内的报文总长度。
- **类型**：这个 1 字节段定义分组的类型，用数值 1～4 定义 BGP 消息类型。

打开消息：主要是利用此报文建立邻居，运行 BGP 的路由器打开与邻居的 TCP 连接，并发送打开报文。打开报文格式如图 15-3 所示。

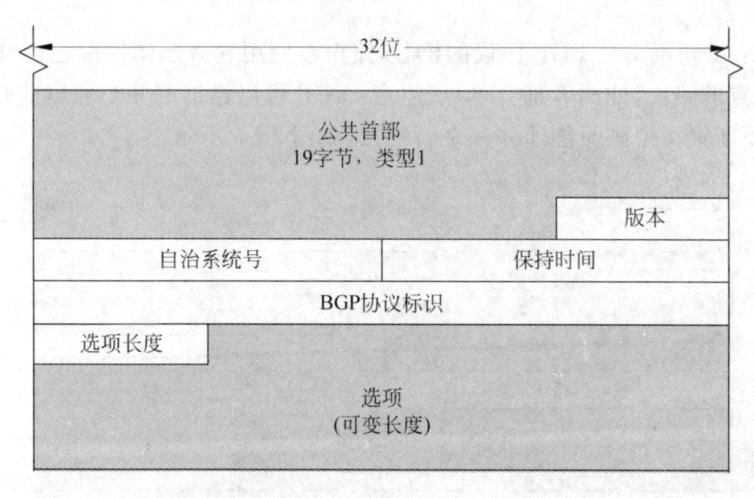

图 15-3 BGP 邻居关系

- **版本**：这个 1 字节字段定义 BGP 的版本，当前的版本是 4。
- **自治系统**：这个 2 字节字段定义自治系统号。
- **保持时间**：这个 2 字节字段定义一方从另一方收到保活报文或更新报文之前所经过的最大秒数，若路由器在保持时间的期间内没有收到这些报文中的一个，就认为对方是不工作的。

- **BGP 协议标识**：这是 2 字节字段，这定义发送打开报文的路由器，为此，这个路由器通常使用它的 IP 地址中的一个作为 BGP 标识符。
- **选项长度**：打开报文还可以包含某些选项参数，若包含，则这个 1 字节字段定义选项参数总长度，若没有选项参数，则这个字段的值为 0。
- **选项参数**：若选项参数长度的值不是 0，则表示有某些选项参数，每一个选项参数本身又有两个字段，参数长度和参数值，到现在已定义的唯一的选项参数是鉴别。

如图 15-4 所示是采用 ethereal 采集到的 BGP 的打开消息报文。

```
⊞ Internet Protocol, Src: 10.1.1.1 (10.1.1.1), Dst: 10.1.1.2 (10.1.1.2)
⊞ Transmission Control Protocol, Src Port: 62671 (62671), Dst Port: bgp (179), Seq: 1, Ack: 1, Len: 45
⊟ Border Gateway Protocol
  ⊟ OPEN Message
      Marker: 16 bytes
      Length: 45 bytes
      Type: OPEN Message (1)
      Version: 4
      My AS: 100
      Hold time: 180
      BGP identifier: 11.1.1.1
      Optional parameters length: 16 bytes
    ⊟ Optional parameters
      ⊟ Capabilities Advertisement (8 bytes)
          Parameter type: Capabilities (2)
          Parameter length: 6 bytes
        ⊟ Multiprotocol extensions capability (6 bytes)
            Capability code: Multiprotocol extensions capability (1)
            Capability length: 4 bytes
          ⊟ Capability value
              Address family identifier: IPv4 (1)
              Reserved: 1 byte
              Subsequent address family identifier: Unicast (1)
      ⊟ Capabilities Advertisement (4 bytes)
          Parameter type: Capabilities (2)
          Parameter length: 2 bytes
        ⊟ Route refresh capability (2 bytes)
            Capability code: Route refresh capability (128)
```

图 15-4　BGP 消息报文

更新报文：更新报文是 BGP 协议的核心，路由器使用它来撤销以前已通知的终点和宣布到一个新终点的路由，或两者都有，应该注意：BGP 可以撤销好几个在以前曾通知过的终点，但在单个更新报文中则只能通知一个新终点，如图 15-5 所示。

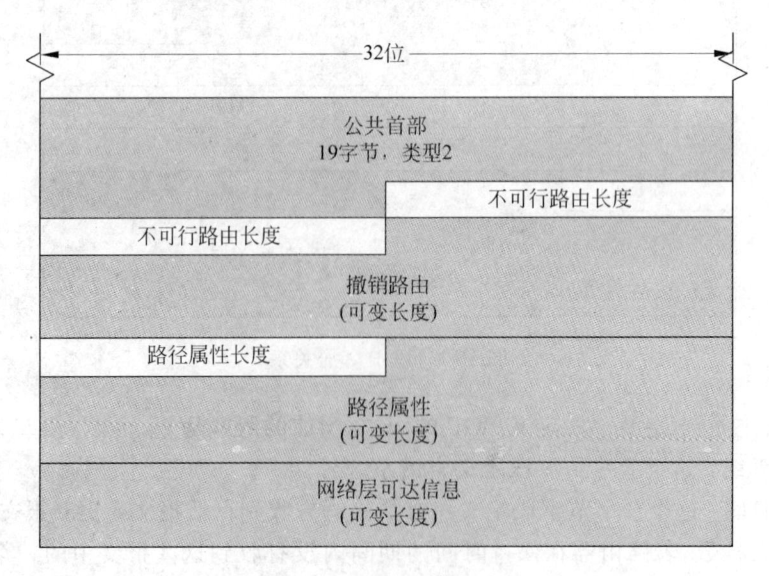

图 15-5　BGP 更新报文

- **不可行路由长度**：这个 2 字节字段定义下一字段的长度。
- **撤销路由**：这个字段列出必须从以前通知的清单中删除的所有路由。
- **路径属性长度**：这个 2 字节字段定义下一个字段的长度。
- **路径属性**：这个字段定义到这个报文宣布可达性的网络路径属性。
- **网络层可达性信息**：这个字段定义这个报文真正通知的网络。它有一个长度字段和一个 IP 地址前缀，长度定义前缀中的位数。前缀定义这个网络地址的共同部分。例如，若这个网络是 123.1.10.0/24，则网络前缀是 24 而前缀是 123.1.10。图 15-6 是采用 ethereal 采集到的 BGP 的更新消息报文。

```
⊞ Transmission Control Protocol, Src Port: bgp (179), Dst Port: 62671 (62671), Seq: 65, Ack: 65, Len: 59
⊟ Border Gateway Protocol
  ⊟ UPDATE Message
      Marker: 16 bytes
      Length: 59 bytes
      Type: UPDATE Message (2)
      Unfeasible routes length: 0 bytes
      Total path attribute length: 32 bytes
    ⊟ Path attributes
      ⊟ ORIGIN: IGP (4 bytes)
        ⊞ Flags: 0x40 (Well-known, Transitive, Complete)
          Type code: ORIGIN (1)
          Length: 1 byte
          Origin: IGP (0)
      ⊟ AS_PATH: 200 (7 bytes)
        ⊟ Flags: 0x40 (Well-known, Transitive, Complete)
            0... .... = Well-known
            .1.. .... = Transitive
            ..0. .... = Complete
            ...0 .... = Regular length
          Type code: AS_PATH (2)
          Length: 4 bytes
        ⊟ AS path: 200
          ⊟ AS path segment: 200
              Path segment type: AS_SEQUENCE (2)
              Path segment length: 1 AS
              Path segment value: 200
      ⊟ NEXT_HOP: 10.1.2.2 (7 bytes)
        ⊟ Flags: 0x40 (Well-known, Transitive, Complete)
            0... .... = Well-known
            .1.. .... = Transitive
            ..0. .... = Complete
            ...0 .... = Regular length
          Type code: NEXT_HOP (3)
          Length: 4 bytes
          Next hop: 10.1.2.2 (10.1.2.2)
      ⊟ MULTI_EXIT_DISC: 0 (7 bytes)
        ⊟ Flags: 0x80 (Optional, Non-transitive, Complete)
            1... .... = Optional
            .0.. .... = Non-transitive
            ..0. .... = Complete
            ...0 .... = Regular length
          Type code: MULTI_EXIT_DISC (4)
          Length: 4 bytes
          Multiple exit discriminator: 0
      ⊟ LOCAL_PREF: 100 (7 bytes)
        ⊟ Flags: 0x40 (Well-known, Transitive, Complete)
            0... .... = Well-known
            .1.. .... = Transitive
            ..0. .... = Complete
            ...0 .... = Regular length
          Type code: LOCAL_PREF (5)
          Length: 4 bytes
          Local preference: 100
    ⊟ Network layer reachability information: 4 bytes
      ⊟ 12.1.1.0/24
          NLRI prefix length: 24
          NLRI prefix: 12.1.1.0 (12.1.1.0)
```

图 15-6　更新报文截图

保活报文：是用来告诉对方自己是工作的，保活报文只包括公共首部，如图 15-7 所示。图 15-8 是采用 ethereal 采集到的 BGP 的保活报文。

通知报文：当检测出差错状态或路由器打算关闭连接时，路由器就发送通知报文，如图 15-9 所示。

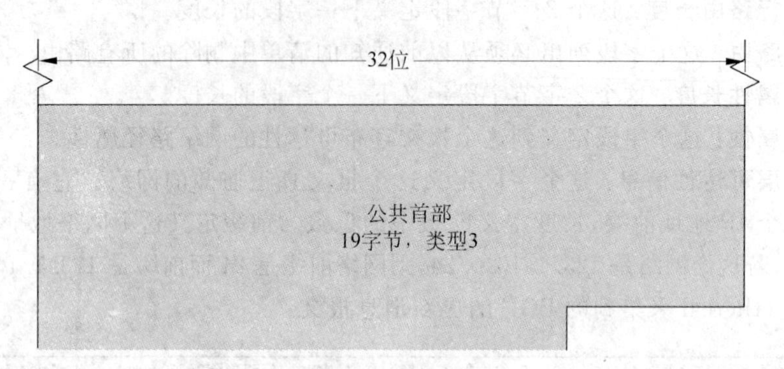

图 15-7　保活报文字段

```
⊞ Frame 85 (73 bytes on wire, 73 bytes captured)
⊞ Ethernet II, Src: ca:00:17:ec:00:1d (ca:00:17:ec:00:1d), Dst: ca:00:17:14:00:1c (ca:00:17:14:00:1c)
⊞ Internet Protocol, Src: 10.1.2.1 (10.1.2.1), Dst: 10.1.2.2 (10.1.2.2)
⊟ Transmission Control Protocol, Src Port: 23502 (23502), Dst Port: bgp (179), Seq: 0, Ack: 0, Len: 19
    Source port: 23502 (23502)
    Destination port: bgp (179)
    Sequence number: 0    (relative sequence number)
    [Next sequence number: 19    (relative sequence number)]
    Acknowledgement number: 0    (relative ack number)
    Header length: 20 bytes
  ⊞ Flags: 0x0018 (PSH, ACK)
    Window size: 15679
    Checksum: 0xbb28 [correct]
⊟ Border Gateway Protocol
  ⊟ KEEPALIVE Message
      Marker: 16 bytes
      Length: 19 bytes
      Type: KEEPALIVE Message (4)
```

图 15-8　保活报文截图

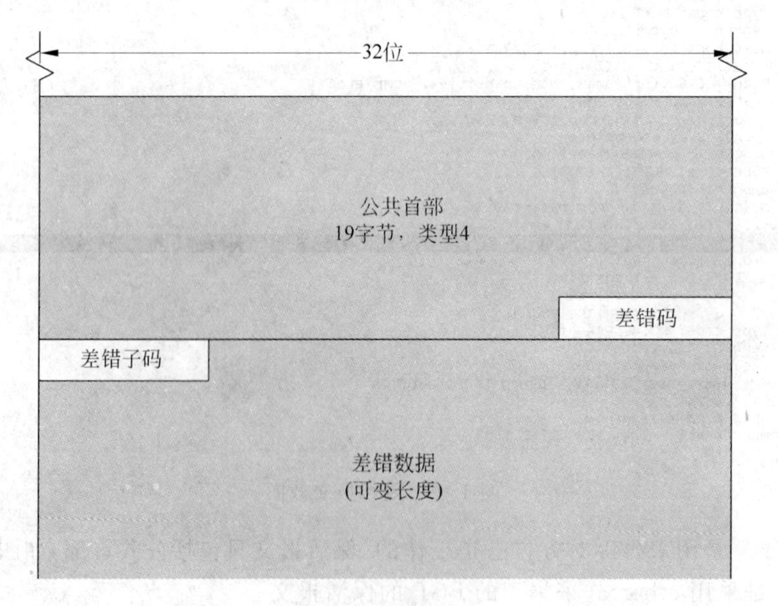

图 15-9　通知报文

- 差错码：这个 1 字节字段定义差错的种类。
- 差错子码：这个 1 字节字段进一步定义每一种差错的类型。
- 差错数据：这个字段可用来给出关于该差错的更多的诊断信息具体的差错码，如表 15-1 所示。

表 15-1 差错码诊断信息表

差错码	差错码说明	差错子码说明
1	报文首部差错	3 种不同的子码：(1)同步问题，(2)坏的报文长度，(3)坏的报文类型
2	打开报文差错	6 种不同的子码：(1)不支持的版本，(2)坏的对等 AS，(3)坏的 BGP 标识符，(4)不支持的可选参数，(5)鉴别失败，(6)不可接受的保持时间
3	更新报文差错	11 种不同的子码：(1)错误形成的属性表，(2)不能识别的熟知属性，(3)丢失熟知属性，(4)属性标志差错，(5)属性长度差错，(6)非法起点属性，(7)AS 路由选择环路，(8)无效的下一路属性，(9)可选属性差错，(10)无效的网络字段，(11)错误形成的 AS-PATH
4	保持计时器截止期到	未定义子码
5	有限状态机差错	定义过程的差错，未定义子码
6	关闭	未定义子码

图 15-10 是采用 ethereal 采集到的 BGP 的通知报文。

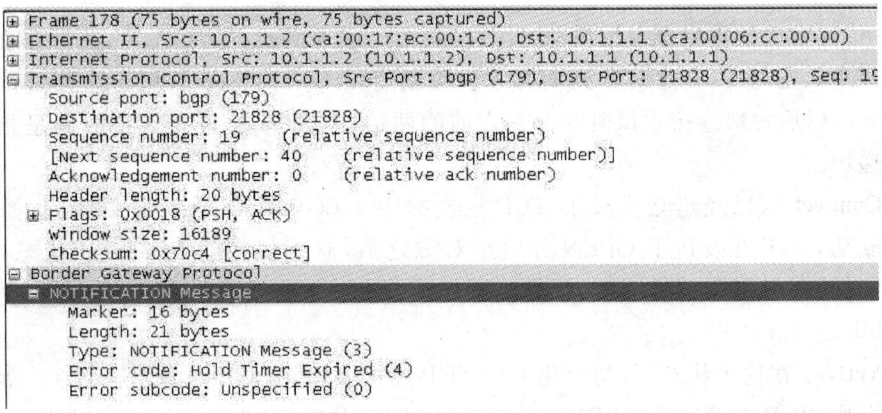

```
⊞ Frame 178 (75 bytes on wire, 75 bytes captured)
⊞ Ethernet II, Src: 10.1.1.2 (ca:00:17:ec:00:1c), Dst: 10.1.1.1 (ca:00:06:cc:00:00)
⊞ Internet Protocol, Src: 10.1.1.2 (10.1.1.2), Dst: 10.1.1.1 (10.1.1.1)
⊟ Transmission Control Protocol, Src Port: bgp (179), Dst Port: 21828 (21828), Seq: 19
    Source port: bgp (179)
    Destination port: 21828 (21828)
    Sequence number: 19    (relative sequence number)
    [Next sequence number: 40    (relative sequence number)]
    Acknowledgement number: 0    (relative ack number)
    Header length: 20 bytes
  ⊞ Flags: 0x0018 (PSH, ACK)
    Window size: 16189
    Checksum: 0x70c4 [correct]
⊟ Border Gateway Protocol
  ⊟ NOTIFICATION Message
      Marker: 16 bytes
      Length: 21 bytes
      Type: NOTIFICATION Message (3)
      Error code: Hold Timer Expired (4)
      Error subcode: Unspecified (0)
```

图 15-10 通知报文截图

15.1.4 建立邻居的过程

在两个 BGP 发言人交换信息之前，BGP 都要求建立邻居关系，BGP 不是动态地发现所感兴趣的运行 BGP 的路由器，相反，BGP 使用一个特殊的邻居 IP 地址来配置。

BGP 使用周期性的 Keepalive 分组来确认 BGP 邻居的可访问性。Keepalive 计时器是保持时间(Hold Time)的三分之一，如果发给某一特定 BGP 邻居三个连续的 Keepalive 分组都丢失的话，保持时间计时器超时，则那个邻居被视为不可达，RFC1771 对保持时间的建议是 90 秒，Keepalive 计时器的建议值是 30s。

按照 RFC1771，BGP 建立邻居关系要经历以下几个阶段，如图 15-11 所示。

- **Idle**：在此状态下不分配网络资源，不允许传入的 BGP 连接。当在持续性差错条件

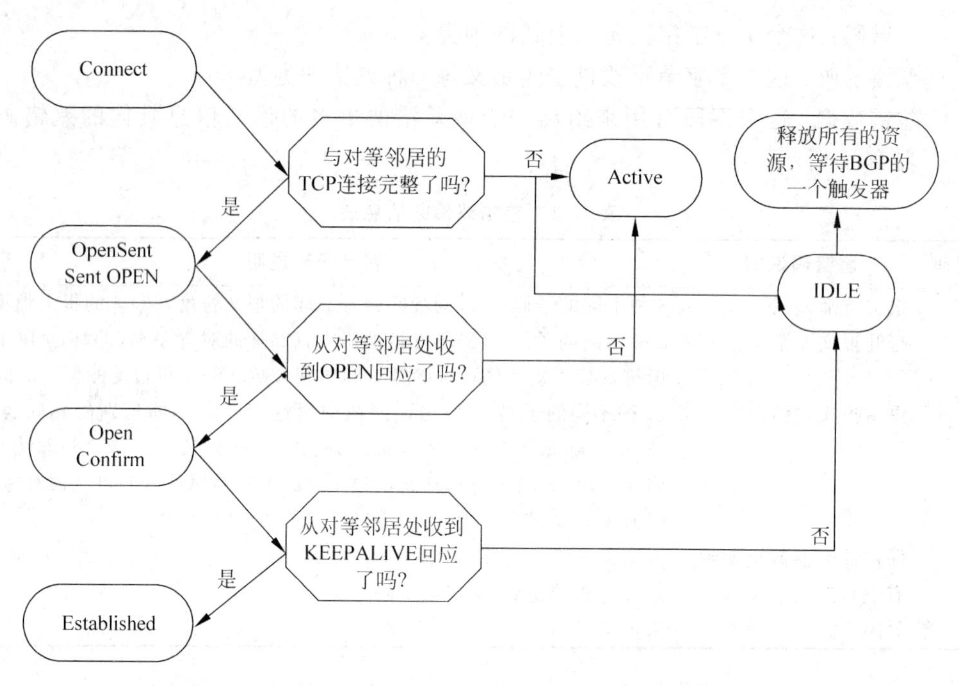

图 15-11　BGP 邻居关系阶段

下，经常性的重启会导致波动。因此，在第一次进入到空闲状态后，路由器会设置连接重试定时器，在定时器到期时才会重新启动 BGP，Cisco 的初始连接重试时间为 60s，以后每次连接重试时间都是之前的两倍，也就是说，连接等待时间呈指数关系递增。

- **Connect**：（已经建立完成了 TCP 三次握手），BGP 等待 TCP 连接完成，如果连接成功，BGP 在发送了 OPEN 分组给对方之后，状态机变为 OpenSent 状态，如果连接失败，根据失败的原因，状态机可能演变到 Active，或是保持 Connect，或是返回 Idle。
- **Active**：在这个状态下，初始化一个 TCP 连接来建立 BGP 间的邻居关系。如果连接成功，BGP 在发送了 OPEN 分组给对方之后，状态机变为 OpenSent 状态，如果连接失败，可能仍处在 Active 状态或返回 Idle 状态。
- **OpenSent**：BGP 发送 OPEN 分组给对方之后，BGP 在这一状态下等待 OPEN 的回应分组，如果成功收到回应分组，BGP 状态变为 OpenConfirm，并给对方发送一条 Keepalive 分组；如果没有接到回应分组，BGP 状态重新变为 Idle 或是 Active。
- **OpenConfirm**：这时，距离最后的 Established 状态只差一步，BGP 在这个状态下等待对方的 Keepalive 分组，如果成功接收，状态变为 Established；否则，因为出现错误，BGP 状态将重新变为 Idle。
- **Established**：这是 BGP 对等体之间可以交换信息的状态，可交换的信息包括 UPDATE 分组、KeepAlive 分组和 Notification 分组。

connect 和 active 都是 TCP 连接阶段，ACTIVE 是发起方，connect 是应答方。可以使用命令 show ip bgp summary、debug ip bgp events、debug ip bgp 来查看。

```
Router#debug ip bgp
BGP debugging is on for address family: IPv4 Unicast
*Jun 23 22:00:05.619: BGP: 11.1.1.2 went from Idle to Active
*Jun 23 22:00:05.627: BGP: 11.1.1.2 open active delayed 30128ms (35000ms max, 28% jitter)
*Jun 23 22:00:06.215: BGP: 11.1.1.2 passive open to 11.1.1.1
*Jun 23 22:00:06.219: BGP: 11.1.1.2 went from Active to Idle
*Jun 23 22:00:06.219: BGP: 11.1.1.2 went from Idle to Connect
*Jun 23 22:00:06.227: BGP: 11.1.1.2 rcv message type 1, length (excl. header) 26
*Jun 23 22:00:06.227: BGP: 11.1.1.2 rcv OPEN, version 4, holdtime 180 seconds
*Jun 23 22:00:06.231: BGP: 11.1.1.2 went from Connect to OpenSent
*Jun 23 22:00:06.231: BGP: 11.1.1.2 sending OPEN, version 4, my as: 100, holdtime 180 seconds
*Jun 23 22:00:06.231: BGP: 11.1.1.2 rcv OPEN w/ OPTION parameter len: 16
*Jun 23 22:00:06.231: BGP: 11.1.1.2 rcvd OPEN w/ optional parameter type 2 (Capability) len 6
*Jun 23 22:00:06.235: BGP: 11.1.1.2 OPEN has CAPABILITY code: 1, length 4
*Jun 23 22:00:06.235: BGP: 11.1.1.2 OPEN has MP_EXT CAP for afi/safi: 1/1
*Jun 23 22:00:06.235: BGP: 11.1.1.2 rcvd OPEN w/ optional parameter type 2 (Capability) len 2
*Jun 23 22:00:06.235: BGP: 11.1.1.2 OPEN has CAPABILITY code: 128, length 0
*Jun 23 22:00:06.239: BGP: 11.1.1.2 OPEN has ROUTE-REFRESH capability(old) for all address
-families
*Jun 23 22:00:06.239: BGP: 11.1.1.2 rcvd OPEN w/ optional parameter type 2 (Capability) len 2
*Jun 23 22:00:06.239: BGP: 11.1.1.2 OPEN has CAPABILITY code: 2, length 0
*Jun 23 22:00:06.239: BGP: 11.1.1.2 OPEN has ROUTE-REFRESH capability(new) for all address
-families
BGP: 11.1.1.2 rcvd OPEN w/ remote AS 200
*Jun 23 22:00:06.243: BGP: 11.1.1.2 went from OpenSent to OpenConfirm
*Jun 23 22:00:06.243: BGP: 11.1.1.2 send message type 1, length (incl. header) 45
*Jun 23 22:00:06.359: BGP: 11.1.1.2 went from OpenConfirm to Established
*Jun 23 22:00:06.363: %BGP-5-ADJCHANGE: neighbor 11.1.1.2 Up
```

15.1.5 建立 IBGP 邻居

IBGP 运行在 AS 内部，不需要直连。IBGP 有水平分割，建议使用 Full Mesh，由于 Full Mesh 不具有扩展性，为了解决 IBGP 的 Full Mesh 问题，使用路由反射器(RR)和联邦两种方法来解决。主要减少了 backbone IGP 中的路由。

Neighbor 后所指的地址可达。发起方不能是默认路由，应答方也不能是默认路由。可以使用下面两种方法来建立 IBGP 邻居：

- 邻居之间可以通过各自的一个物理接口建立对等关系，该对等关系是通过属于它们共享的子网的 IP 地址来建立的。
- 邻居之间也可以通过使用环回接口建立对等关系。

在 IBGP 中，由于假定了 IBGP 邻居在物理上直接相连的可能性不大，所以将 IP 分组头中的 TTL 域设置为 255。

15.1.6 建立 EBGP 邻居

EBGP 运行在 AS 与 AS 之间的边界路由器上，默认情况下，需要直连或使用静态路由，如果不是直连，必须指 EBGP 多跳，Neighbor x. x. x. x ebgp-multihop [1-255]不选择为最大值，255 跳。

可以使用下面两种方法来建立 EBGP 邻居：

- 邻居之间可以通过各自的一个物理接口建立对等关系。
- 邻居之间也可以通过使用环回接口建立对等关系。

15.1.7 neighbor ip-address remote-as number 命令

例如，

```
neighbor 10.1.1.1 remote - as 100
```

指定对方属于哪一个 AS。所指的 10.1.1.1 地址，必须在 IGP 中可达。

- 允许邻居用这个地址来访问 179 端口，但没有指明访问本路由器的哪个地址，只检查源地址。
- 本路由器以更新源地址去访问 neighbor 后面这个地址的 179 端口，是否可以建立 TCP 链接要看对方是否允许我的更新源来访问它。

示例：对于如图 15-12 所示的拓扑图，R1/R2 两台路由器运行 RIPv2，都将环回口通告给 RIP。这时假如在两台路由器之间运行 IBGP 邻居关系：

```
R1: neighbor 192.168.2.1 remote - as 1
R2: neighbor 10.1.1.1 remote - as 1
```

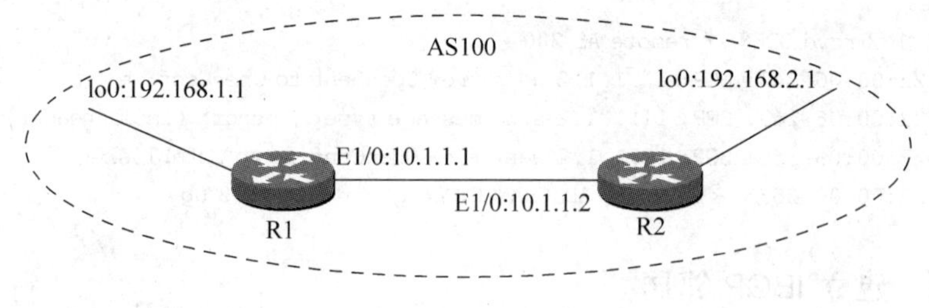

图 15-12 拓扑图

双方都没有写更新源（neighbor x. x. x. x update-source lo0 代表本路由器的更新源为 lo0 口，BGP 的包以这个接口的地址为源地址发送出去）。

一边指环回口，一边指直连接口。可以建立邻居。这里有两个 TCP 的 session，其中只有 R1 去访问 R2 的环回口的 179 端口的 TCP session 可以建立。可以用 show tcp brief 查看。

```
Router # sh tcp brief
TCB         Local Address         Foreign Address        (state)
65693960    10.1.1.1.51124        192.168.2.1.179        ESTAB
```

这时在 R2 上写上确定更新源命令：neighbor 10.1.1.1 update-source lo1，这时即可建立两条 TCP session。可以使用命令 Show tcp brief 查看到两条 TCP session 在建立，当一条 establish 完成后，另一条稍后即消失。

```
Router # sh tcp brief
TCB         Local Address         Foreign Address        (state)
65693960    10.1.1.1.51124        192.168.2.1.179        CLOSED
65693E14    10.1.1.1.37992        192.168.2.1.179        ESTAB
```

```
Router # sh tcp brief
TCB           Local Address        Foreign Address      (state)
65693E14      10.1.1.1.37992       192.168.2.1.179      ESTAB
```

注：路由器建立 BGP 邻居写两条正确的 neighbor 命令，是为了冗余。

15.1.8 IBGP 的同步

- BGP 同步规则指出，BGP 路由器不应使用通过 IBGP 获悉的路由或将其通告给外部邻居，除非该路由是本地的或是通过 IGP 获悉的。
- 同步开启意味着，从一个 IBGP 邻居学来的路由，除非从 IGP 中也同样学习到，否则不可能被选为最优。
- 如果 IGP 为 OSPF，那么在 IGP 中，这些前缀的 router-id 也必须与通告这些前缀的 BGP 的 router-id 相匹配，才有可能被选为最优。

实例说明：如图 15-13 所示。

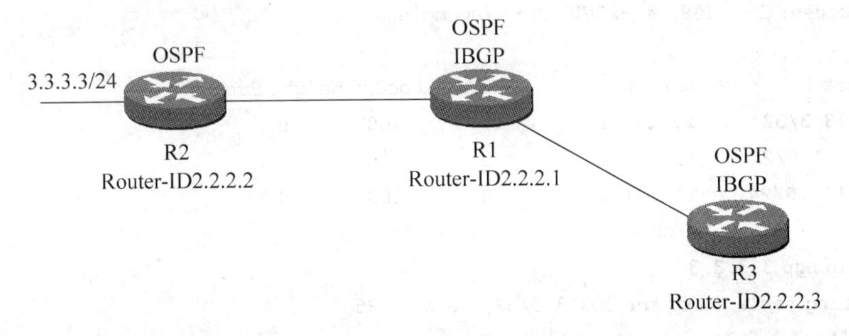

图 15-13 IBGP 的同步

R1、R2、R3 同为 OSPF area 0 中路由器(每台路由器的 router-id 如图 15-13 所示)，R2 上一条路由 3.3.3.0/24 通告进 OSPF。

R1、R3 运行 IBGP，R1 将 3.3.3.0/24 的前缀引入 BGP，传给 R3。这时 R3 既从 OSPF area0 中的 R2 学习到该前缀，又从 IBGP 对等体 R1 学习到该前缀，如果 R3 的 synchronizaion 是开启的，检查同步，在 R3 的 BGP 转发表里就会学习到引入的网段。

```
R1
router OSPF 10
 router - id 2.2.2.1
 log - adjacency - changes
 network 10.1.1.0 0.0.0.255 area 0
 network 11.1.1.0 0.0.0.255 area 0
!
router bgp 100
 synchronization
 bgp log - neighbor - changes
 redistribute OSPF 10
 neighbor 11.1.1.2 remote - as 100
 no auto - summary
```

```
R3
router OSPF 10
 router - id 2.2.2.3
 log - adjacency - changes
 network 11.1.1.0 0.0.0.255 area 0
!
router bgp 100
 synchronization
 bgp log - neighbor - changes
 neighbor 11.1.1.1 remote - as 100
 no auto - summary
```

```
R3 # sh ip bgp
BGP table version is 30, local router ID is 11.1.1.2
Status codes: s suppressed, d damped, h history, * valid, > best, i - internal,
              r RIB - failure, S Stale
Origin codes: i - IGP, e - EGP, ? - incomplete

   Network          Next Hop         Metric LocPrf Weight Path
 * i3.3.3.3/32      10.1.1.1          11     100       0 ?
 * i10.1.1.0/24     11.1.1.1           0     100       0 ?
 r > i11.1.1.0/24   11.1.1.1           0     100       0 ?
```

```
R3 # sh ip bgp 3.3.3.3
BGP routing table entry for 3.3.3.3/32, version 26
Paths: (1 available, no best path)
  Not advertised to any peer
  Local
    10.1.1.1 (metric 20) from 11.1.1.1 (11.1.1.1)
      Origin incomplete, metric 11, localpref 100, valid, internal, not synchronized
```

说明同步检查没有通过，当把 R1 的 bgp 的 router-id 改为 2.2.2.2 时，R3 这时检查同步就可以通过了。

```
R1
router OSPF 10
 router - id 2.2.2.1
 log - adjacency - changes
 network 10.1.1.0 0.0.0.255 area 0
 network 11.1.1.0 0.0.0.255 area 0
!
router bgp 100
 synchronization
 bgp router - id 2.2.2.2
 bgp log - neighbor - changes
 redistribute OSPF 10
 neighbor 11.1.1.2 remote - as 100
 no auto - summary
```

```
R3#sh ip bgp
BGP table version is 37, local router ID is 11.1.1.2
Status codes: s suppressed, d damped, h history, * valid, > best, i - internal,
              r RIB-failure, S Stale
Origin codes: i - IGP, e - EGP, ? - incomplete

   Network          Next Hop            Metric LocPrf Weight Path
r>i3.3.3.3/32       10.1.1.1              11     100      0 ?
r>i10.1.1.0/24      11.1.1.1               0     100      0 ?
r>i11.1.1.0/24      11.1.1.1               0     100      0 ?

R3#sh ip bgp 3.3.3.3
BGP routing table entry for 3.3.3.3/32, version 35
Paths: (1 available, best #1, table Default-IP-Routing-Table, RIB-failure(17)) Flag:
0x820
  Not advertised to any peer
  Local
    10.1.1.1 (metric 20) from 11.1.1.1 (2.2.2.2)
      Origin incomplete, metric 11, localpref 100, valid, internal, synchronized, best
```

- 关闭同步的条件：

(1) 将 EBGP 的路由重分布进 IGP。

(2) 本 AS 不为其他 AS 提供穿越服务(末节的 AS)。

(3) 穿越路径上所有路由器都运行 BGP。

15.2 BGP 属性

路由器发送关于目标网络的 BGP 更新消息，更新的度量值被称为路径属性。属性可以是公认的或可选的、强制的或自由决定的、传递的或非传递的。属性也可以是部分的。并非组织的和有组合都是合法的，路径属性分为 4 类：

- 公认强制的。
- 公认自由决定的。
- 可选传递的。
- 可选非传递的。
- 只有可选传递属性可被标记为部分的。

公认属性：

- 公认属性是公认所有 BGP 实现都必须能够识别的属性。这些属性被传递给 BGP 邻居。
- 公认强制属性必须出现在路由描述中，公认自由决定属性可以不出现在路由描述中。

可选属性：

- 非公认属性被称为可选的，可选属性可以是传递的或非传递的。
- 可选属性不要求所有的 BGP 实现都支持。
- 对于不支持的可选传递属性，路由器将其原封不动地传递给其他 BGP 路由器，在这种情况下，属性被标记为部分的。

- 对于可选非传递属性，路由器必须将其删除，而不将其传递给其他 BGP 路由器。

BGP 定义属性：

- 公认强制属性。
- 公认自由决定。
- 可选传递属性。
- 可选非传递属性。

BGP.每条更新消息都有一个长度可变的路径属性序列<属性类型，属性长度，属性值>，如果第 1 比特是 0，则属于是公认属性，如果它是 1，则该属性是任选属性，如果第 2 比特是 0，则该属性是不可传递的，如果它是 1，则属性是可传递的，公认属性总是可传递的，属性标志域中的第 3 个比特指示任选可传递属性中的信息是部分的(值为 1)还是完整的(值为 0)，第 4 个比特确定该属性长度是 1 字节还是 2 字节，标志域其他 4 个比特总为 0。属性类型代码字节含有属性代码，如图 15-14 所示。

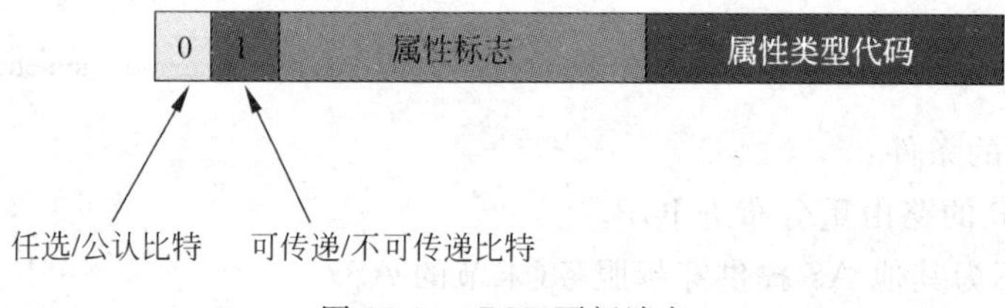

图 15-14 BGP 更新消息

15.2.1 AS 路径属性(AS-PATH)

AS-PATH 是一个公认必选的属性，它用 AS 号的顺序来描述 AS 间的路径或到 NLRI 所明确的目的地的路由。

当每个运行 BGP 的路由器发起一条路由——当它在自己的 AS 域内公布一个有关目的地 NLRI——它将自己的 AS 号附加到 AS-PATH 中。当后续的运行 BGP 的路由器向外部的对端公布路由，它将自己的 AS 号附加到 AS-PATH 中。AS 可以描述所有它经过的自治系统，以最近的 AS 开始，以发起者的 AS 结束，如图 15-15 所示。

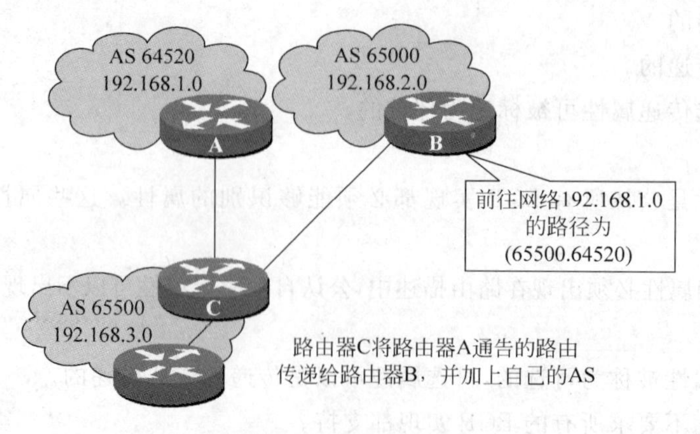

图 15-15 AS 路径属性

只有将更新消息发送给在另一个 AS 域内的邻居时，BGP 路由器才将它的 AS 号加到 AS-PATH 中，也就是说只有在两个 EBGP 对等体之间公布路由时，AS 号才被附加到 AS-PATH 中。

可以通过使用 AS 附加改变其公布路由的 AS-PATH 来影响数据流的流向。

AS-PATH 属性的另一个功能就是避免环路，如果 BGP 路由器从它的外部邻居收到一条路由，而该路由 AS-PATH 包含这个 BGP 路由器自己的 AS 号。于是该路由器就知道是条环路路由，如图 15-16 所示。

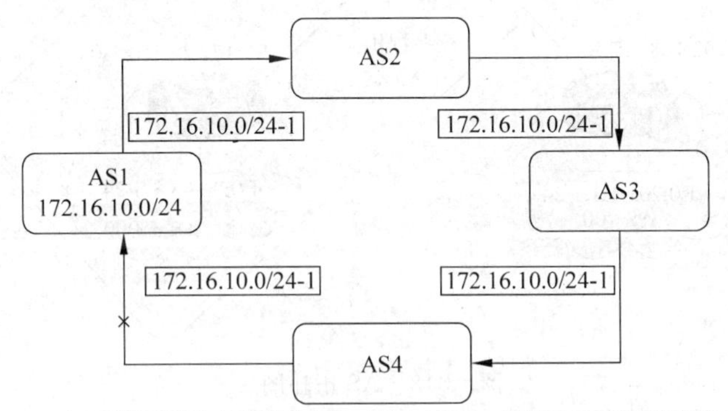

图 15-16 环路路由图

实例说明：如图 15-17 所示。

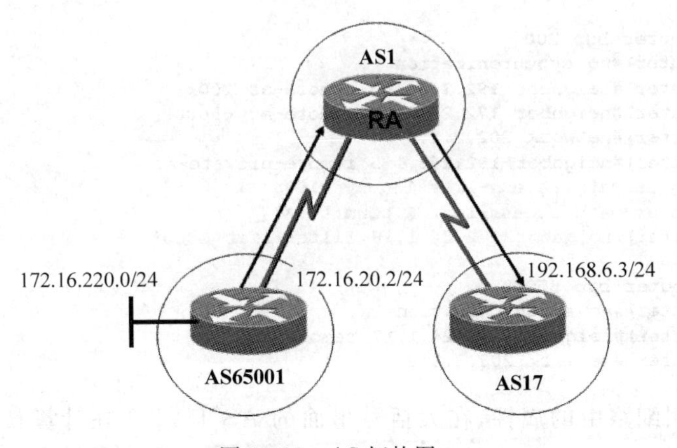

图 15-17 AS 拓扑图一

可以将私有的 AS 号进行隐藏，配置如下：

```
RA:
RA(config)#router bgp 1
RA(config-router)#neighbor 172.16.20.2 remote-as 65001
RA(config-router)#neighbor 192.168.6.3 remote-as 17
RA(config-router)#neighbor 192.168.6.3 remove-private-as
```

下面是 AS 属性的另一个实例，如图 15-18 所示。

R1 在发送更新的时候，剥除私有 AS 号；并且不将 AS100 的路由传播给其客户路由器 R3，配置如下：

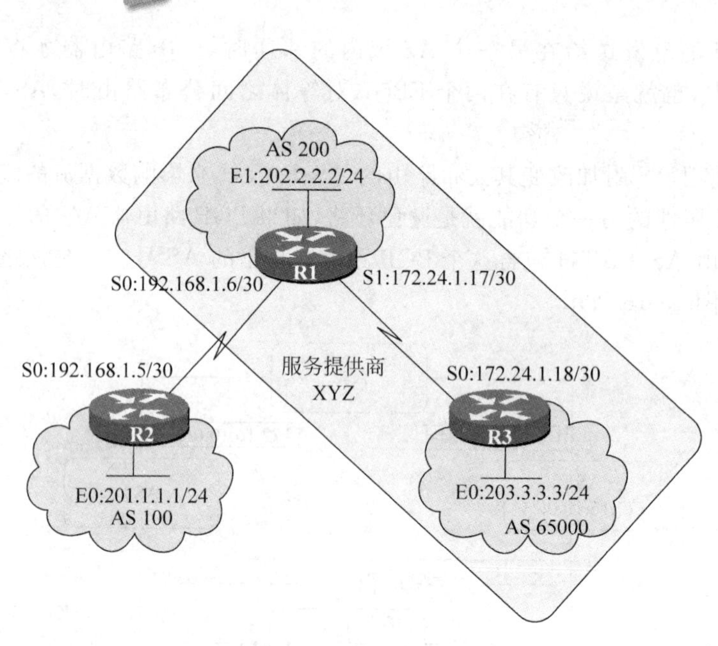

图 15-18　AS 拓扑图二

```
R2:
R2(config)#router bgp 100
R2(config-router)#no synchronization
R2(config-router)#neighbor 192.168.1.6 remote-as 200
R2(config-router)#network 201.1.1.0
R1:
R1(config)#router bgp 200
R1(config-router)#no synchronization
R1(config-router)#neighbor 192.168.1.5 remote-as 100
R1(config-router)#neighbor 172.24.1.18 remote-as 65000
R1(config-router)#network 202.2.2.0
R1(config-router)#neighbor 192.168.1.5 remove-private-as
R1(config)#ip as-path access-list 1 deny ^100$
R1(config)#ip as-path access-list 1 permit .*
R1(config-router)#neighbor 172.24.1.18 filter-list 1 out
R3:
R3(config)#router bgp 65000
R3(config-router)#no synchronization
R3(config-router)#neighbor 172.24.1.17 remote-as 200
R3(config-router)#network 203.3.3.0
```

聚合后继承明细路由的属性，在大括号里面的 AS-PATH 在计算长度时，只算一个。在联邦内小括号里面的 AS 号，在选路时，不计算到 AS-PATH 长度里面。

增加 AS-PATH 的长度，可以用 route-map 里面的 set AS-PATH prepend 来做，如：

```
neighbor 1.1.1.1 route - map AS {in|out}
route - map AS
set AS - PATH prepend 10 10
```

在 neighbor 的入向做 AS-PATH prepend。是在 AS-PATH 靠近入的方向加长度，如：10 10 2i。10 10 是新加的。

而在 neighbor 的出向做 AS-PATH prepend。是在 AS 起源的方向加 path 长度，如：2 10 10i。10 10 是新加的。

在 AS-PATH prepend 的后面还有一个参数，last-as，如：

```
route - map AS
set AS - PATH prepend last - as ?
  <1 - 10 >  number of last - AS prepends
```

意思是离我最近的 AS，将它的 AS 号在 AS-PATH 里面再重复出现几次。这个 10 看起来可以和 allowas-in 里面的 10 对应起来。

假如 AS-PATH prepend 与 AS-PATH prepend last-as 合用的时候，last-as 先生效，然后 prepend 再生效。

减小 AS-PATH 的长度，如用联邦和 remove-private-AS 等可以实现。注意：Remove-rivate-as，如果在 AS-PATH 里交替出现私有和公有的 AS 号，这样将无法将私有 AS 号去掉。在起源的时候，连续的时候才有效。

bgp bestpath AS-PATH ignore(隐藏命令)，这条命令可以使我们在选路时，跳过 AS-PATH 的选路，直接往下继续选择最优路径。

15.2.2 源头属性(Origin)

源头属性是公认强制属性，它定义了路径信息的源头，源头属性可以是下列 3 个值之一。

- IGP：路由在起始 AS 的内部，使用 network 命令通过 BGP 通告路由时，通常属于这种情况，在 BGP 表中用 i 表示。
- EGP：在 BGP 表中用 e 标识，支持分类路由选择，不支持 CIDR。
- 不完全：路由的源头未知或通过其他方法获得，在 BGP 表中用？标识，如下示例所示。

```
RouterA# show ip bgp

BGP table version is 23, local router ID is 192.168.1.49
Status codes: s suppressed, d damped, h history, * valid, > best, i -
internal
Origin codes: i - IGP, e - EGP, ? - incomplete

   Network          Next Hop            Metric LocPrf Weight Path
*> 10.0.0.0         10.1.1.100               0             0 65200 i
*> 172.16.10.0/24   10.1.1.100               0             0 65200 i
*> 172.16.11.0/24   10.1.1.100               0             0 65200 i
*>i172.26.1.16/28   192.168.1.50             0    100      0 i
*>i172.26.1.32/28   192.168.1.50             0    100      0 i
*>i172.26.1.48/28   192.168.1.50             0    100      0 i
*> 192.168.1.0      0.0.0.0                  0         32768 i
*> 192.168.2.0      10.1.1.100                             0 65200 65102 i
*> 192.168.2.64/28  10.1.1.100                             0 65200 65102 i
* i192.168.101.0    192.168.1.34             0    100      0 i
*>i                 192.168.1.18             0    100      0 i
```

15.2.3 下一跳属性(NEXT_HOP)

这是公认必选属性，描述了到公布目的地的路径下一跳路由器的 IP 地址。由 BGP NEXT_HOP 属性所描述的 IP 地址不经常是邻居路由器的 IP 地址，要遵循下面的规则：

如果正在进行路由通告的路由器和接收的路由器在不同的自治系统中，NEXT_HOP 是正在通告路由器接口的 IP 地址，如图 15-19 所示。

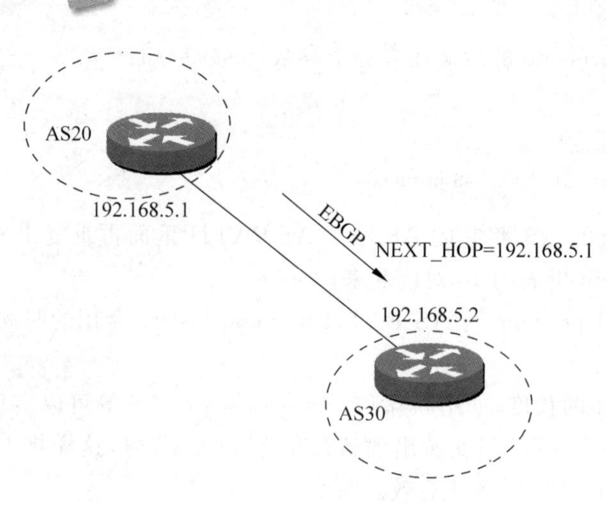

图 15-19 next-hop 示例 1

如果正在进行路由通告的路由器和接收的路由器在同一个 AS 内，并且更新消息的 NLRI 指明的目的地也在同一个 AS 内，那么 NEST_HOP 就是通告路由的邻居的 IP 地址，如图 15-20 所示。

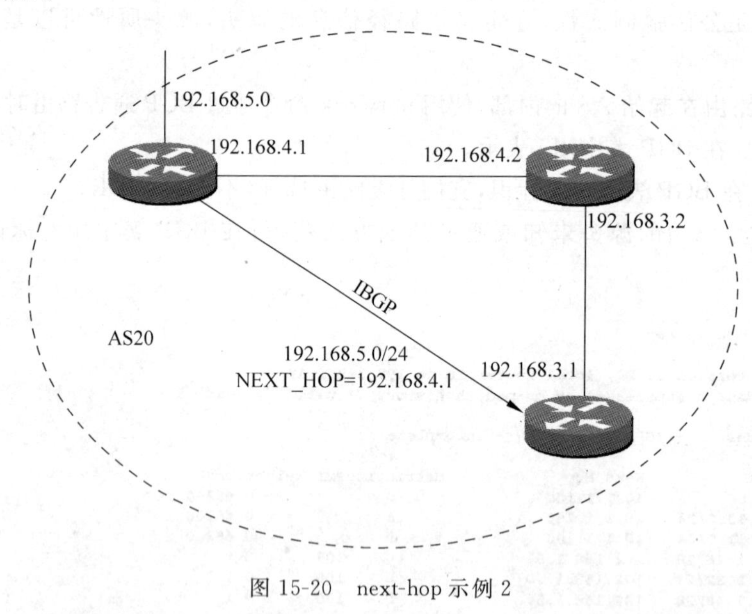

图 15-20 next-hop 示例 2

如果正在通告的路由器和接收的路由器是内部对等体，并且更新消息的 NLRI 指明目的地在不同的 AS，则 NEXT_HOP 就是学习到路由的外部对等实体的 IP 地址，如图 15-21 所示。

从图 15-21 可知，在去往 192.168.5.0 的网段中会出现路径不可达的情况，解决这个问题的方法是保证内部路由器知道与两处自治系统相连的外部网络，可以使用静态路由的办法，但实际的做法是在外部端口上以被动模式运行 IGP。但在某种情况下，该方法并不理想。

第二种方法是采用配置选项来做，这个配置选项被称作 next-hop-self。

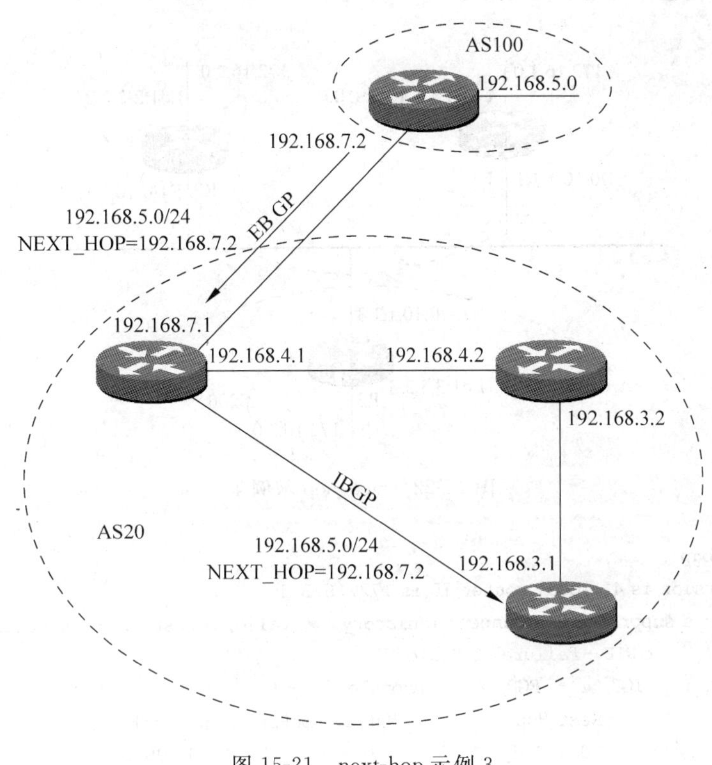

图 15-21 next-hop 示例 3

下面具体详述下一跳的不可达的解决方法：

(1) 解决下一跳不可达的方法：

- 静态路由。
- 在 IBGP 邻居所处的 IGP 中通告。
- 将与 EBGP 直连的网络重分布进 IGP。
- neighbor x. x. x. x next-hop-self(将指向 EBGP 邻居更新源的地址变为自己的更新源地址)。

(2) 一般情况下，在本路由器上将直连的网络引入 BGP，下一跳为 0.0.0.0，本路由器聚合的路由的下一跳也为 0.0.0.0。

(3) 在本路由器上将从 IGP 学来的路由引入 BGP 时，在本路由器上看 BGP 的转发表，下一跳为 IGP 路由的下一跳。在多访问网络环境中，用直连接口建立邻居关系，会产生第三方下一跳。

实例说明：如图 15-22 所示。

R2 与 R1 是 IBGP 邻居，R1 与 R3 是 EBGP 邻居，当用直连接口建立邻居关系时，R2 引入 BGP 的前缀 172.16.2.0/24，在 R3 的 bgp 转发表里，将显示为 R2 的多访问网络接口地址(如：10.1.1.2)。产生第三方下一跳的现象。

- 如果 R1、R2、R3 全部用直连接口建邻居时会产生第三方下一跳。
- 如果 R1、R2 用环回口而 R1、R3 用直连建立邻居时，会产生第三方下一跳。
- 如果 R1、R2 用直连而 R1、R3 用回环口时，不会产生第三方下一跳，配置如下。
- 如果 R1、R2、R3 都用环回口建立邻居，则不会产生第三方下一跳，配置如下。

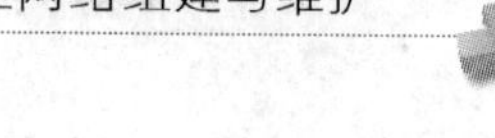

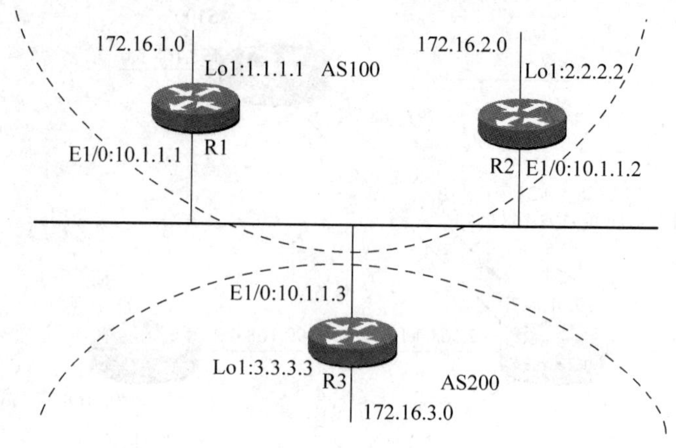

图 15-22　next-hop 示例 4

```
R3 # show ip bgp
BGP table version is 4, local router ID is 172.16.3.1
Status codes: s suppressed, d damped, h history, * valid, > best, i - internal,
              r RIB - failure, S Stale
Origin codes: i - IGP, e - EGP, ? - incomplete
   Network          Next Hop            Metric LocPrf Weight Path
*> 172.16.1.0/24    10.1.1.1                 0             0 100 i
*> 172.16.2.0/24    10.1.1.2                               0 100 i
*> 172.16.3.0/24    0.0.0.0                  0         32768 i
```

```
R1
router bgp 100
 no synchronization
 bgp log - neighbor - changes
 network 172.16.1.0 mask 255.255.255.0
 neighbor 3.3.3.3 remote - as 200
 neighbor 3.3.3.3 ebgp - multihop 2
 neighbor 3.3.3.3 update - source Loopback1
 neighbor 10.1.1.2 remote - as 100
 no auto - summary
R3
router bgp 200
 no synchronization
 bgp log - neighbor - changes
 network 172.16.3.0 mask 255.255.255.0
 neighbor 1.1.1.1 remote - as 100
 neighbor 1.1.1.1 ebgp - multihop 2
 neighbor 1.1.1.1 update - source Loopback1
 no auto - summary
```

```
R3 # sh ip bgp
BGP table version is 8, local router ID is 172.16.3.1
Status codes: s suppressed, d damped, h history, * valid, > best, i - internal,
              r RIB - failure, S Stale
```

```
Origin codes: i - IGP, e - EGP, ? - incomplete

  Network          Next Hop            Metric LocPrf Weight Path
*> 172.16.1.0/24   1.1.1.1             0             0 100 i
*> 172.16.2.0/24   1.1.1.1                           0 100 i
*> 172.16.3.0/24   0.0.0.0             0         32768 i
```

R1

```
router bgp 100
 no synchronization
 bgp log-neighbor-changes
 network 172.16.1.0 mask 255.255.255.0
 neighbor 2.2.2.2 remote-as 100
 neighbor 2.2.2.2 update-source
 Loopback1 neighbor 3.3.3.3 remote-as
 200
 neighbor 3.3.3.3 ebgp-multihop 2
 neighbor 3.3.3.3 update-source
 Loopback1 no auto-summary
```

R2

```
router bgp 100
 no synchronization
 bgp log-neighbor-changes
 network 172.16.2.0 mask 255.255.255.0
 neighbor 1.1.1.1 remote-as 100
 neighbor 1.1.1.1 update-source
 Loopback1 no auto-summary
```

R3

```
router bgp 200
 no synchronization
 bgp log-neighbor-changes
 network 172.16.3.0 mask 255.255.255.0
 neighbor 1.1.1.1 remote-as 100
 neighbor 1.1.1.1 ebgp-multihop 2
 neighbor 1.1.1.1 update-source
 Loopback1 no auto-summary
```

R3#sh ip bgp

```
BGP table version is 10, local router ID is 172.16.3.1
Status codes: s suppressed, d damped, h history, * valid, > best, i -
              internal, r RIB-failure, S Stale
Origin codes: i - IGP, e - EGP, ? - incomplete

  Network          Next Hop            Metric LocPrf Weight Path
*> 172.16.1.0/24   1.1.1.1             0             0 100 i
*> 172.16.2.0/24   1.1.1.1                           0 100 i
*> 172.16.3.0/24   0.0.0.0             0         32768 i
```

第三方下一跳：收到路由更新的源地址与将要发出去的接口地址在同一网段的时候，路由的下一跳不改变，为原来路由更新的源地址。

有时虽然路由的下一跳可达，但会出现访问网络出现环路的现象。实例如图 15-23 所示。

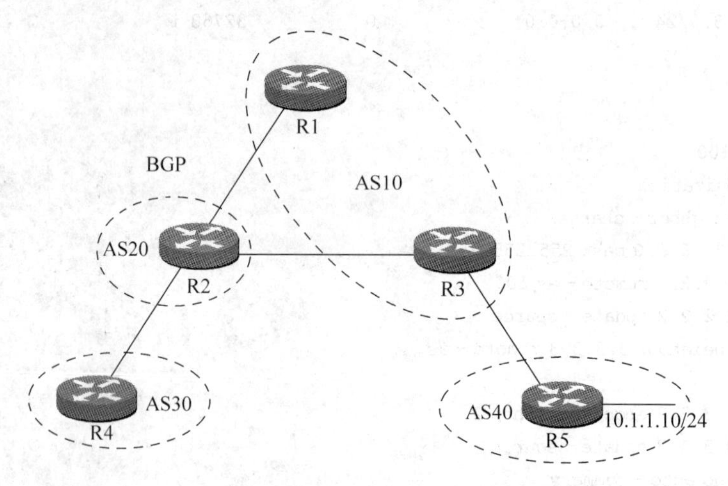

图 15-23 环路故障拓扑图

R5 和 R3、R1 和 R2 为 EBGP 邻居关系，R1、R3 为 IBGP 邻居关系。那么 R5 通过 BGP 传给 R3 的路由(如 10.1.1.0/24)，R3 通过 IBGP 传给 R1，R1 通过 EBGP 传给 R2，这时 R2 访问 10.1.1.0/24 这个网络的下一跳就在 R1 上。这时 R2 去访问 R5 的时候，就会产生环路。则 R2(走下一跳)——R1(走物理链路)——R2，这样环路就产生了。解决方法如下：

- neighbor x. x. x. x next-hop-unchanged(此命令只能用在 EBGP 多跳的环境下，将路由的下一跳，从自己的更新源地址改变为从 IBGP 学来的下一跳地址)(这时路由的下一跳在路由表里将改变)。
- neighbor x. x. x. x route-map XX {in|out}然后在 route-map 里面 set ip next-hop 来改变前缀的下一跳(在路由表里下一跳会改变)。
- 策略路由 PBR，强制命令 R2 到 10. 1. 1. 0/24 的时候走 R3(路由表里下一跳不会改变)。

15.2.4 本地优先级属性(local-preference)

本地优先级是公认自由决定的属性，它告诉 AS 中的路由器，那条路径离开 AS 的首选路径。本地优先级越高，路径被选中的可能性越大。本地优先级这种属性只能在同一个 AS 中的路由器之间交换，本地优先级只适用于内部邻居，用于内部对等体之间的 Update 消息。

本地优先级可以在本 AS 和大联邦内传递，越大越优先。影响路由器的出站流量。默认情况下，local-preference 为 100，如图 15-24 所示。

使用下面的命令，

```
Router(config-router)#
```

```
bgp default local-preference value
```

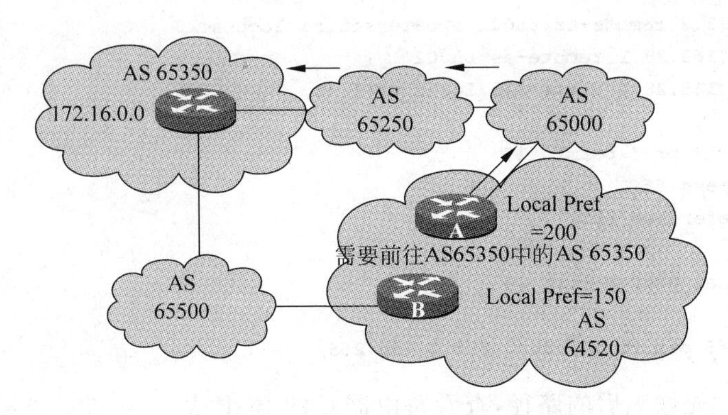

图 15-24 本地优先级示例 1

是将路由器收到的所有外部 BGP 路由的默认本地优先级修改为指定值。对 IBGP 邻居路由器传过来的路由,不会改变它们的 local-preference。

实例说明:如图 15-25 所示。

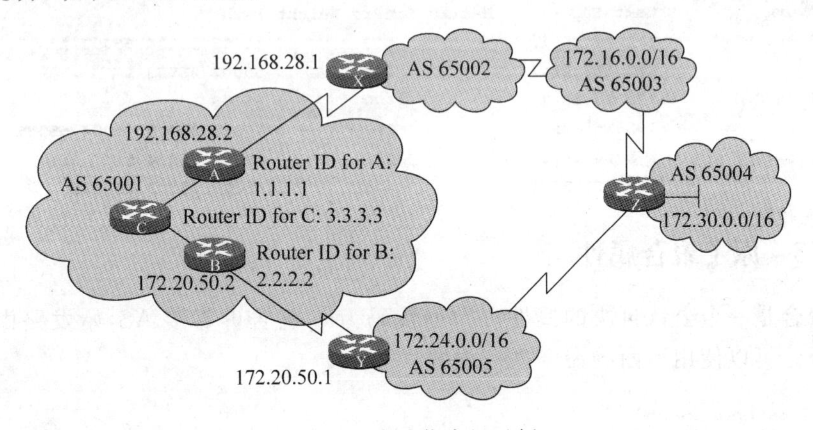

图 15-25 本地优先级示例 2

未使用本地优先级操作路径,如下为路由器 C 的 BGP 表。

```
RouterC# show ip bgp

BGP table version is 7, local router ID is 3.3.3.3
Status codes: s suppressed, d damped, h history, * valid, > best, i - internal
Origin codes: i - IGP, e - EGP, ? - incomplete
   Network          Next Hop        Metric LocPrf Weight Path
* i172.16.0.0       172.20.50.1            100         0 65005 65004 65003 i
*>i                 192.168.28.1           100         0 65002 65003 i
*>i172.24.0.0       172.20.50.1            100         0 65005 i
* i                 192.168.28.1           100         0 65002 65003 65004 65005 i
*>i172.30.0.0       172.20.50.1            100         0 65005 65004 i
* i                 192.168.28.1           100         0 65002 65003 65004i
```

在路由器 A 上修改本地优先级,如下所示。

```
router bgp 65001
neighbor 2.2.2.2 remote-as 65001
neighbor 3.3.3.3 remote-as 65001
neighbor 2.2.2.2 remote-as 65001 update-source loopback0
```

```
neighbor 3.3.3.3 remote-as 65001 update-source loopback0
neighbor 192.168.28.1 remote-as 65002
neighbor 192.168.28.1 route-map local_pref in
!
route-map local_pref permit 10
match ip address 65
set local-preference 400
!
route-map local_pref permit 20
!
access-list 65 permit 172.30.0.0 0.0.255.255
```

在使用本地优先操纵后的路径，查看路由器 C 的 BGP 表。

```
RouterC# show ip bgp

BGP table version is 7, local router ID is 3.3.3.3
Status codes: s suppressed, d damped, h history, * valid, > best, i - internal
Origin codes: i - IGP, e - EGP, ? - incomplete
   Network          Next Hop        Metric LocPrf Weight Path
* i172.16.0.0       172.20.50.1            100         0 65005 65004 65003 i
*>i                 192.168.28.1           100         0 65002 65003 i
*>i172.24.0.0       172.20.50.1            100         0 65005 i
* i                 192.168.28.1           100         0 65002 65003 65004 65005 i
* i172.30.0.0       172.20.50.1            100         0 65005 65004 i
*>i                 192.168.28.1           400         0 65002 65003 65004i
```

15.2.5 原子聚合属性

原子聚合是一个公认自决的属性。类型代码为 6，它告诉邻接 AS，始发路由器对路由进行了聚合。可以使用下面的命令进行配置：

```
Router(config-router)#
aggregate-address ip-address mask [summary-only]
[as-set]
```

命令只聚合已经包含在 BGP 表中的网络，这与使用 network 来通告汇总路由要求不同，后者要求网络必须出现在 IP 路由选择表中配置命令 aggregate-address 后，一条与汇总路由对应的指向 null0 的 BGP 路由将自动被加入到 IP 路由表中，如图 15-26 所示。

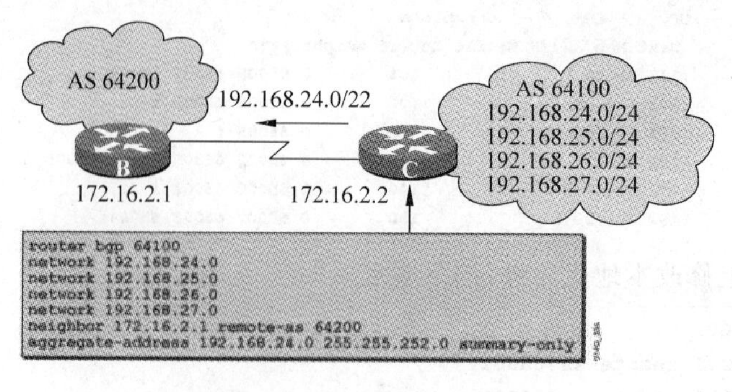

图 15-26　原子聚合属性

可以使用 show ip bgp 命令来查看。

```
routerC# show ip bgp

BGP table version is 28, local router ID is 172.16.2.1
Status codes: s = suppressed, * = valid, > = best, and i = internal
Origin codes : i = IGP, e = EGP, and ? = incomplete

   Network            Next Hop          Metric  LocPrf   Weight    Path
 *> 192.168.24.0/22   0.0.0.0            0               32768     i
 s> 192.168.24.0      0.0.0.0            0               32768     i
 s> 192.168.25.0      0.0.0.0            0               32768     i
 s> 192.168.26.0      0.0.0.0            0               32768     i
 s> 192.168.27.0      0.0.0.0            0               32768     i
```

15.2.6 权重属性

cisco 私有的参数,本地有效。默认条件下,本地始发的路径具有相同的 WEIGHT 值(即 32 768),所有其他的路径的 weight 值为 0。越大越优选。影响路由器的出站流量。

权重只影响当前路由器,指定邻居的权重。使用下面命令来修改权重。

```
neighbor {ip-address | peer-group-name} wiight weight
```

可以在 neighbor 的入向设置。范围为 0～65 535。Neighbor 1.1.1.1 weight 10,从对等体 1.1.1.1 接收过来的所有路由的 weight 值都设置为 10。

还可以用 route-map 来设定,可以将特定路由的 weight 值改变,如下所示:

```
Neighbor 1.1.1.1 route - map AA in
Route - map AA permit 10
```

```
Match  ip  address
prefix AA Set weight
10

Rout - map AA permit 20
```

15.2.7 MED 属性

MED 属性也被称为度量值,是一种可选非传递属性。承载于 EBGP 的 Update 消息中。MED 用于向外部邻居指出进入 AS 的首选路径,当入口有多个时,AS 可以使用 MED 来动态地影响其他 AS 如何选择进入路径,在 BGP 中,MED 是唯一一个可影响数据如何进入 AS 的属性。度量值越小,路径被选中的可能性越大。与本地优先级不同,MED 是在自主系统之间交换的。MED 影响进入 AS 的数据流,而本地优先级影响离开 AS 的数据流,如图 15-27 所示。

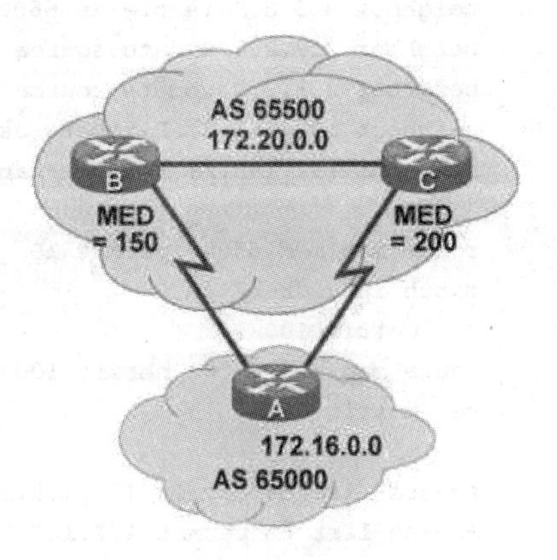

图 15-27　MED 属性

Metric 和 MED：BGP 的 metric 对 IBGP 同样有

效。特指 MED：从 EBGP 收到的 metric 比较的时候才叫 MED，MED 是借用了 BGP 的 metric 在 EBGP 的时候进行比较。MED（多出口区分）比较 EBGP 的 metric 找到最优的出口。

MED 相当于 IGP 路由的 metric 值，越小越优先。在新的 IOS 中，将 IGP 中的路由重分布进 BGP，BGP 将自动继承 IGP 路由的 metric 值。在老的 IOS 里，如果需要继承，需要在重分布时加 route-map，如：

```
Redistribute rip route -
map RE Route - map RE
set metric - type internal
```

默认情况下，只有在两条路径的第一个（邻近的）AS 相同的情况下才会进行比较：任何联邦内的子自治系统都被忽略。任何多跳路径，只有在 AS_SEQUENCE 中的第一个 AS 相同的情况下，才会比较 MED；任何打头的 AS_CONFED_SEQUENCE 都将被忽略。如果激活了 bgp always-compare-med，那么对于所有路径都比较 MED，而不考虑是否来自同一个 AS。如果使用了这个选项，就应该在整个 AS 中都这样做，以避免路由选择环路。

实例说明：下面是一个使用策略路由来实现修改 MED 值的案例，如图 15-28 所示。

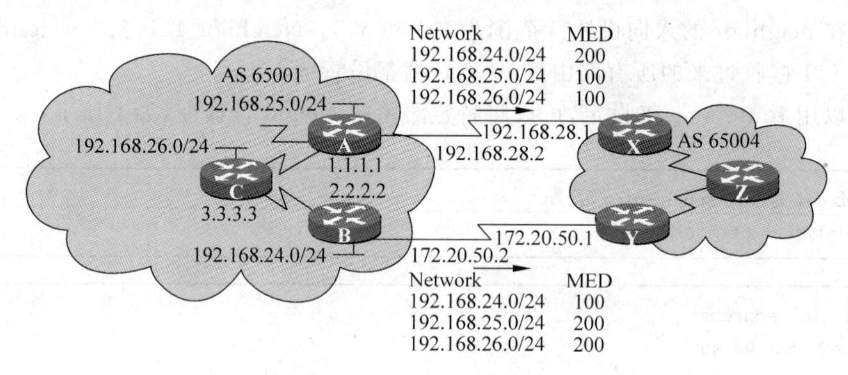

图 15-28 MED 属性案例

```
Router A's Configuration:
router bgp 65001
neighbor 2.2.2.2 remote-as 65001
neighbor 3.3.3.3 remote-as 65001
neighbor 2.2.2.2 update-source loopback0
neighbor 3.3.3.3 update-source loopback0
neighbor 192.168.28.1 remote-as 65004
neighbor 192.168.28.1 route-map med_65004 out

route-map med_65004 permit 10
match ip address 66
set metric 100
route-map med_65004 permit 100
set metric 200
!
access-list 66 permit 192.168.25.0.0 0.0.0.255
access-list 66 permit 192.168.26.0.0 0.0.0.255
```

```
Router B's Configuration:
router bgp 65001
neighbor 1.1.1.1 remote-as 65001
neighbor 3.3.3.3 remote-as 65001
neighbor 1.1.1.1 update-source loopback0
neighbor 3.3.3.3 update-source loopback0
neighbor 172.20.50.1 remote-as 65004
neighbor 172.20.50.1 route-map med_65004 out
!
route-map med_65004 permit 10
match ip address 66
set metric 100
route-map med_65004 permit 100
set metric 200
!
access-list 66 permit 192.168.24.0 0.0.0.255
```

```
RouterZ# show ip bgp

BGP table version is 7, local router ID is 122.30.1.1
Status codes: s suppressed, d damped, h history, * valid, > best, i - internal
Origin codes: i - IGP, e - EGP, ? - incomplete
   Network          Next Hop        Metric LocPrf Weight Path
*>i192.168.24.0     172.20.50.2       100    100       0 65001 i
* i                 192.168.28.2      200    100       0 65001 i
* i192.168.25.0     172.20.50.2       200    100       0 65001 i
*>i                 192.168.28.2      100    100       0 65001 i
* i192.168.26.0     172.20.50.2       200    100       0 65001 i
*>i                 192.168.28.2      100    100       0 65001 i
```

实例说明：如图 15-29 所示，此实例采用了本地优先级与 MED 属性。

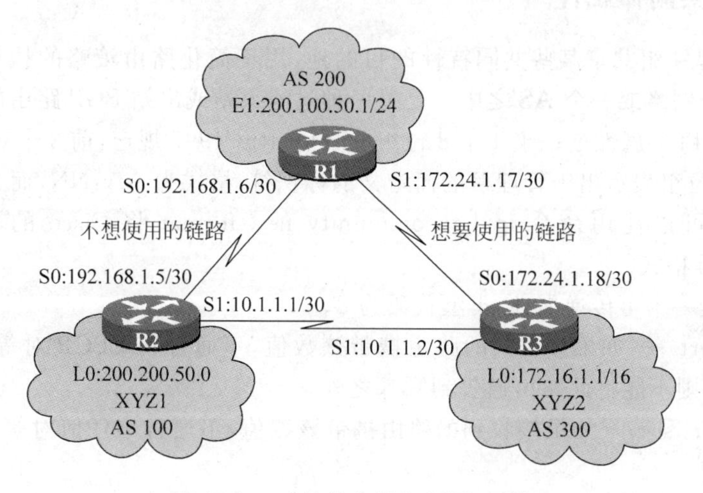

图 15-29 本地优先级和 MED 属性

```
R2:
R2(config)#router bgp 100
R2(config-router)#neighbor 10.1.1.2 remote-as 300
R2(config-router)#neighbor 192.168.1.6 remote-as 200
R2(config-router)#network 200.200.50.0
R1:
R1(config)#router bgp 200
R1(config-router)#neighbor 192.168.1.5 remote-as 100
R1(config-router)#neighbor 172.24.1.18 remote-as 300
R1(config-router)#network 200.100.50.0
R3:
R3(config)#router bgp 300
R3(config-router)#neighbor 10.1.1.1 remote-as 100
R3(config-router)#neighbor 172.24.1.17 remote-as 200
R3(config-router)#network 172.16.0.0
R2:
R2(config)#route-map viaas300
R2(config-route-map)#set local-preference 150
R2(config)#router bgp 100
R2(config-router)#neighbor 10.1.1.2 route-map viaas300 in
```


```
R2:
R2(config)#router bgp 100
R2(config-router)#neighbor 10.1.1.2 remote-as 300
R2(config-router)#neighbor 192.168.1.6 remote-as 200
R2(config-router)#network 200.200.50.0
R1:
R1(config)#router bgp 200
R1(config-router)#neighbor 192.168.1.5 remote-as 100
R1(config-router)#neighbor 172.24.1.18 remote-as 300
R1(config-router)#network 200.100.50.0
R3:
R3(config)#router bgp 300
R3(config-router)#neighbor 10.1.1.1 remote-as 100
R3(config-router)#neighbor 172.24.1.17 remote-as 200
R3(config-router)#network 172.16.0.0
R2:
R2(config)#route-map viaas300
R2(config-route-map)#set local-preference 150
R2(config)#router bgp 100
R2(config-router)#neighbor 10.1.1.2 route-map viaas300 in
```


15.2.8 共同体属性

BGP团体是一组共享某些共同特性的目的地,用于简化路由策略的执行,一个团体并不被限制在一个网络或一个AS之中。是另一种过滤入站或出站BGP路由的方法。

COMMUNITY属性是一组4个8位组的数值,RFC1997规定,前2个8位组表示自治系统,后2个8位组表示出于管理目的而定义的标识符,格式为AA:NN,而Cisco的默认格式为NN:AA,可以使用命令ip bgpcommunity new-format将Cisco的默认格式改为RFC1997的标准格式。

团体属性是一个可传递属性,类型代码为8。

- no_export——如果接收到的路由携带该数值,不通告到EBGP对等体。如果配置了联邦,则不能将此路由通告到联邦之外。
- no_advertise——如果接收到的路由携带该数值,不通告给任何对等体,包括EBGP和IBGP。
- internet ——无任何值,所有路由器默认情况下都属于该团体,带此属性的路由在被收到后,应该被通告给所有的其他路由器。
- local_as——带有此属性的路由在被收到后,应该被通告给本地AS域内的对等体,

但不应该被通告给外部系统中的对等体，包括同一个联邦内其他自治系统中的对等体。

实例说明：如图 15-30 和图 15-31 所示。

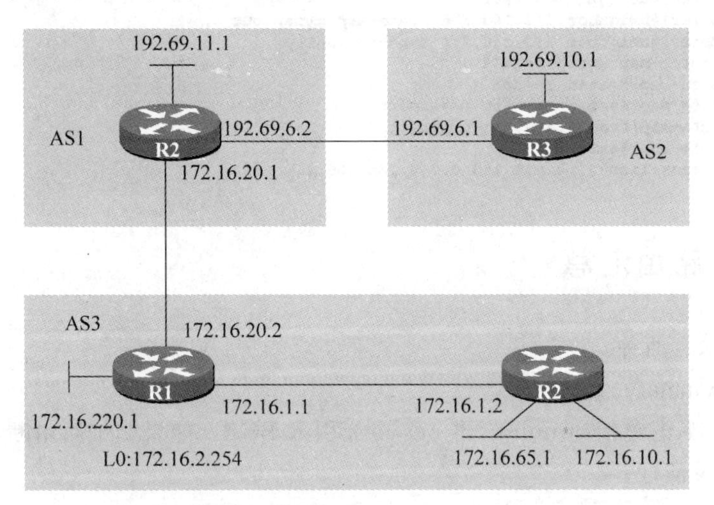

图 15-30 共同体属性示例 1

```
R1(config)#router bgp 3
R1(config-router)#network 172.16.1.0 mask 255.255.255.0
R1(config-router)#network 172.16.10.0 mask 255.255.255.0
R1(config-router)#network 172.16.65.0 mask 255.255.255.192
R1(config-router)#network 172.16.220.0 mask 255.255.255.0
R1(config-router)#neighbor 172.16.1.2 remote-as 3
R1(config-router)#neighbor 172.16.1.2 update-source 10
R1(config-router)#neighbor 172.16.20.1 remote-as 1
R1(config-router)#neighbor 172.16.20.1 send-community
R1(config-router)#neighbor 172.16.20.1 route-map mymap out
R1(config-router)#exit
R1(config)#route-map mymap permit 10
R1(config-route-map)#match ip address 1
R1(config-route-map)#set community no-export
R1(config-route-map)#exit
R1(config-route-map)#route-map mymap permit 20
R1(config-router)#exit
R1(config)#access-list 1 permit 172.16.65.0 0.0.0.255
```

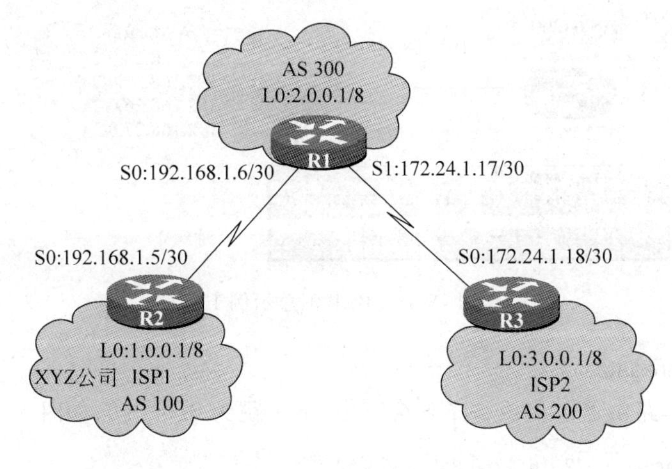

图 15-31 共同体属性示例 2

```
R2(config)#route bgp 100
R2(config-router)#neighbor 192.168.1.6 remote-as 200
R2(config-router)#network 1.0.0.0
R2(config-router)#no auto-summary
R2(config-router)#no synchronization
R2(config-router)#neighbor 192.168.1.6 route-map mymap out
R2(config-router)#neighbor 192.168.1.6 send-community
R2(config)#router-map mymap permit 10
R2(config-route-map)#match ip add 1
R2(config-route-map)#set community no-export
R2(config-route-map)#route-map mymap permit 20
R2(config-route-map)#exit
R2(config)#access-list 1 permit 1.0.0.0 0.255.255.255
```

15.3 BGP 路由汇总

BGP 的汇总有两种。

1. 汇总：summary。

静态路由手工汇总指向 null 0，再 network 引入 BGP。如果明细路由断了，汇总仍然会被引入，且缺乏灵活性。

```
Router(config-router)#
network network-number [mask network-mask]

Router(config)#
ip route prefix mask null0
```

命令 network 要求路由选择表中有与指定的前缀或掩码完全匹配的条目，为满足这种要求，可配置一条指向接口 null0 的静态路由，如果 IGP 执行汇总，则路由选择中可能已有这样的静态路由。

命令 network 告诉 BGP 通告哪些网络，而不如何通告，仅当描写的网络号出现在 IP 路由选择中后，BGP 才会通告它，如图 15-32 所示。

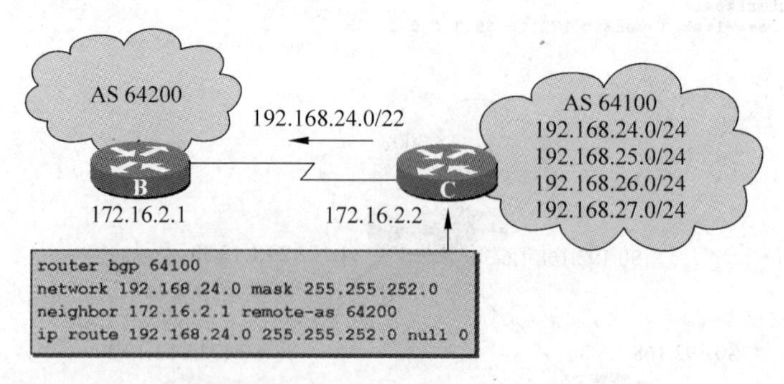

图 15-32 BGP 汇总示例 1

2. 聚合：aggregate

聚合路由在本路由器上生成一条聚合路由，下一跳为 0.0.0.0，如图 15-33 所示。

```
aggregate-address  172.16.12.0 255.255.252.0 ?
    advertise-map      Set condition to advertise attribute
    as-set             Generate AS set path information
```

```
attribute-map      Set attributes of aggregate
route-map          Set parameters of aggregate
summary-only       Filter more specific routes from updates
suppress-map       Conditionally filter more specific routes from updates
<cr>
```

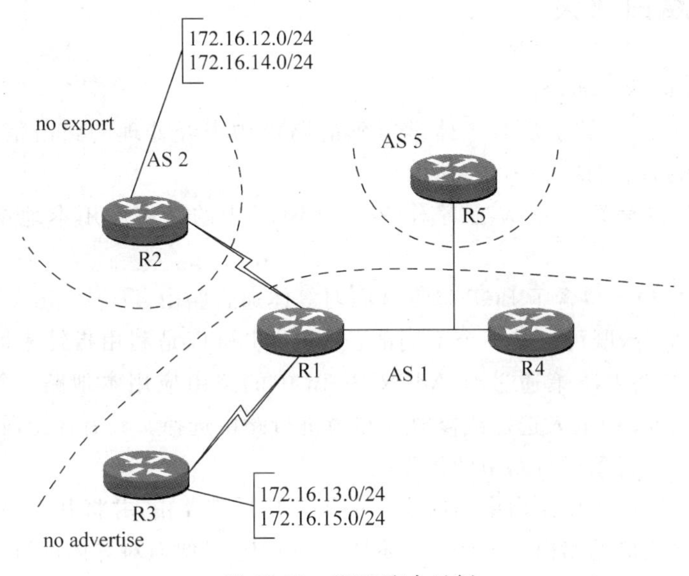

图 15-33 BGP 聚合示例

(1) advertise-map。只对 advertise-map 里面匹配的路由进行聚合。当 advertise-map 里面匹配的明细路由全部消失后，即使聚合路由范围内还有其他明细路由，聚合路由也将消失。当与 as-set 合用时，只继承 advertise-map 里面匹配的明细路由的属性。如果用 summary-only，会将所有的明细包括没有在 advertise-map 里面匹配的路由一起抑制。

(2) as-set。聚合路由继承明细路由的属性，包括 AS-PATH、local-preference、community、origin-code。与 advertise-map 合用，只继承 advertise-map 里面匹配的明细路由的属性。如果继承了 AS-PATH 属性，继承的 AS-PATH 如果没有在大括号{ }中显示，则有几个算几个 AS；如果继承 AS 是在大括号中排列的，那么只算一个 AS 号。只关心 AS 的号码，不关心顺序。

(3) AS-PATH、as-seq(AS-PATH)原子聚合不带任何 AS。as-set 首先是区别于 atomic-aggregate，产生了 AS 的序列，序列中无分先后顺序，这一点也不同于有明确顺序的 AS-SEQEUENCE。

(4) Attribute-map 和 route-map。这两个参数一样，可以将聚合路由的属性清除掉(除了 AS-PATH 属性)，添加自己需要添加的属性。attribute-map 与 as-set 的合用时，可以将聚合的路由的属性重置。

(5) Summary-only 将聚合路由所包括的所有路由都抑制掉，被抑制的路由在 BGP 的转发表里，显示为 s，代表 suppress 的意思。发送更新时，只发送聚合路由。可以与 neighbor 1.1.1.1 unsuppress-map XX 合用，对特定邻居过滤特定的明细路由。

(6) suppress-map，将 suppress-map 里面匹配的路由抑制掉，被抑制的路由在 BGP 的转发表里，显示为 s，代表 suppress 的意思。发送更新时，只发送聚合路由和没有被抑制的明细路由。可以与 neighbor 1.1.1.1 unsuppress-map XX 合用，对特定邻居过滤特定的明细路由。

15.4　BGP 路由决策

BGP 的 RIB 包括三部分：

(1) Adj-RIBs-In 存储了从对等体学习到的路由中未经处理的路由信息，这些包含在 Adj-RIBs-In 中的路由被认为是可行路由。

(2) Loc-RIB 包含了 BGP 发言者对 Adj-RIBs-In 中的路由应用本地策略之后选定的路由。

(3) Adj-RIBs-Out 包含了 BGP 发言者向对等体通告路由。

BGP 有 3 个部分，既可以是 3 个不同的数据库，也可以是利用指针来区分不同部分的单一数据库。BGP 路由决策通过对 Adj-RIBs-In 中的路由应用本地路由策略，且向 Loc-RIB 和 Adj-RIBs-Out 中输入选定或修改的路由进行路由选择。其有 3 个阶段。

第一阶段：计算每条可行路由的优先级。

第二阶段：从所有可用路由中为特定目的地选出最佳路由，并将其安装到 Loc-RIB 中。

第三阶段：将相应的路由加入到 Adj-RIBs-Out 中，以便向对等体进行通告。

以下为 BGP 选路原则的 13 条：

(1) weight。

Cisco 私有的参数。本地有效。默认条件下，本地始发的路径具有相同的 WEIGHT 值(即 32 768)，所有其他的路径的 weight 值为 0。越大越优选。影响路由器的出站流量。

(2) local-preference。

本地优先级，可以在本 AS 和大联邦内传递。越大越优先。影响路由器的出站流量。默认情况下，local-preference 为 100。

(3) 本地起源。

路由器本地始发的路径优先。在 BGP 的转发表里显示为 0.0.0.0。依次降低的优先级顺序是：default-originate(针对每个邻居配置)、default-informaiton-originate(针对每种地址簇配置)、network、redistribute、aggregate-address。

(4) AS-PATH。

评估 AS-PATH 的长度，AS-PATH 列表最短的路径优先。聚合后继承明细路由的属性，在大括号里面的 AS-PATH 在计算长度时，只算一个。在联邦内小括号里面的 AS 号，在路由选路时，不计算到 AS-PATH 长度里面。

(5) 起源代码。

评估路由的 origin code 属性，有 3 个 i＜e＜?。i 代表用 network 将 IGP 引入 BGP 的，或者是聚合等路由，e 代表 EGP，? 代表重分布进 BGP 的路由。i 为 0，e 为 1，? 为 3。越小越优。

(6) MED。

metric 传递不能传出 AS。例如，始发路由器可以 metric 传给邻居，可以是 IBGP/

EBGP，但是 EBGP 再传不出去。MED 相当于 IGP 路由的 metric 值，越小越优先。

(7) EBGP 优于 IBGP。

优先级依次为：这里的 EBGP＞联邦内的 EBGP＞IBGP。

(8) 最近的 IGP 邻居。

这里是指 peer 的更新源在路由表里显示，哪个最近哪个最优。

OSPF 是否考虑 O、OIA、OE1、OE2？只看 cost 不看 O/OIA/OE。

(9) 如果配置了 maximum-path[ibgp]n，如果存在多条等价的路径，会插入多条路径。BGP 默认 maximum-path＝1，只能有一条最优路径，但可以通过命令来改变，如果没有 IBGP 参数，默认只能做 EBGP 的负载均衡。做负载均衡还有一个条件，就是上面的 8 条都比不出哪条最优的情况下，才有可能出现负载均衡。

做了 BGP 的负载均衡后，在 BGP 的转发表里还是一个最优，但在路由表里可以出现两个下一跳。

(10) 邻居关系建立时间。

与本端最早建立邻居关系的 peer，被优选。因为它最稳定。但一般不考虑，会跳过这个继续往下选。

如果以下任一条件为真，那么，这一步将会被忽略：

启用了 bgp bestpath compare-routerid，多条路径具有相同的 router-id，因为这些路由都是从同一台路由器接收过来的；当前没有最佳路径。缺乏当前最佳路径的例子发生在正在通告最佳路径的邻居失效的时候。

(11) 最低的 router-id。

BGP 优选来自具有最低的路由器 ID 的 BGP 路由器的路由。router-id 是路由器上最高的 IP 地址，并且优选环回口。也可以通过 bgp router-id 命令静态的设定路由器 ID。如果路径包含 RR 属性，那么在路径选择过程中，就用 originator-id 来替代路由器 ID。

(12) 多跳路径的始发路由器 ID 相同，那么选择 cluster_list 长度短的，因为每经过一个 RR，cluster-list 会加上这个 RR 的 router-id。

如果多条路径的始发 router-id 相同，那么 BGP 将优选 cluster-list 长度最短的路径。这种情况仅仅出现在 BGP RR 的环境下。

(13) BGP 优选来自于最低的邻居地址的路径。是 BGP 的 neighbor 配置中的那个地址，如果是环回口，则看环回口地址的高低。

BGP 优选来自于最低的邻居地址的路径。这是 BGP 的 neighbor 配置中所使用的 IP 地址，并且它对应于与本地路由器建立 TCP 连接的远端对等体。

15.5 路由翻动(route flaps)和路由惩罚(route dampening)

路由翻动产生的原因有很多种，比如链路不稳定、路由器接口故障、ISP 工程施工、管理员错误配置和错误故障检查等等都能造成路由翻动，由于路由翻动会造成每台路由器重新计算路由，从而消耗了大量的网络带宽和路由器的 CPU 资源，如图 15-34 所示。

当 R1 与 R2 两台路由器运行 IGP 协议，并且建立 EBGP 的邻居关系，用环回口建立邻居关系。这时假如 R1、R2 将其更新源通告进了 BGP，然后通过 BGP 传递给对方，这时由于

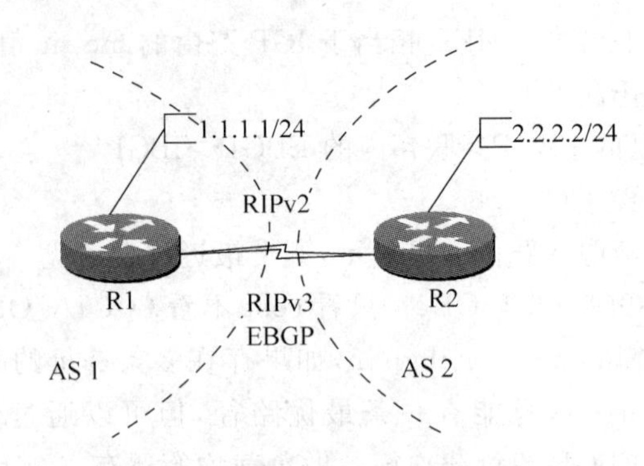

图 15-34　EBGP 邻居的翻动示例 1

从 EBGP 学到的路由的 AD 为 20，大于 IGP 的默认 AD，这时会产生邻居的翻动现象。

这时 show ip bgp summary 可以看到每经过 60s BGP table version is 1，main routing table version 1 会改变一次，BGP 转发表里变化了多少次。

用 debug ip bgp、debug ip bgp update 来查看 BGP 的翻动。解决方法：

(1) EBGP 建邻居时不要将环回口引入 BGP。

(2) 在路由器配置模式下使用 network address backdoor 命令，其中 address 变量值是使用 IGP 可达的 IP 网络。

如图 15-35 所示，R1、R2、R3 因为属于同一个 AS，所以运行一个 IGP，R2-R4，R3-R5 之间的链路并没有通告进 IGP 中。R1、R2、R3 IBGP 对等体关系，R3 在指向 R1 时，配置 neighbor 1.1.1.1 next-hop-self；R4 和 R2、R5 和 R3、R4 和 R5 为 EBGP 对等体关系，它们都用直连接口建立邻居关系。

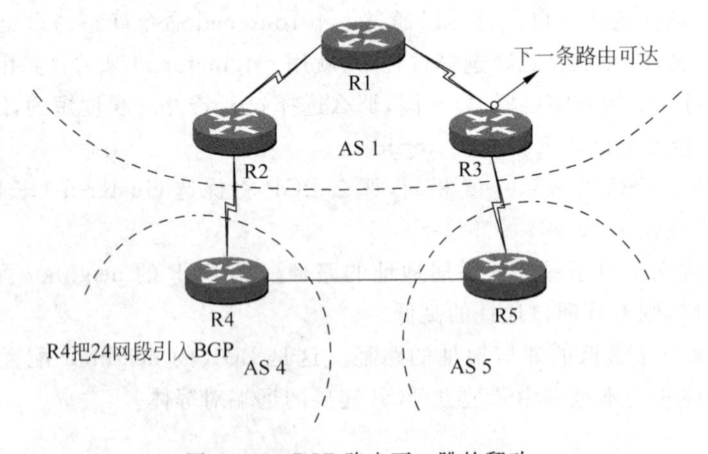

图 15-35　BGP 路由下一跳的翻动

这时 R4 将它的环回口 4.4.4.0/24 和 R2-R4 的直连网络 24.0.0.0/24 引入 BGP，这时在 R1 上就会产生路由下一跳 flaping 的现象。这时用 show ip bgp summary 命令可以看到每经过 60s，BGP 表版本号和主路由表版本号会改变一次。

解决方法：

(1) 静态路由(R1 上静态路由)。

(2) 在 IBGP 邻居所处的 IGP 中通告。

（3）将与 EBGP 直连的网络重分布进 IGP。

（4）neighbor x. x. x. x next-hop-self。

路由惩罚(route dampening)由 RFC2439 描述,它主要有以下三个目的：

- 提供了一种机制,以减少由于不稳定路由引起的路由器处理负载。
- 防止持续的路由抖动。
- 增强了路由的稳定性,但不牺牲表现良好的(well-behaved)路由的收敛时间。

```
ROUTER BG 1
BG DAMP 15 750 2000 60              ---- 针对所有的路由
BG DAMP ROUTE - MAP XXX ROUTE - MAP XXX
MATIP ADD PREFIS XX
SET DAM 15 750 2000 60              --- DEFAULT IP PREFIX XX PERMIT 1.1.1.0/24
SH IP BG 1.1.1.0
SH IP BG DAM PARA
```

Dampening 为每一条前缀维护了一个路由抖动的历史记录。Dampening 算法包含以下几个参数：

- 历史记录——当一条路由 flaping 后,改路由就会被分配一个惩罚值,并且它的惩罚状态被设置为 history。
- 惩罚值(penalty)——路由每 flaping 一次,这个惩罚值就会增加。默认的路由 flaping 惩罚值为 1000。如果只有路由属性发生了变化,那么惩罚值为 500。这个值是硬件编码的。
- 抑制门限(suppress limit)——如果惩罚值超过了抑制门限,那么改路由将被惩罚。路由状态将由 history 转变为 damp 状态。默认值的抑制门限是 2000,它可以被设置。
- 惩罚状态(damp state)——当路由处于惩罚状态时,路由器在最佳路径选择中将不考虑这条路径,因此也不会把这条前缀通告给它的对等体。
- 半衰期(half life)——在一半的生命周期的时间内,路由的惩罚值将被减少,半衰期的默认值是 15 分钟。路由的惩罚值每 5 秒钟减少一次。半衰期的值可以被设置。
- 重用门限(reuse limit)——路由的惩罚值不断递减。当惩罚值降到重用门限以下时,该路由将不再被抑制。默认的重用门限为 750。路由器每 10 秒钟检查一次那些不需要被抑制的前缀。重用门限是可以被配置的。当惩罚值达到了重用门限的一半时,这条前缀的历史记录(history)将被清除,以便更有效率地使用内存。
- 最大抑制门限/最大抑制时间——如果路由在短时间内表现出极端的不稳定性,然后又稳定下来,那么累计的惩罚值可能会导致这条路由在过长的时间里一直处于惩罚状态。这就是设置最大抑制门限的基本目的。如果路由表现出连续的不稳定性,那么惩罚值就停留在它的上限上,使得路由保持在惩罚状态。最大抑制门限是用公式计算出来的。最大抑制时间为一条路由停留在惩罚状态的最长时间。默认为 60 分钟(半衰期的 4 倍),可以配置如图 15-36 所示。

（1）最大抑制门限＝重用门限×2(最大抑制时间÷半衰期)。

（2）由于最大抑制门限为公式算出来的,所以有可能最大抑制门限≤抑制门限,当这种情况发生时，惩罚的设置是没有效果的。如重用门限=750，抑制门限=3000，半衰期=30分钟，最大抑制时间=60分钟，按照这样的配置，算出来的最大抑制门限为3000。

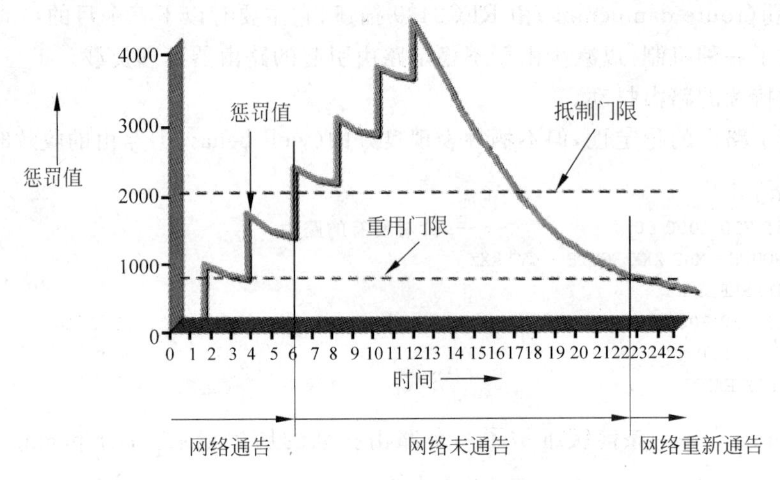

图 15-36 路由惩罚示例曲线

(3) 与抑制门限一样，因为必须超过抑制门限，才能对路由进行惩罚，所以这时惩罚的设置没有效果。

BGP 的惩罚仅仅影响 EBGP 的路由。惩罚是基于每条路径的路由而操作的。如果一条前缀具有两条路径，并且其中一条被惩罚了，那么另一条前缀仍然是可用的，可以通告给 BGP 对等体。

命令如下：

```
bgp dampening [route - map XX] [{Half - life reuse - limit suppress - limit Maximum - time }]
```

设置了 route-map，那么就在 route-map 里面匹配特定 EBGP 路由，来设置 dampening 值。检查命令如下：

```
show ip protocol
sh ip bgp dampening ?
  dampened - paths              只显示(清除)被抑制的路由
  flap - statistics             显示(清除)所有出现摆动的路由以及该路由出现摆动的次数
  parameters                    显示配置的 dampening 细节
parameters show ip bgp neighbors 1.1.1.1 dampened - routes
show ip bgp neighbors 1.1.1.1 flap - statistics
```

15.6 路由反射器

由于 IBGP 的水平分割问题，所以 IBGP 需要全网状。由于整个 IBGP 全网状的话，需要建的 session 数为 n*(n−1)/2。不具有扩展性。所以产生了两种解决方法，路由反射器是其中一种，而另一种则是联邦。

路由反射器是被配置为允许它把通过 IBGP 所获悉的路由通告到其他 IBGP 对等体的路由器，路由反射器与其他路由器有部分 IBGP 对等关系，这些路由器被称为客户。客户间的对等是不需要的，因为路由反射器将在客户间传递通告，如图 15-37 所示。

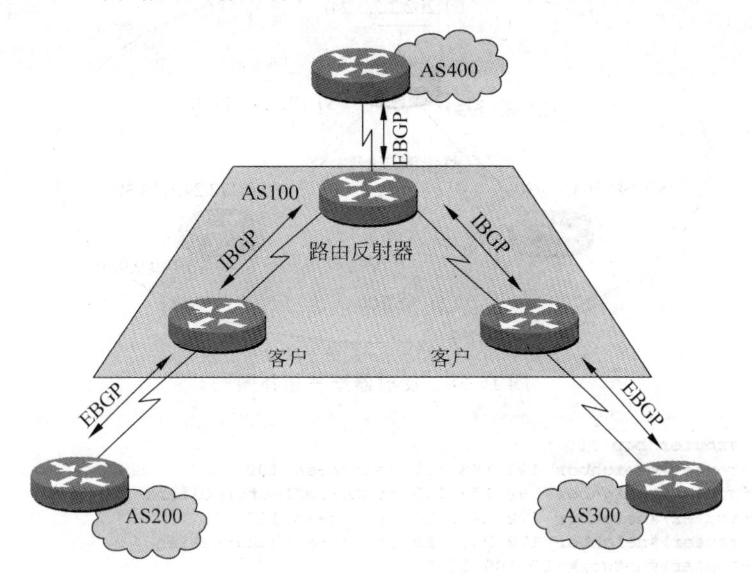

图 15-37 路由反射器

其优点是：减少 AS 内 BGP 邻居关系的数量，从而减少了 TCP 连接数；在 AS 内可以有多个路由反射器，既是为了冗余也是为了分成组，以进一步减少所需 IBGP 会话的数量。路由反射器的路由器可以与非路由反射器的路由器共存，所以配置更简单。

RFC1966 中定义了 3 条 RR 用来决定要通告哪条路由的规则，具体使用时取决于路由是如何学习到的。

- 如果路由学习自非客户 IBGP 对等体，则仅反射给客户路由器。
- 如果路由学习自某客户，则反射给所有非客户和客户路由器（发起该路由的客户除外）。
- 如果路由学习自 EBGP 对等体，则反射给所有非客户和客户路由器。

路由反射器的客户并不知道自己是客户。客户和非客户经过路由反射器反射的路由更新将会带上 cluster-list 和 originator，可用于 IBGP 防环。Cluster-id 默认为路由反射器自己的 router-id，可以通过命令 bgp cluster-id 1.1.1.1 来修改，cluster-id 为 32 位的值，可以写成点分十进制，也可以写成十进制数；originator 为 IBGP 内起源路由器的 router-id。路由反射器是 IBGP 的特性，出了 IBGP 后，路由反射器所有的特性消失（即路由携带的 cluster-list 和 originator 全部消失）。

```
neighbor 1.1.1.1 route - reflector - client
```

可以通过这条命令来将 IBGP 的 peer 1.1.1.1 变为自己的客户。建议对每个 IBGP 邻居都配置以上命令。

当路由反射器的客户全网状时，可以用 no bgp client-to-client reflection 命令禁止客户到客户的路由反射，可以减少路由更新。

如图 15-38 为路由反射器的基本配置。

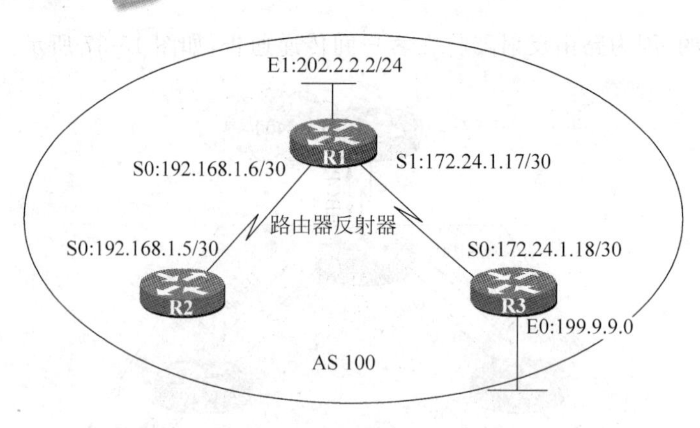

图 15-38　反射器配置拓扑图

```
R1(config)#router bgp 100
R1(config-router)#neighbor 192.168.1.5 remote-as 100
R1(config-router)#neighbor 192.168.1.5 route-reflector-client
R1(config-router)#neighbor 172.24.1.18 remote-as 100
R1(config-router)#neighbor 172.24.1.18 route-reflector-clien
R1(config-router)#network 20.100.50.0
R1(config-router)#no auto-summary
R1(config-router)#no synchronization
R2(config-router)#neighbor 192.168.1.6 remote-as 100
R2(config-router)#no auto-summary
R2(config-router)#no synchronization
R3(config-router)#neighbor 172.24.1.17 remote-as 100
R3(config-router)#no auto-summary
R3(config-router)#no synchronization
R3(config-router)#network 199.9.9.0
R3(config-router)#aggregate-address 199.0.0.0 255.0.0.0
R3(config)#int l0
R3(config-if)#ip add 199.99.9.1 255.255.255.0
R1(config)#ip prefix-list supernetonly permit 199.0.0.0/8
R1(config-router)#neighbor 192.168.1.5 prefix-list supernetonly out
```

15.7　BGP 联邦

由于 IBGP 的水平分割问题，所以 IBGP 需要全网状。若要整个 IBGP 全网状的话，需要建立的 session 数为 $n*(n-1)/2$。不具有扩展性。所以产生两种解决方法，联邦是其中一种。联邦既有 EBGP 的特性，又有 IBGP 的特性。

联邦是另一种控制大量 IBGP 对等体的方法，它就是一个被细分为一组子自治系统(称为成员自治系统)的 AS，如图 15-39 所示。

联邦增加了两种类型的 AS-PATH 属性：

AS_CONFED_SEQUENCE——一个去往特定目的地所经路径上的有序 AS 号列表，其用法与 AS_SEQUENCE 完全一样，区别在于该列表中的 AS 号属于本地联邦中的自治系统。

AS_CONFED_SET——一个去往特定目的地所经路径上的无序 AS 号列表，其用法与 AS-SET 完全一样，区别在于该列表中的 AS 号属于本地联邦中的自治系统。

由于 AS-PATH 发生被用于成员自治系统之间，因而保留了环路预防功能。将 Update 消息发送给联邦之外的对等体时，将从 AS-PATH 属性中剥离 AS_CONFED_SEQUENCE 和 AS_CONFED_SET 信息，而将联邦 ID 附加到 AS-PATH 中。

local-preference 和 MED 可以在联邦内传递。联邦内的小 AS 号，在 AS-PATH 里显

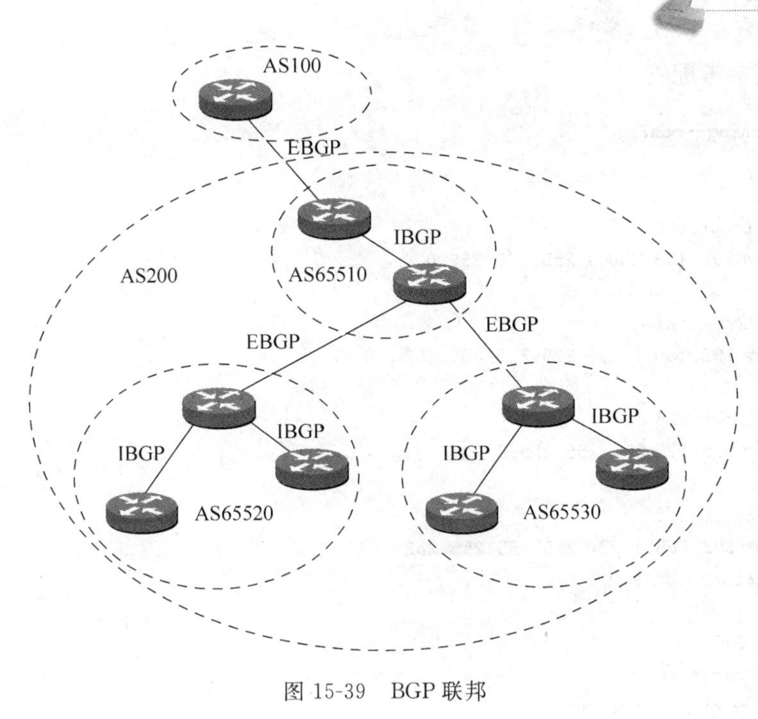

图 15-39 BGP 联邦

示在小括号里，在 AS-PATH 计算长度时，不被考虑。下一跳在联邦内传递不会改变。

15.8 配置样例 1

下面的示例中涉及 BGP 的基本配置，涉及一些基本的知识点，如 EBGP 多跳、更新源使用环回接口、路由映射发布团体属性等，如图 15-40 所示。

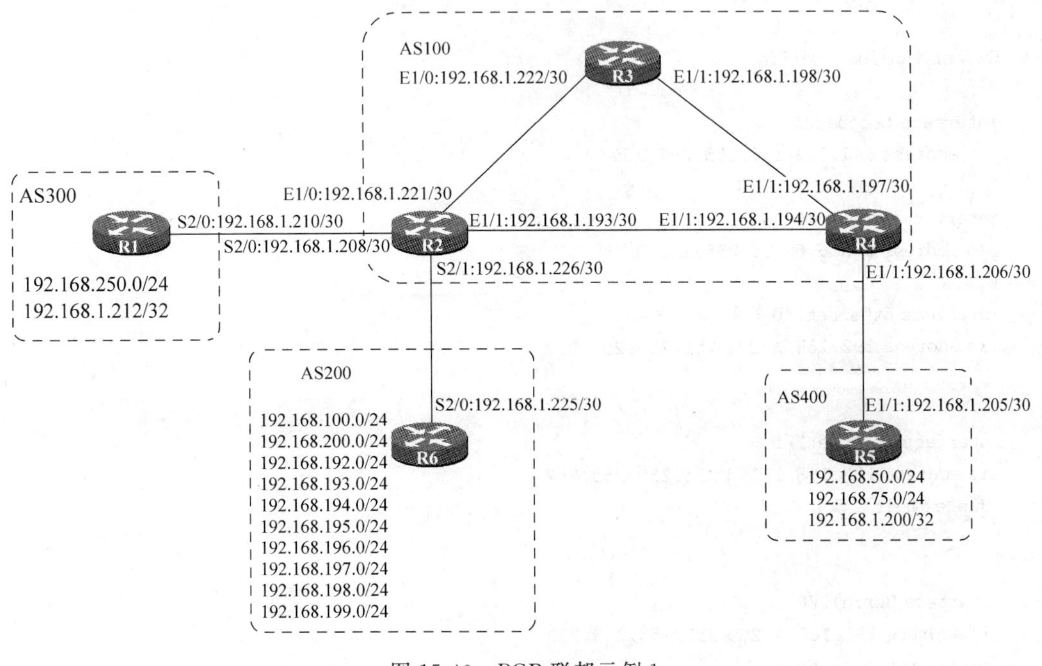

图 15-40 BGP-联邦示例 1

下面是其参考配置。

```
R1＃sh running－config

!
interface Loopback0
 ip address 192.168.250.1 255.255.255.0
!
interface Loopback1
 ip address 192.168.1.213 255.255.255.252
!
interface Loopback6
 ip address 5.5.5.5 255.255.255.0
!
interface Serial2/0
 ip address 192.168.1.210 255.255.255.252
 serial restart－delay 0
!
router bgp 300
 no synchronization
 bgp log－neighbor－changes
 network 192.168.1.212 mask 255.255.255.252
 network 192.168.250.0
 neighbor 6.6.6.6 remote－as 100
 neighbor 6.6.6.6 ebgp－multihop 2
 neighbor 6.6.6.6 update－source Loopback6
 no auto－summary
!
ip route 6.6.6.0 255.255.255.0 192.168.1.209
!

R2＃sh running－config
!
interface Loopback5
 ip address 1.1.1.1 255.255.255.255
!
interface Loopback6
 ip address 6.6.6.6 255.255.255.0
!
interface Ethernet1/0
 ip address 192.168.1.221 255.255.255.252
 duplex half
!
interface Ethernet1/1
 ip address 192.168.1.193 255.255.255.252
 duplex half
!
!
interface Serial2/0
 ip address 192.168.1.209 255.255.255.252
 serial restart－delay 0
```

```
!
interface Serial2/1
 ip address 192.168.1.226 255.255.255.252
 serial restart - delay 0
!
router OSPF 10
 log - adjacency - changes
 passive - interface    Serial2/0
 passive - interface    Serial2/1
 network 1.1.1.1 0.0.0.0 area 0
 network 192.168.1.192 0.0.0.3 area 0
 network 192.168.1.220 0.0.0.3 area 0
!
router bgp 100
 no synchronization
 bgp    log - neighbor - changes
 neighbor 2.2.2.2 remote - as 100
 neighbor 2.2.2.2 update - source Loopback5
 neighbor 2.2.2.2 next - hop - self
 neighbor 3.3.3.3 remote - as 100
 neighbor 3.3.3.3 update - source Loopback5
 neighbor 3.3.3.3 next - hop - self
 neighbor 5.5.5.5 remote - as 300
 neighbor 5.5.5.5 ebgp - multihop 2
 neighbor 5.5.5.5 update - source Loopback6
 neighbor 192.168.1.225 remote - as 200
 no auto - summary
!
ip route 5.5.5.0 255.255.255.0 192.168.1.210
!

R3 # sh running - config
!
interface Loopback5
 ip address 2.2.2.2 255.255.255.255
!
interface Ethernet1/0
 ip address 192.168.1.222 255.255.255.252
 duplex half
!
interface Ethernet1/1
 ip address 192.168.1.198 255.255.255.252
 duplex half
!
router OSPF 10
 log - adjacency - changes
 network 2.2.2.2 0.0.0.0 area 0
 network 192.168.1.196 0.0.0.3 area 0
 network 192.168.1.220 0.0.0.3 area 0
!
router bgp 100
```

```
 no synchronization
 bgp    log - neighbor - changes
 neighbor 1.1.1.1 remote - as 100
 neighbor 1.1.1.1 update - source Loopback5
 neighbor 3.3.3.3 remote - as 100
 neighbor 3.3.3.3 update - source Loopback5
 no auto - summary
!

R4 # sh running - config
!
interface Loopback5
 ip address 3.3.3.3 255.255.255.255
!
interface Ethernet1/0
 ip address 192.168.1.194 255.255.255.252
 duplex half
!
interface Ethernet1/1
 ip address 192.168.1.197 255.255.255.252
 duplex half
!
interface Ethernet1/2
 ip address 192.168.1.206 255.255.255.252
 duplex half
!
!
router OSPF 10
 log - adjacency - changes
 passive - interface Ethernet1/2
 network 3.3.3.3 0.0.0.0 area 0
 network 192.168.1.192 0.0.0.3 area 0
!
router bgp 100
 no synchronization
 bgp    log - neighbor - changes
 neighbor 1.1.1.1 remote - as 100
 neighbor 1.1.1.1 update - source Loopback5
 neighbor 1.1.1.1 next - hop - self
 neighbor 2.2.2.2 remote - as 100
 neighbor 2.2.2.2 update - source Loopback5
 neighbor 2.2.2.2 next - hop - self
 neighbor 192.168.1.205 remote - as 400
 no auto - summary
!
R5 # sh running - config
!
interface Loopback0
 ip address 192.168.50.1 255.255.255.0
!
interface Loopback1
```

```
 ip address 192.168.75.1 255.255.255.0
!
interface Loopback3
 ip address 192.168.1.201 255.255.255.252
!
interface Ethernet1/0
 ip address 192.168.1.205 255.255.255.252
 duplex half
!
router bgp 400
 no synchronization
 bgp log-neighbor-changes
 network 192.168.1.200 mask 255.255.255.252
 network 192.168.50.0
 network 192.168.75.0
 neighbor 192.168.1.206 remote-as 100
 no auto-summary
!
R6#sh running-config
!
interface Loopback0
 ip address 192.168.100.1 255.255.255.0
!
interface Loopback1
 ip address 192.168.200.1 255.255.255.0
!
interface Loopback3
 ip address 192.168.1.217 255.255.255.252
!
interface Loopback10
 ip address 192.168.192.1 255.255.255.0
!
interface Loopback11
 ip address 192.168.193.1 255.255.255.0
!
interface Loopback12
 ip address 192.168.194.1 255.255.255.0
!
interface Loopback13
 ip address 192.168.195.1 255.255.255.0
!
interface Loopback14
 ip address 192.168.196.1 255.255.255.0
!
interface Loopback15
 ip address 192.168.197.1 255.255.255.0
!
interface Loopback16
 ip address 192.168.198.1 255.255.255.0
!
```

```
interface Loopback17
 ip address 192.168.199.1 255.255.255.0
!
interface Serial2/0
 ip address 192.168.1.225 255.255.255.252
 serial restart - delay 0
!
router bgp 200
 no synchronization
 bgp log - neighbor - changes
 network 192.168.1.216 mask 255.255.255.252
 network 192.168.100.0
 network 192.168.192.0
 network 192.168.193.0
 network 192.168.194.0
 network 192.168.195.0
 network 192.168.196.0
 network 192.168.197.0
 network 192.168.198.0
 network 192.168.199.0
 network 192.168.200.0
 aggregate - address 192.168.192.0 255.255.248.0
 neighbor 192.168.1.226 remote - as 100
 neighbor 192.168.1.226 send - community neighbor
 192.168.1.226 route - map community out no auto -
 summary
!
!
no ip http server
no ip http secure - server
!
!
access - list 110 permit ip host 192.168.192.0 host 255.255.248.0
!
route - map community permit 10
 match ip address 110
  set community none
!
route - map community permit 20
 set community no - export
!
```

使用一些常用命令来查看其状态信息，如下所示：

```
R2 # sh ip bgp
BGP table version is 18, local router ID is 6.6.6.6
Status codes: s suppressed, d damped, h history, * valid, > best, i - internal, r RIB -
              failure, S Stale
Origin codes: i - IGP, e - EGP, ? - incomplete
```

```
   Network            Next Hop          Metric LocPrf Weight Path
*> i192.168.1.200/30  3.3.3.3           0      100    0 400 i
*> 192.168.1.212/30   5.5.5.5           0             0 300 i
*> 192.168.1.216/30   192.168.1.225     0             0 200 i
*> i192.168.50.0      3.3.3.3           0      100    0 400 i
*> i192.168.75.0      3.3.3.3           0      100    0 400 i
*> 192.168.100.0      192.168.1.225     0             0 200 i
*> 192.168.192.0      192.168.1.225     0             0 200 i
*> 192.168.192.0/21   192.168.1.225     0             0 200 i
*> 192.168.193.0      192.168.1.225     0             0 200 i
*> 192.168.194.0      192.168.1.225     0             0 200 i
*> 192.168.195.0      192.168.1.225     0             0 200 i
*> 192.168.196.0      192.168.1.225     0             0 200 i
*> 192.168.197.0      192.168.1.225     0             0 200 i
*> 192.168.198.0      192.168.1.225     0             0 200 i
*> 192.168.199.0      192.168.1.225     0             0 200 i
*> 192.168.200.0      192.168.1.225     0             0 200 i
*> 192.168.250.0      5.5.5.5           0             0 300 i

R2 # sh ip bgp summary
BGP router identifier 6.6.6.6, local AS number 100 BGP
table version is 18, main routing table version 18 17
network entries using 1989 bytes of memory
17 path entries using 884 bytes of memory
5/4 BGP path/bestpath attribute entries using 620 bytes of memory 3
BGP AS - PATH entries using 72 bytes of memory
1 BGP community entries using 24 bytes of memory
0 BGP route - map cache entries using 0 bytes of memory 0
BGP filter - list cache entries using 0 bytes of memory BGP
using 3589 total bytes of memory
BGP activity 17/0 prefixes, 17/0 paths, scan interval 60 secs

Neighbor        V    AS MsgRcvd MsgSent   TblVer  InQ OutQ Up/Down
State/PfxRcd
2.2.2.2         4   100    15    18    18    0    0 00:12:09    0
3.3.3.3         4   100    16    18    18    0    0 00:12:17    3
5.5.5.5         4   300    16    18    18    0    0 00:12:49    2
192.168.1.225   4   200    17    18    18    0    0 00:12:03   12

R4 # sh ip bgp
BGP table version is 18, local router ID is 3.3.3.3
Status codes: s suppressed, d damped, h history, * valid, > best, i - internal, r RIB -
              failure, S Stale
Origin codes: i - IGP, e - EGP, ? - incomplete

   Network            Next Hop          Metric LocPrf Weight Path
*> 192.168.1.200/30   192.168.1.205     0             0 400 i
*> i192.168.1.212/30  1.1.1.1           0      100    0 300 i
*> i192.168.1.216/30  1.1.1.1           0      100    0 200 i
*> 192.168.50.0       192.168.1.205     0             0 400 i
*> 192.168.75.0       192.168.1.205     0             0 400 i
```

```
*>i192.168.100.0    1.1.1.1          0     100    0 200 i
*>i192.168.192.0    1.1.1.1          0     100    0 200 i
*>i192.168.192.0/21 1.1.1.1          0     100    0 200 i
*>i192.168.193.0    1.1.1.1          0     100    0 200 i
*>i192.168.194.0    1.1.1.1          0     100    0 200 i
*>i192.168.195.0    1.1.1.1          0     100    0 200 i
*>i192.168.196.0    1.1.1.1          0     100    0 200 i
*>i192.168.197.0    1.1.1.1          0     100    0 200 i
*>i192.168.198.0    1.1.1.1          0     100    0 200 i
*>i192.168.199.0    1.1.1.1          0     100    0 200 i
*>i192.168.200.0    1.1.1.1          0     100    0 200 i
*>i192.168.250.0    1.1.1.1          0     100    0 300 i
```

```
R4#sh ip route
Codes: C - connected, S - static, R - RIP, M - mobile, B - BGP
       D - EIGRP, EX - EIGRP external, O - OSPF, IA - OSPF inter area N1 -
       OSPF NSSA external type 1, N2 - OSPF NSSA external type 2 E1 -
       OSPF external type 1, E2 - OSPF external type 2
       i - IS-IS, su - IS-IS summary, L1 - IS-IS level-1, L2 - IS-IS level-2
       ia - IS-IS inter area, * - candidate default, U - per-user static route o -
       ODR, P - periodic downloaded static route

Gateway of last resort is not set

B      192.168.192.0/24 [200/0] via 1.1.1.1, 00:12:47
       1.0.0.0/32 is subnetted, 1 subnets
O        1.1.1.1 [110/11] via 192.168.1.193, 00:13:28, Ethernet1/0
B      192.168.193.0/24 [200/0] via 1.1.1.1, 00:12:47
       2.0.0.0/32 is subnetted, 1 subnets
O        2.2.2.2 [110/21] via 192.168.1.193, 00:13:28, Ethernet1/0
B      192.168.194.0/24 [200/0] via 1.1.1.1, 00:12:47
B      192.168.75.0/24 [20/0] via 192.168.1.205, 00:12:49
       3.0.0.0/32 is subnetted, 1 subnets
C        3.3.3.3 is directly connected, Loopback5 B
       192.168.195.0/24 [200/0] via 1.1.1.1, 00:12:47
B      192.168.196.0/24 [200/0] via 1.1.1.1, 00:12:47
B      192.168.197.0/24 [200/0] via 1.1.1.1, 00:12:47
B      192.168.198.0/24 [200/0] via 1.1.1.1, 00:12:48
B      192.168.199.0/24 [200/0] via 1.1.1.1, 00:12:48
B      192.168.200.0/24 [200/0] via 1.1.1.1, 00:12:48
B      192.168.250.0/24 [200/0] via 1.1.1.1, 00:12:49
B      192.168.50.0/24 [20/0] via 192.168.1.205, 00:12:51
       192.168.1.0/30 is subnetted, 7 subnets
B      192.168.1.200 [20/0] via 192.168.1.205, 00:12:51
C        192.168.1.204 is directly connected, Ethernet1/2 C
         192.168.1.192 is directly connected, Ethernet1/0 C
         192.168.1.196 is directly connected, Ethernet1/1 B
         192.168.1.216 [200/0] via 1.1.1.1, 00:12:48
O        192.168.1.220 [110/20] via 192.168.1.193, 00:13:30, Ethernet1/0
B        192.168.1.212 [200/0] via 1.1.1.1, 00:12:49
B      192.168.100.0/24 [200/0] via 1.1.1.1, 00:12:48
```

```
B     192.168.192.0/21 [200/0] via 1.1.1.1, 00:12:48

R4#sh ip bgp summary
BGP router identifier 3.3.3.3, local AS number 100 BGP
table version is 18, main routing table version 18 17
network entries using 1989 bytes of memory
17 path entries using 884 bytes of memory
5/4 BGP path/bestpath attribute entries using 620 bytes of memory 3
BGP AS-PATH entries using 72 bytes of memory
0 BGP route-map cache entries using 0 bytes of memory 0
BGP filter-list cache entries using 0 bytes of memory BGP
using 3565 total bytes of memory
BGP activity 17/0 prefixes, 17/0 paths, scan interval 60 secs

Neighbor          V        AS MsgRcvd MsgSent   TblVer    InQ OutQ    Up/Down
State/PfxRcd
1.1.1.1         4    100          19    17          18    0         0 00:13:37      14
2.2.2.2         4    100          16    17          18    0         0 00:13:25      0
192.168.1.205   4    400          17    19          18    0         0 00:13:30      3

R5#sh ip bgp
BGP table version is 18, local router ID is 192.168.75.1
Status codes: s suppressed, d damped, h history, * valid, > best, i - internal, r RIB-
              failure, S Stale
Origin codes: i - IGP, e - EGP, ? - incomplete

   Network              Next Hop              Metric LocPrf Weight Path
*>192.168.1.200/30     0.0.0.0               0           32768 i
*>192.168.1.212/30     192.168.1.206                         0 100 300 i
*>192.168.1.216/30     192.168.1.206                         0 100 200 i
*>192.168.50.0         0.0.0.0               0           32768 i
*>192.168.75.0         0.0.0.0               0           32768 i
*>192.168.100.0        192.168.1.206                         0 100 200 i
*>192.168.192.0        192.168.1.206                         0 100 200 i
*>192.168.192.0/21     192.168.1.206                         0 100 200 i
*>192.168.193.0        192.168.1.206                         0 100 200 i
*>192.168.194.0        192.168.1.206                         0 100 200 i
*>192.168.195.0        192.168.1.206                         0 100 200 i
*>192.168.196.0        192.168.1.206                         0 100 200 i
*>192.168.197.0        192.168.1.206                         0 100 200 i
*>192.168.198.0        192.168.1.206                         0 100 200 i
x>192.168.199.0        192.168.1.206                         0 100 200 i
*>192.168.200.0        192.168.1.206                         0 100 200 i
*>192.168.250.0        192.168.1.206                         0 100 300 i

R5#sh ip route
Codes: C - connected, S - static, R - RIP, M - mobile, B - BGP
       D - EIGRP, EX - EIGRP external, O - OSPF, IA - OSPF inter area N1 -
       OSPF NSSA external type 1, N2 - OSPF NSSA external type 2 E1 -
       OSPF external type 1, E2 - OSPF external type 2
       i - IS-IS, su - IS-IS summary, L1 - IS-IS level-1, L2 - IS-IS level-2
```

```
    ia - IS-IS inter area, * - candidate default, U - per-user static route o -
    ODR, P - periodic downloaded static route

Gateway of last resort is not set

B      192.168.192.0/24 [20/0] via 192.168.1.206, 00:13:03
B      192.168.193.0/24 [20/0] via 192.168.1.206, 00:13:03
B      192.168.194.0/24 [20/0] via 192.168.1.206, 00:13:03
C      192.168.75.0/24 is directly connected, Loopback1 B
       192.168.195.0/24 [20/0] via 192.168.1.206, 00:13:03
B      192.168.196.0/24 [20/0] via 192.168.1.206, 00:13:03
B      192.168.197.0/24 [20/0] via 192.168.1.206, 00:13:03
B      192.168.198.0/24 [20/0] via 192.168.1.206, 00:13:03
B      192.168.199.0/24 [20/0] via 192.168.1.206, 00:13:03
B      192.168.200.0/24 [20/0] via 192.168.1.206, 00:13:03
B      192.168.250.0/24 [20/0] via 192.168.1.206, 00:13:34
C      192.168.50.0/24 is directly connected, Loopback0
       192.168.1.0/30 is subnetted, 4 subnets
C        192.168.1.200 is directly connected, Loopback3 C
         192.168.1.204 is directly connected, Ethernet1/0 B
         192.168.1.216 [20/0] via 192.168.1.206, 00:13:04
B        192.168.1.212 [20/0] via 192.168.1.206, 00:13:35
B     192.168.100.0/24 [20/0] via 192.168.1.206, 00:13:04
B     192.168.192.0/21 [20/0] via 192.168.1.206, 00:13:04
```

15.9 配置样例 2

下面的示例中涉及聚合路由内容，并将聚合路由使用 community、router-map 及 prefix-list 等功能实现精细路由过滤，拓扑图如图 15-41 所示。

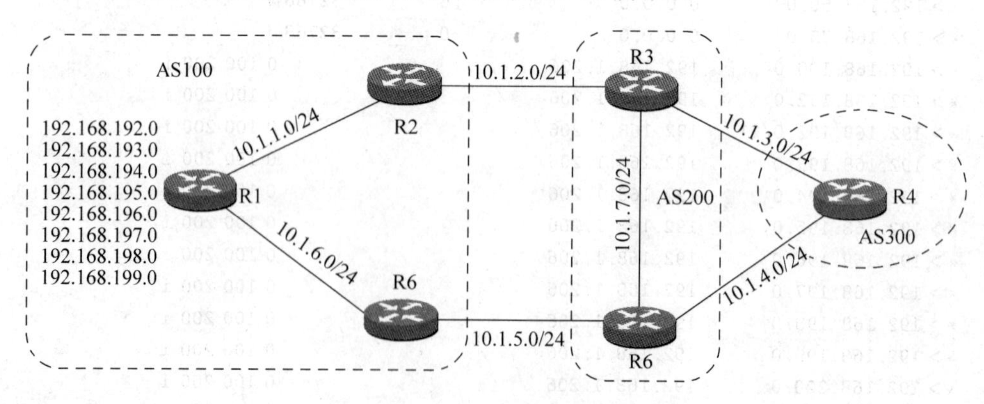

图 15-41 配置示例 2

具体配置如下：

```
R1#sh running-config

!
hostname R1
```

```
!
interface Loopback0
 ip address 192.168.192.1 255.255.255.0
!
interface Loopback1
 ip address 192.168.193.1 255.255.255.0
!
interface Loopback2
 ip address 192.168.194.1 255.255.255.0
!
interface Loopback3
 ip address 192.168.195.1 255.255.255.0
!
interface Loopback4
 ip address 192.168.196.1 255.255.255.0
!
interface Loopback5
 ip address 192.168.197.1 255.255.255.0
!
interface Loopback6
 ip address 192.168.198.1 255.255.255.0
!
interface Loopback7
 ip address 192.168.199.1 255.255.255.0
!
interface Ethernet1/0
 ip address 10.1.1.1 255.255.255.0
 duplex half
!
interface Ethernet1/1
 ip address 10.1.6.1 255.255.255.0
 duplex half
!
router OSPF 10
 log-adjacency-changes
 network 10.1.1.0 0.0.0.255 area 0
 network 10.1.6.0 0.0.0.255 area 0
 network 192.168.192.0 0.0.0.255 area 0
 network 192.168.193.0 0.0.0.255 area 0
 network 192.168.194.0 0.0.0.255 area 0
 network 192.168.195.0 0.0.0.255 area 0
 network 192.168.196.0 0.0.0.255 area 0
 network 192.168.197.0 0.0.0.255 area 0
 network 192.168.198.0 0.0.0.255 area 0
 network 192.168.199.0 0.0.0.255 area 0
```

```
 R2#sh  running-config
 interface Ethernet1/0
  ip address 10.1.1.2 255.255.255.0
  duplex half
!
```

```
interface Serial2/0
 ip address 10.1.2.1 255.255.255.0
 serial restart - delay 0
!
router OSPF 10
 log - adjacency - changes
 network 10.1.1.0 0.0.0.255 area 0
!
router bgp 100
 no synchronization
 bgp log - neighbor - changes
 aggregate - address 192.168.192.0 255.255.248.0
 redistribute OSPF 10 metric 50
 neighbor 10.1.2.2 remote - as 200
 neighbor 10.1.2.2 send - community neighbor
 10.1.2.2 route - map community out neighbor
 10.1.6.2 remote - as 100
 no auto - summary
!
access - list 110 permit ip host 192.168.192.0 host 255.255.248.0
!
route - map community permit 10
 match ip address 110
 set community none
!
route - map community permit 20
 set community no - export
!
```

```
R3 # sh  running - config
interface Ethernet1/0
 ip address 10.1.7.1 255.255.255.0
 duplex half
!
interface Serial2/0
 ip address 10.1.2.2 255.255.255.0
 serial restart - delay 0
!
interface Serial2/1
 ip address 10.1.3.1 255.255.255.0
 serial restart - delay 0
!
router bgp 200
 no synchronization
 bgp    log - neighbor - changes
 neighbor 10.1.2.1 remote - as 100
 neighbor 10.1.3.2 remote - as 300
 neighbor 10.1.7.2 remote - as 200
 no auto - summary
!
```

```
R4#sh  running-config
interface Serial2/0
 ip address 10.1.3.2 255.255.255.0
 serial restart-delay 0
!
interface Serial2/1
 ip address 10.1.4.1 255.255.255.0
 serial restart-delay 0
!
router bgp 300
 no synchronization
 bgp    log-neighbor-changes
 neighbor 10.1.3.1 remote-as 200
 neighbor 10.1.4.2 remote-as 200
 no auto-summary
!
```

```
R5#sh  running-config
interface Ethernet1/0
 ip address 10.1.7.2 255.255.255.0
 duplex half
!
interface Serial2/0
 ip address 10.1.4.2 255.255.255.0
 serial restart-delay 0
!
interface Serial2/1
 ip address 10.1.5.1 255.255.255.0
 serial restart-delay 0
!
router bgp 200
 no synchronization
 bgp    log-neighbor-changes
 neighbor 10.1.4.1 remote-as 300
 neighbor 10.1.5.2 remote-as 100
 neighbor 10.1.7.1 remote-as 200
 no auto-summary
!
```

```
R6#sh  running-config
interface Ethernet1/0
 ip address 10.1.6.2 255.255.255.0
 duplex half
!
interface Serial2/0
 ip address 10.1.5.2 255.255.255.0
 serial restart-delay 0
!
!
router OSPF 10
 log-adjacency-changes
```

```
 network 10.1.6.0 0.0.0.255 area 0
!
router bgp 100
 no synchronization
 bgp log - neighbor - changes
 aggregate - address 192.168.192.0 255.255.248.0
 redistribute OSPF 10 metric 50
 neighbor 10.1.1.2 remote - as 100
 neighbor 10.1.5.1 remote - as 200
 neighbor 10.1.5.1 send - community neighbor
 10.1.5.1 route - map community out no auto -
 summary
!
!
ip prefix - list aggregate seq 5 permit 192.168.192.0/21
!
route - map community permit 10
 match ip address prefix - list aggregate
 set community none
!
route - map community permit 20
 set community no - export
!
```

配置完成以后，可以查看聚合路由表。

```
R4# sh ip bgp
BGP table version is 32, local router ID is 10.1.4.1
Status codes: s suppressed, d damped, h history, * valid, > best, i - internal, r RIB -
              failure, S Stale
Origin codes: i - IGP, e - EGP, ? - incomplete

   Network              Next Hop                  Metric LocPrf Weight Path
 * 192.168.192.0/21     10.1.4.2                                     0 200 100 i
 *>                     10.1.3.1                                     0 200 100 i

R3# sh ip bgp
BGP table version is 22, local router ID is 10.1.7.1
Status codes: s suppressed, d damped, h history, * valid, > best, i - internal, r RIB -
                failure, S Stale
Origin codes: i - IGP, e - EGP, ? - incomplete

   Network              Next Hop                  Metric LocPrf Weight Path
 * i10.1.1.0/24         10.1.5.2                  50     100       0 100 ?
 *>                     10.1.2.1                   0               0 100 ?
 * i10.1.6.0/24         10.1.5.2                   0     100       0 100 ?
 *>                     10.1.2.1                  50               0 100 ?
 * i192.168.192.0/21    10.1.5.2                   0     100       0 100 i
 *>                     10.1.2.1                   0               0 100 i
 * i192.168.192.1/32    10.1.5.2                  50     100       0 100 ?
```

```
*>                  10.1.2.1          50           0 100 ?
* i192.168.193.1/32 10.1.5.2          50    100    0 100 ?
*>                  10.1.2.1          50           0 100 ?
* i192.168.194.1/32 10.1.5.2          50    100    0 100 ?
*>                  10.1.2.1          50           0 100 ?
* i192.168.195.1/32 10.1.5.2          50    100    0 100 ?
*>                  10.1.2.1          50           0 100 ?
* i192.168.196.1/32 10.1.5.2          50    100    0 100 ?
*>                  10.1.2.1          50           0 100 ?
* i192.168.197.1/32 10.1.5.2          50    100    0 100 ?
*>                  10.1.2.1          50           0 100 ?
* i192.168.198.1/32 10.1.5.2          50    100    0 100 ?
*>                  10.1.2.1          50           0 100 ?
* i192.168.199.1/32 10.1.5.2          50    100    0 100 ?
*>                  10.1.2.1          50           0 100 ?

R5#sh ip bgp
BGP table version is 33, local router ID is 10.1.7.2
Status codes: s suppressed, d damped, h history, * valid, > best, i - internal, r RIB-
              failure, S Stale
Origin codes: i - IGP, e - EGP, ? - incomplete

Network             Next Hop          Metric LocPrf Weight Path
* i10.1.1.0/24      10.1.2.1           0    100    0 100 ?
*>                  10.1.5.2          50           0 100 ?
* i10.1.6.0/24      10.1.2.1          50    100    0 100 ?
*>                  10.1.5.2           0           0 100 ?
*>192.168.192.0/21  10.1.5.2           0           0 100 i
* i                 10.1.2.1           0    100    0 100 i
* i192.168.192.1/32 10.1.2.1          50    100    0 100 ?
*>                  10.1.5.2          50           0 100 ?
* i192.168.193.1/32 10.1.2.1          50    100    0 100 ?
*>                  10.1.5.2          50           0 100 ?
* i192.168.194.1/32 10.1.2.1          50    100    0 100 ?
*>                  10.1.5.2          50           0 100 ?
* i192.168.195.1/32 10.1.2.1          50    100    0 100 ?
*>                  10.1.5.2          50           0 100 ?
* i192.168.196.1/32 10.1.2.1          50    100    0 100 ?
*>                  10.1.5.2          50           0 100 ?
* i192.168.197.1/32 10.1.2.1          50    100    0 100 ?
*>                  10.1.5.2          50           0 100 ?
* i192.168.198.1/32 10.1.2.1          50    100    0 100 ?
*>                  10.1.5.2          50           0 100 ?
* i192.168.199.1/32 10.1.2.1          50    100    0 100 ?
*>                  10.1.5.2          50           0 100 ?
```

使用下面的命令查看携带 NO-EPORT COMMUNITY 属性的路由情况：

```
R3#sh ip bgp community no-export
BGP table version is 22, local router ID is 10.1.7.1
Status codes: s suppressed, d damped, h history, * valid, > best, i - internal, r RIB-
              failure, S Stale
```

```
Origin codes: i - IGP, e - EGP, ? - incomplete

   Network          Next Hop            Metric LocPrfWeight Path
*> 10.1.1.0/24      10.1.2.1             0             0 100 ?
*> 10.1.6.0/24      10.1.2.1            50             0 100 ?
*> 192.168.192.1/32 10.1.2.1            50             0 100 ?
*> 192.168.193.1/32 10.1.2.1            50             0 100 ?
*> 192.168.194.1/32 10.1.2.1            50             0 100 ?
*> 192.168.195.1/32 10.1.2.1            50             0 100 ?
*> 192.168.196.1/32 10.1.2.1            50             0 100 ?
*> 192.168.197.1/32 10.1.2.1            50             0 100 ?
*> 192.168.198.1/32 10.1.2.1            50             0 100 ?
*> 192.168.199.1/32 10.1.2.1            50             0 100 ?

R5#sh ip bgp community no-export
BGP table version is 33, local router ID is 10.1.7.2
Status codes: s suppressed, d damped, h history, * valid, > best, i - internal, r RIB-
              failure, S Stale
Origin codes: i - IGP, e - EGP, ? - incomplete

   Network          Next Hop            Metric LocPrfWeight Path
*> 10.1.1.0/24      10.1.5.2            50             0 100 ?
*> 10.1.6.0/24      10.1.5.2             0             0 100 ?
*> 192.168.192.1/32 10.1.5.2            50             0 100 ?
*> 192.168.193.1/32 10.1.5.2            50             0 100 ?
*> 192.168.194.1/32 10.1.5.2            50             0 100 ?
*> 192.168.195.1/32 10.1.5.2            50             0 100 ?
*> 192.168.196.1/32 10.1.5.2            50             0 100 ?
*> 192.168.197.1/32 10.1.5.2            50             0 100 ?
*> 192.168.198.1/32 10.1.5.2            50             0 100 ?
*> 192.168.199.1/32 10.1.5.2            50             0 100 ?
```

也可以在上面配置的基础上实现如下策略：

- 通过 R2-R3 链路来通告 192.168.192.0/24、192.168.193.0/24、192.168.194.0/24。
- 通过 R6-R5 链路来通告 192.168.196.0/24、192.168.197.0/24、192.168.198.0/24。
- 不通告 192.168.195.0/24、192.168.199.0/24。

具体配置如下：

```
R2#sh running-config router bgp 100
 no synchronization
 bgp log-neighbor-changes
 aggregate-address 192.168.192.0 255.255.248.0 suppress-map suppress
!
access-list 1 permit 192.168.195.0 0.0.0.255
access-list 1 permit 192.168.196.0 0.0.3.255
!
route-map suppress permit 10
 match ip address 1

R6#sh running-config
```

```
router bgp 100
 no synchronization
 bgp log-neighbor-changes
 aggregate-address 192.168.192.0 255.255.248.0 suppress-map suppress
!
ip prefix-list suppress seq 5 permit 192.168.192.0/22 le 24
ip prefix-list suppress seq 10 permit 192.168.199.0/24
!
route-map suppress permit 10
 match ip address prefix-list suppress
```

使用命令查看路由状态：

```
R3#sh ip bgp
BGP table version is 39, local router ID is 10.1.7.1
Status codes: s suppressed, d damped, h history, * valid, > best, i - internal, r RIB-
              failure, S Stale
Origin codes: i - IGP, e - EGP, ? - incomplete

   Network            Next Hop            Metric LocPrf Weight Path
* i10.1.1.0/24        10.1.5.2              50    100      0 100 ?
*>                    10.1.2.1               0             0 100 ?
* i10.1.6.0/24        10.1.5.2               0    100      0 100 ?
*>                    10.1.2.1              50             0 100 ?
* i192.168.192.0/21   10.1.5.2               0    100      0 100 i
*>                    10.1.2.1               0             0 100 i
* i192.168.192.1/32   10.1.5.2              50    100      0 100 ?
*>                    10.1.2.1              50             0 100 ?
* i192.168.193.1/32   10.1.5.2              50    100      0 100 ?
*>                    10.1.2.1              50             0 100 ?
* i192.168.194.1/32   10.1.5.2              50    100      0 100 ?
*>                    10.1.2.1              50             0 100 ?
* i192.168.195.1/32   10.1.5.2              50    100      0 100 ?
* i192.168.196.1/32   10.1.5.2              50    100      0 100 ?
* i192.168.197.1/32   10.1.5.2              50    100      0 100 ?
* i192.168.198.1/32   10.1.5.2              50    100      0 100 ?
* i192.168.199.1/32   10.1.5.2              50    100      0 100 ?

R5#sh ip bgp
BGP table version is 62, local router ID is 10.1.7.2
Status codes: s suppressed, d damped, h history, * valid, > best, i - internal, r RIB-
              failure, S Stale
Origin codes: i - IGP, e - EGP, ? - incomplete

   Network            Next Hop            Metric LocPrf Weight Path
*> 10.1.1.0/24        10.1.5.2              50             0 100 ?
* i                   10.1.2.1               0    100      0 100 ?
*> 10.1.6.0/24        10.1.5.2               0             0 100 ?
* i                   10.1.2.1              50    100      0 100 ?
*> 192.168.192.0/21   10.1.5.2               0             0 100 i
* i                   10.1.2.1               0    100      0 100 i
```

```
*> 192.168.192.1/32  10.1.5.2        50              0 100 ?
*  i                 10.1.2.1        50       100    0 100 ?
*> 192.168.193.1/32  10.1.5.2        50              0 100 ?
*  i                 10.1.2.1        50       100    0 100 ?
*> 192.168.194.1/32  10.1.5.2        50              0 100 ?
*  i                 10.1.2.1        50       100    0 100 ?
*> 192.168.195.1/32  10.1.5.2        50              0 100 ?
*> 192.168.196.1/32  10.1.5.2        50              0 100 ?
*> 192.168.197.1/32  10.1.5.2        50              0 100 ?
*> 192.168.198.1/32  10.1.5.2        50              0 100 ?
*> 192.168.199.1/32  10.1.5.2        50              0 100 ?
```

附录 A　中小型企业网络综合组网实例

实例一：基于 RIP 的动态路由协议

一、实验目的

1. Rip1 和 Rip2 的配置。
2. 掌握 Rip 是如何进行动态学习的。
3. 路由器在选择路由的原则。

二、实验内容

要求：

1. 各路由器的 IP 地址如图 A-1 所示。

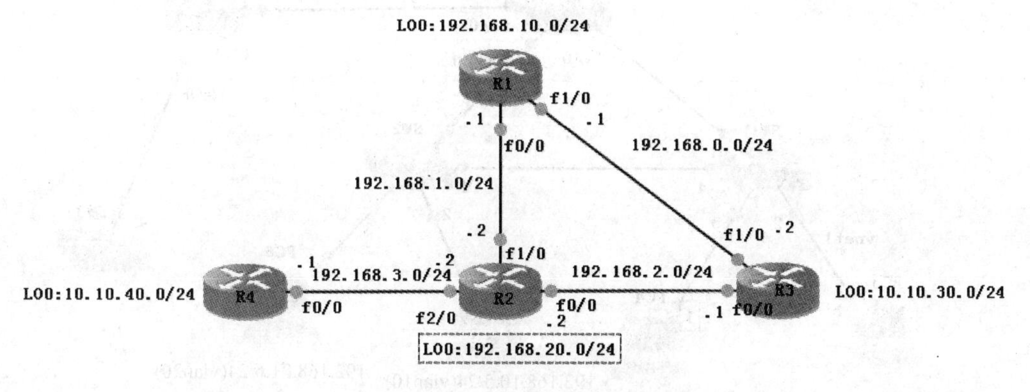

图 A-1　Rip 动态路由协议拓扑图

2. R1、R2、R3 和 R4 分别有一个回环地址 Lo0 代表所在的网络。
3. 配置 Rip1 和 Rip2 实现各路由器的 lo0 互通(Rip 和 Rip2 必须同时都存在)。
4. R4 的 40 网段访问 R3 的 30 网段在经过 R2 的时候,会优先从哪一个接口转发出去？为什么？

三、实验学时

6 学时。

四、实验设备与环境

Windows 2003 平台＋GNS3 模拟软件。

实例二：基于 VLAN 间的路由及远程设备的管理

一、实验目的

1. 相同 VLAN 间通信。
2. 相同 VLAN 不同网段间的通信。
3. 不同 VLAN 间通信。
4. 静态和默认路由的配置。
5. 远程设备的管理。

二、实验内容

要求：

1. 各路由器的 IP 地址如图 A-2 所示，各 PC 的网关分别为各网段的最后一个 IP。

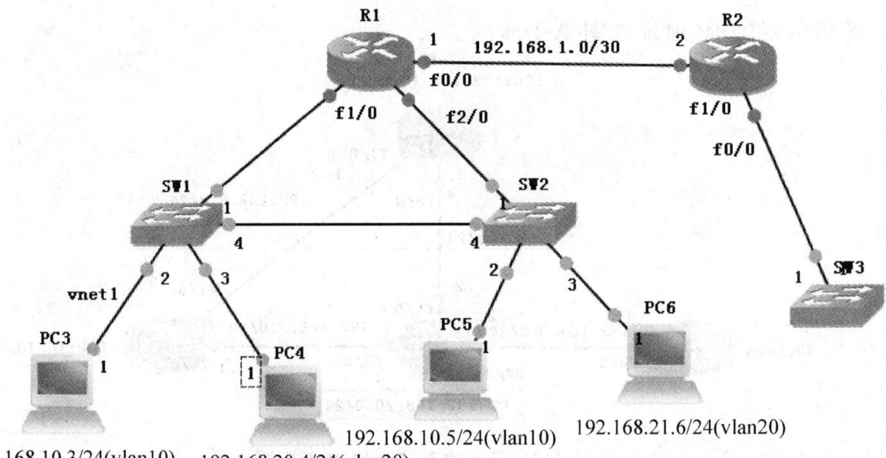

图 A-2　VLAN 间路由及远程设备的管理拓扑图

2. PC3 用真实机器通过桥接方式连接，其他 PC 用模拟软件自带的虚拟 PC 即可。
3. 配置完成后，PC3 和 PC4、PC5 能通信，PC4 和 PC6 能通信。
4. PC3 能远程 telnet 管理 SW3，登录密码为 123，进入特权模式的密码为 321。

三、实验学时

6 学时。

四、实验设备与环境

Windows 2003 平台＋GNS3 模拟软件。

实例三：基于单臂路由的 DHCP 中继

一、实验目的

1. 单臂路由的配置。
2. 中继配置。
3. DHCP 的配置。
4. 静态和默认路由的配置。

二、实验内容

要求：

1. 各路由器的 IP 地址如图 A-3 所示，X 为学号后两位，DHCP 的起始的地址池也从 X 开始获取。

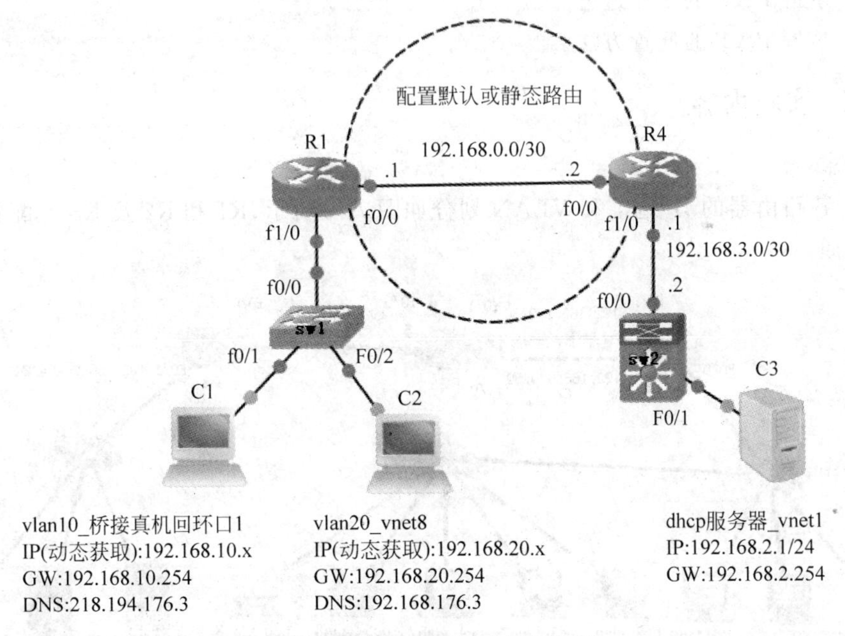

图 A-3 单臂路由的 DHCP 中继拓扑图

2. C1,C2 和 C3 都是用真实机器通过桥接方式连接，C2 用 VM 虚拟机中的 Vnet 网段，C3 用 VM 虚拟机中的 Vnet1 网段。
3. 配置完成后，C1 和 C2 能动态从 C3 服务器获取 IP 地址。
4. C1、C2 和 C3 能相互通信。

三、实验学时

6 学时。

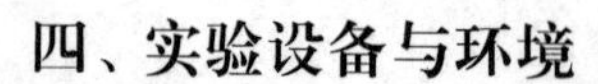

四、实验设备与环境

Windows 2003 平台+GNS3 模拟软件。

实例四：基于 ACL 的静态+动态+PAT 配置

一、实验目的

1. 掌握 NAT 的工作原理。
2. 掌握 NAT 的应用特点。
3. 掌握静态 NAT 的工作过程。
4. 掌握静态 NAT 的配置方法。
5. 掌握动态 NAT 的工作过程。
6. 掌握动态 NAT 的配置方法。
7. 掌握 PAT 的工作过程。
8. 掌握 PAT 的配置方法。

二、实验内容

要求：

1. 各路由器的 IP 地址和 VLAN 划分如图 A-4 所示，R1 和 R2 及 R3 上配置 RIP 实现全网互通。

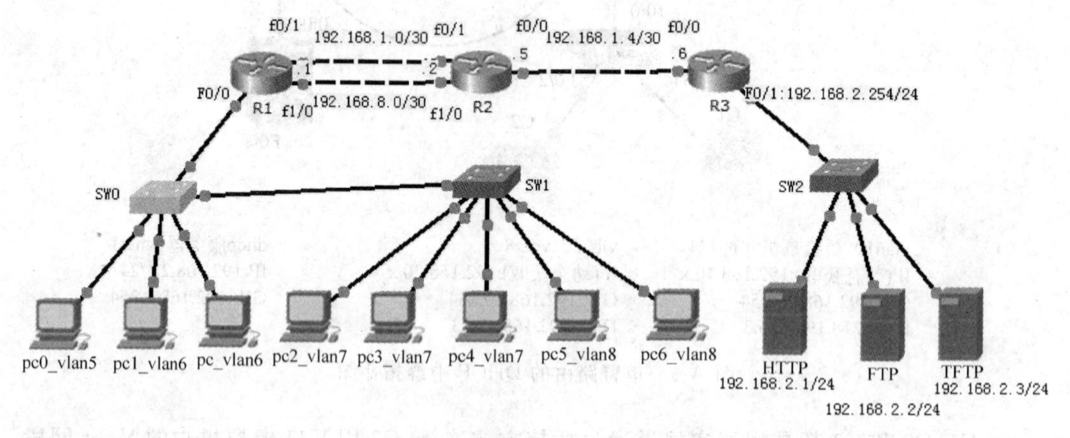

图 A-4　ACL 和 NAT 综合拓扑图

2. 分别配置静态 NAT、动态 NAT 以及 PAT 技术，各 VLAN 网关地址和 NAT 转换如下。

F0/0.5：172.17.115.254/24 vlan5 技术组，拥有管理权限。

F0/0.6：172.17.116.254/24 vlan6 财务组。

F0/0.7：172.17.117.254/24 vlan7 市场组。

F0/0.8：172.17.118.254/24 vlan8 管理组。

静态 NAT：

172.17.117.1——172.17.115.101。

172.17.117.2——172.17.115.102。

动态 NAT：172.17.115.201～172.17.115.202。

允许：172.17.118.0 网段进行动态转换。

PAT：

地址池：172.17.115.205。

允许：172.17.116.0 网段网段进行 PAT 转换。

3. 在 R3 上配置 acl，做到如下安全限制。

HTTP 服务器：允许 HTTP 服务，ping 协议，禁止其他服务。

FTP 服务器：允许 FTP 服务，禁止其他服务，仅允许管理组、财务组访问，禁止其他用户访问。

TFTP 服务器：允许 TFTP 服务，禁止其他服务，允许市场组访问，禁止其他用户访问。

三、实验学时

6 学时。

四、实验设备与环境

Windows 2003 平台＋PT 模拟软件。

实例五：综合实战一

一、实验目的

为了实现网络资源的共享，需要 PC 能够访问内部网络中的 FTP 服务器，以实现文件的上传和下载。并且 PC 需要连接到打印服务器以进行远程的打印操作。PC 需要能够通过网络连接到外部的 Web 服务器，并能够进行 Web 网页的浏览。

二、实验内容

要求：

1. 各路由器的 IP 地址和 VLAN 划分如图 A-5 所示。

2. 在 S2126 与 S3750A 之间的冗余链路中使用 STP 技术防止桥接环路的产生，并通过手工配置使 S3750A 成为 STP 的根。

3. 在 S3750A 上配置三层交换实现 VLAN100 和 VLAN200 间的通信，并在 S3750A 与 R1762 上使用静态路由，实现全网的互通。

4. 在 FTP 服务器上配置 FTP 服务器，使 VLAN100 中的 PC 能够进行文件的上传和下载。

5. 在打印服务器上配置网络打印机共享，使 VLAN100 中的 PC 能够进行远程打印。

6. 配置 Web 服务器，使 VLAN100 中的 PC 能够进行 Web 网页的浏览。在 R1762 上

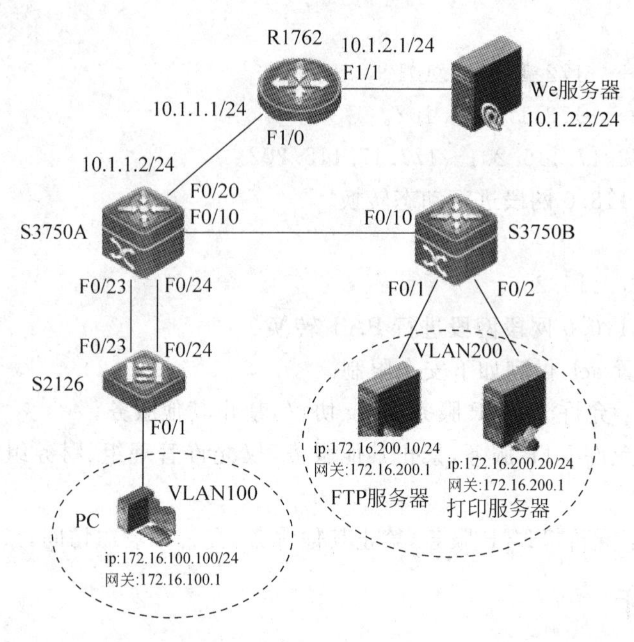

图 A-5　综合实战一拓扑图

配置 acl,仅允许 VLAN100 中的主机能访问外部 Web 服务器的 Web 服务。

实例六：综合实战二

一、实验目的

该案例是模拟一个企业的局域网,出口路由器为 RSR20A、数据中心路由器 RSR20B、核心交换机 RG-S3760A、核心 RG-S3760B、接入层交换机 RG-S2026 和接入交换机下的各种业务类型用户组成分公司业务办公局域网,Web 服务器和打印服务器为 Windows 平台,FTP 文件服务器为 Red Linux 6 平台,为了实现网络的稳定,在网络中运行 VRRP+MSTP 实现双链路双核心,两台核心交换机使用端口汇聚功能提高带宽,在网络中,VLAN10 是生产 VLAN,VLAN20 是行政 VLAN,VLAN30 是财务 VLAN,VLAN40 是销售 VLAN,公司规定除行政和销售部门外其他部门下班时间不允许上互联网(工作时间为周一至周五的 8:00-17:00)。

二、实验内容

要求:

1. 实验拓扑如图 A-6 所示,各设备 IP 配置如表 A-1 所示。

2. 创建 VLAN10、VLAN20、VLAN30、VLAN40,将交换机 RG-S2026 的 1～4 接口配置为 VLAN10、5～9 接口配置为 VLAN20、10～14 接口配置为 VLAN30、15～21 接口配置为 VLAN40。

3. 在全部交换机上配置 MSTP 协议,并且创建两个 MSTP 实例:Instance0、Instance1,其中,Instance0 包括 VLAN10 和 VLAN20,而 Instance1 包括 VLAN30 和 VLAN40。设置 MSTP 的优先级,实现在 Instance0 中 RG-S3760A 为根交换机,在 Instance1 中 RG-S3760B 为根交换机。

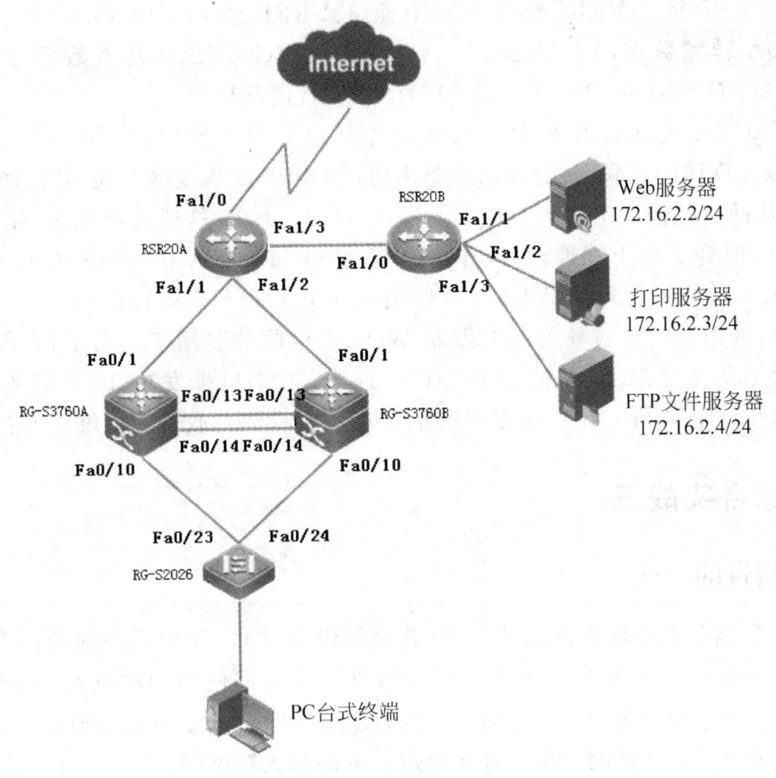

图 A-6 综合实战二拓扑图

表 A-1 IP 地址及 VLAN 说明

设备	端口或 VLAN	IP 地址
RSR20A	Fa1/0	119.1.1.1/30
	Fa1/1	192.168.1.2/30
	Fa1/2	192.168.1.6/30
	Fa1/3	192.168.1.10/30
RSR20B	Fa1/0	192.168.1.9/30
	Fa1/1	172.16.1.8/24
	Fa1/2	172.16.1.9/24
	Fa1/3	172.16.1.10/24
RG-S3760A	Fa0/1	192.168.1.1/30
	VLAN10	172.16.1.1/27
	VLAN20	172.16.1.33/27
	VLAN30	172.16.1.65/27
	VLAN40	172.16.1.97/27
RG-S3760B	Fa0/1	192.168.1.5/30
	VLAN10	172.16.1.2/27
	VLAN20	172.16.1.34/27
	VLAN30	172.16.1.66/27
	VLAN40	172.16.1.98/27

4. 配置 VRRP 组 1、VRRP 组 2、VRRP 组 3、VRRP 组 4，实现 VLAN10、VLAN20 通过 RG-S3760A 转发数据，VLAN30、VLAN40 通过 RG-S3760B 转发数据。三层交换机 RG-S3760A 和 RG-S3760B 通过 F0/13 和 F0/14 实现链路聚合。

5. 配置 ACL 实现除行政和销售两部门外其他部门上班时间（周一至周五的 8:00-17:00）才可以允许访问互联网，配置动态路由协议 OSPF 实现全网互通，并能访问互联网。

6. 企业从网络运营商申请到 119.1.1.10～119.1.1.16 这段公网地址，用来让内网用户访问互联网，但为了便于管理，要求 VLAN10 使用 119.1.1.10～119.1.1.11，VLAN20 使用 119.1.1.12～119.1.1.13，VLAN30 使用 119.1.1.14～119.1.1.15。

7. 另外内网中有一台服务器用来发布 Web、一台服务器用来发布 FTP 服务，Web 服务器的内网地址为 172.16.2.1，使用 119.1.1.16 的 80 端口来发布，FTP 服务器的内网地址为 172.16.2.3，使用 119.1.1.16 的 21 端口发布，只允许行政部门能够访问打印服务器。

实例七：综合实战三

一、实验目的

下图是某集团公司全国有两家分公司，总公司设在北京，分公司分别设在上海和天津。总公司使用专用链路与两分公司相连组成城域网。在全网使用的动态路由 OSPF 路由协议。总公司与上海分公司都申请了访问互联网的链路，但天津分公司没有申请互联网链路，其使用总公司的链路访问互联网。在上海分公司部署的是无线网络，用户通过无线网络访问互联网。如果您是这个网络项目的网络工程师，可根据下面的需求构建一个安全、稳定的网络。

二、实验拓扑

要求：

1. 实验拓扑如图 A-7 所示，各设备 IP 配置如表 A-2 所示。

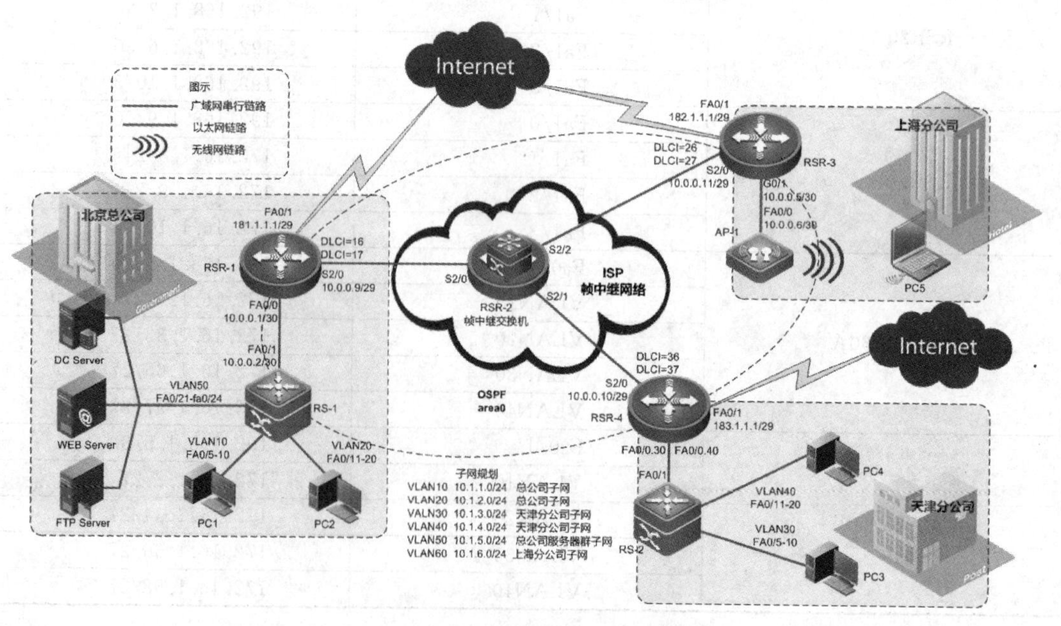

图 A-7 综合实战三拓扑图

表 A-2 IP 地址及设备 VLAN

网络区域	设备名称	设备接口	IP 地址
北京总公司	RSR-1	S2/0	10.0.0.9/29
		FA0/0	10.0.0.1/30
		FA0/1	181.1.1.1/29
	RS-1	FA0/1	10.0.0.2/30
		VLAN10	10.0.1.1/24
		VLAN20	10.0.2.1/24
		VALN50	10.1.5.1/24
天津分公司	RSR-4	S2/0	10.0.0.10/29
		FA0/1	183.1.1.1/29
		FA0/0.30	10.1.3.1/24
		FA0/0.40	10.1.4.1/24
上海分公司	RSR-3	S2/0	10.0.0.11/29
		FA0/0	10.0.0.5/30
		FA0/1	182.1.1.1/29
	AP-1	G0/1	10.0.0.6/30
ISP 帧中继网络	RSR-2	S2/0	—
		S2/1	—
		S2/2	—
应用服务	DC/DNS 服务器	NIC	10.1.5.253
	FTP 服务器	NIC	10.1.5.252
	WEB 服务器	NIC	10.1.5.251

2. 根据图 A-7 和表 A-3，北京总公司、天津分公司、上海分公司配置接口 ip、vlan 等相关信息，使用动态路由协议 OSPF，并需要指定 RID，使其能够正常通信。

表 A-3 用户和组配置表

部门	OU	全局组	隶属用户
生产部	生产部	production	prod (经理)、Prod_1、Prod_2
销售部	销售部	sales	sales(经理)、sales_1、sales_2
行政部	行政部	administeration	adm(经理)、adm_1、adm_2
经理办公室	经理办公室	manager	master(总经理)、man_1、man_2

3. 根据拓扑图所示，北京总公司配置 NAT 技术，使其内部 VLAN10、VLAN20 用户可以使用外部接口的 IP 地址访问互联网，将总部的 Web 服务器和 FTP 服务器共用，其合法的全局地址为 181.1.1.5，配置帧中继网络，其指定的 DLCI 号为 16 和 17。对所有的接入接口配置端口安全，并要求接口配置为速端口。

4. 根据拓扑图所示，天津分公司配置 NAT 技术，使其内部 VLAN30、VLAN40 用户可以使用外部接口的 IP 地址访问互联网，配置单臂路由，保证分公司内部用户互通，配置帧中继网络，其指定的 DLCI 号为 36 和 37。对所有的接入接口配置端口安全，并要求接口配置为速端口。

5. 根据拓扑图，上海分公司配置 NAT 技术，使其内部用户可以使用外部接口的 IP 地址访问互联网，配置无线 AP，无线客户端采用 PSK 预共享密钥认证方式接入网络，其共享密钥为 12345678，将分公司出口路由器配置为帧中继交换机，并配置帧中继网络，其指定的 DLCI 号为 26 和 27。

6. 将 DC Server 配置为域控制器和 DNS 服务器，其域名为 lab. com，此服务器的 FQDN 为 dc. lab. com，域的功能级别为 2003 模式，DNS 服务需要正确配置 SOA、NS、AAA 记录和反向记录。创建 4 个 OU，创建 4 个全局组，创建 12 个用户，具体内容如表 A-2 所示。

7. 将 Web Server 配置为 Web 服务器，此服务器的 FQDN 为 www. lab. com，使用 IIS 6.0 来建立 Web 站点：www. lab. com，搭建一个简单的中文网页，网页的内容为“祝各位读者学习成功”，其文件名为 default. html。

8. 在 FTP Server 上安装 Red linux 6 系统，配置为 FTP 服务器，此服务器的 FQDN 为 ftp. lab. com，使用 vsftpd 软件配置 FTP 服务器，创建虚拟用户 user1 和 user2，允许 user1、user2 上传、下载文件，其他用户只能下载文件，允许匿名登录。

参考文献

[1] 王霞，曹洪欣. 局域网组建与维护. 第2版. 北京：人民邮电出版社，2008.

[2] 朱居正，陕华. 网络组建与管理实训教程. 北京：清华大学出版社，2011.

[3] 黄骁. 网络组建·配置与管理项目实训. 安徽：安徽科学技术出版社，2011.

[4] 苏英如. 局域网技术与组网工程. 北京：清华大学出版社，2010.

[5] 赵思宇. 局域网组网技术与实训. 北京：中国电力出版社，2014.

[6] 邵慧莹，李军，褚建立. 基于工作过程导向的项目化"中小型网络组建"课程教学改革. 教育与职业，2009，11(33)：111-112.

[7] 蔡虹，郑静. 计算机网络组建课程教学改革. 计算机教育，2013，7(14)：91-94.

[8] 任元彪，李颂华，黄儒乐. 园区网络性能评价分析系统的设计与实现. 计算机教育，2012，39(10)：201-205.

[9] 曾世平. "校企联合"开发基于CDIO的《网络组建与管理》精品课程的研究. 武汉商业服务学院学报，2011，25(6). 76-78.

[10] 王相林. 计算机网络组网与配置技术[M]. 北京：清华大学出版社，2012.

[11] 张卫，俞黎阳. 计算机网络工程[M]. 北京：清华大学出版社，2010.

[12] 谭浩强. 计算机网络[M]. 北京：电子工业出版社，2011.

[13] 谭亮，何绍华. 构建中小型企业网络[M]. 北京：电子工业出版社，2012.

[14] 傅晓锋. 局域网组建与维护实用教程[M]. 北京：清华大学出版社，2009.

[15] 谭晗，夏玲军. 校园网络的规划与设计[J]. 杭州：武警杭州指挥学院，2009.

[16] 刘勇. 基于VLAN技术的校园局域网建设[J]. 商洛学院学报，2010.

[17] 聂元铭，曾志，刘晖. 局域网组建与维护[M]. 北京：人民邮电出版社，2011.

[18] 张军征. 校园网络规划与架设[M]. 北京：电子工业出版社，2009.

[19] 沈建林. 局域网组网技术实用教程[M]. 北京：清华大学出版社，2011.

[20] Cisco SYSTEMS[美] . 网络互连技术手册[M]. 北京：人民邮电出版社，2004.

[21] 邓泽国. 企业网搭建及应用——网络设备配置与调试案例教程[M]. 北京：电子工业出版社，2015.

[22] 黄治国，李颖. 中小企业网络管理员实战完全手册[M]. 北京：中国铁道出版社，2015.

教学资源支持

敬爱的教师：

感谢您一直以来对清华版计算机教材的支持和爱护。为了配合本课程的教学需要，本教材配有配套的电子教案(素材)，有需求的教师请到清华大学出版社主页(http://www.tup.com.cn)上查询和下载，也可以拨打电话或发送电子邮件咨询。

如果您在使用本教材的过程中遇到了什么问题，或者有相关教材出版计划，也请您发邮件告诉我们，以便我们更好地为您服务。

我们的联系方式：

地　　址：北京海淀区双清路学研大厦 A 座 707

邮　　编：100084

电　　话：010－62770175－4604

课件下载：http://www.tup.com.cn

电子邮件：weijj@tup.tsinghua.edu.cn

作者交流论坛：http://itbook.kuaizhan.com/

教师交流 QQ 群：136490705　　微信号：itbook8　　QQ：883604

(申请加入时，请写明您的学校名称和姓名)

用微信扫一扫右边的二维码，即可关注计算机教材公众号。